存在与转换：
幻象美学本体论研究

● 赵建军　林　欢　高梦纳／著

中国出版集团
世界图书出版公司
广州·上海·西安·北京

图书在版编目（CIP）数据

存在与转换：幻象美学本体论研究 / 赵建军，林欢，高梦纳著．—广州：世界图书出版广东有限公司，2025.1重印

ISBN 978-7-5192-0376-4

Ⅰ．①存…　Ⅱ．①赵…②林…③高…　Ⅲ．①美学—本体论—研究　Ⅳ．①B83

中国版本图书馆 CIP 数据核字（2015）第 242795 号

存在与转换：幻象美学本体论研究

责任编辑　钟加萍
出版发行　世界图书出版广东有限公司
地　　址　广州市新港西路大江冲25号
http：//www.gdst.com.cn
印　　刷　悦读天下（山东）印务有限公司
规　　格　710mm×1000mm　1/16
印　　张　14.25
字　　数　254千
版　　次　2015 年 10 月第 1 版　　2025 年 1 月第 2 次印刷
ISBN　978-7-5192-0376-4/I・0385
定　　价　78.00 元

前　　言

本体论研究是美学的基础理论研究。基础理论研究对学科发展和理论自身的社会效用都至关重要。美学本体解决人的生存、存在和社会发展的内在驱力问题。美学本体作为逻辑起点，为美学理论体系提供充分的论证和阐释性支撑，进而对社会整体的物质存在和精神存在产生巨大的影响力。美学本体论因其牵涉到理性与感性、欲望与能量、知识与价值、手段与目的等复杂构成，而形成既聚合又可解析的范畴、观念内容。中国美学的本体论研究，自20世纪由西方美学引出，在相当长的一段时期内，受认识本体论思维方式影响，美学本体的蕴涵和思维机制呈现单一、僵硬和缺乏个性的特点。20世纪80年代中叶以后，中国当代美学本体论研究趋向多元化，各种美学本体论纷纷涌现，然而这些主张在开掘中国传统美学逻辑和呈显中国美学逻辑特色和优势方面，表现出明显的不足。为此，从美学学科发展规律和国家崛起对美学提出新的发展要求着眼，非常有必要对中国当代美学本体论进行彻底的反思，以具时代特性的美学本体论满足现实审美和理论建构的需求。

本书提出的幻象美学本体论，拥有深厚的历史文化基础，它基于中国传统文化与传统美学的幻象理论，糅合西方、印度的幻象理论，提出新的逻辑范式和拓展路径。对中西印幻象美学理论的糅合，在我们的学术意图中并非简单地进行知识论的学理整合，而是探索幻象逻辑在中国化转换中，对现实和未来一切可能性的美学涵摄。通过考察我们发现：首先，西方美学凝合客体与语言的知识性本体，以其外在化的硬度和强度，对东方美学，也包括中国美学的主体造成很大的消解，中国美学本体偏于主观性或主体性，由主体性衍生的人文韧性和价值驱动，在纯然强调客体性征的理论结构中，往往造成主体能动性的异化和人性本真被物质、技术因素逼迫与遮蔽。当然，西方现代美学也不断有强调主体性的理论提出，但西方的逻各斯传统和语言固化的思维习惯，使这种主体性多偏于单一的某种质性，如意志、本能或其他的偏执性主张，在后现代的理论中，对于客体性、主体性的辩证理解，在置于整个社会诠释框架中，似乎对传统有了很大的反叛性逆转，但西方人对于社会的幻象理解更多基于美学状况的判断，他们无法把幻象以主体性视野给予合理的解读，从而也就不能发掘出这种本质能量。其次，印度美学的冥想式超拔智慧，具有很强的虚幻性，这种虚幻性使思维和精神状态置于一种自我满足和自我抚慰的境地，尽管构想可以妙含空有，但对于生命而言，它本应承负对现实的责任却在整体逻辑中被无形地回避和遮盖了。再者，就当代中国美学本体的建构而言，无论从所谓“情志”“意象”“实践”“生命”和“否定”本体出发，还是采取虚无主义取消本体路线出发，都不能对中国当代美学本体论的历史本质和超越本质做出科学的界定，因为以所谓明确的实体观念，或明确的对象、手段、程序为美学本体，都很难避免该种本体本身固有的局限，美学本体的确定要为中国美学指向现实与未来的恢宏的体系建构服务，从而一切狭隘的，或基于某种灵思的，或虽拥有深厚的学理资源基础，却缺乏人文实践的现实性的主张，都存在美学逻辑上设位过低或不够充分的的局限。基于上述种种，我们认为，幻象本体更能体现中国当代美学的逻辑发展要求，更能充分地体现中国美学的逻辑本质。幻象本体，就其逻辑存在而言，它既不是认知的结果，也不是对某种元素、状况、方式的选择性确定，它根据美的集合性呈现，强调其“幻”的集合所呈现肯定或否定等复杂的美学蕴涵。被澄明的美学幻象本体，通过“象”释放其构成与能量。在幻象作为美学逻辑起点的意义上，幻象美学的学科存在，又足以涵摄所有的可能之域，以其美学场域的生成与转换，让复杂的世界转化为人处于其中自觉主导又充分激发所有潜能、能量的创造性世界。总之，幻象美学本体能够促成立体化的超能量释放的美学世界。

中国幻象美学本体论体现中国美学主体与自然和谐相处的充分亲和性，通过传承“生生不息”的创造精神和自由超拔的美学旨趣，使中国美学的民族性格趋向开放、恢弘和博大，而在当代世界趋向智能化与互联网信息化的趋势中，中国美学的幻象本体论更能显示其无比的创造性与超绝的智慧品格。

世界之美是无限的，幻象美学的诗意也是无限的。我们为世界之美砌垒“美学”的砖石，是为了使每一寸空间、每一刹那时间都充满思想和智慧。为此，幻象美学本体的研究，伴随着世界之美的展开，也将趋向无限绵延之境。在本书中，我们从中国传统美学的主体形态——儒学美学——切入，就其在当代实现幻象美学的历史转化，提出有关后儒学美学的逻辑思考。在这种思考中，儒家美学所倡导的纯正、精致、亲睦、完善等美学理念，被我们从当代性角度给予了诠释；而指向当下及未来的和谐、健康、和平、幸福等美学理想，也从美学理想的逻辑设计角度给予了我们认为应当如此的合理阐发。在核心价值理念的确认上，我们坚信后儒学美学是中国当代美学的主体内容，而后儒学美学可以凸现传统文化与工业文明、后工业文明的深度价值，后儒学美学幻象是中国乃至世界美学最具辐射力的创造性本体！

目　　录

第一章 中西当代美学本体论背景

第一节 中国当代美学本体论

作为学科形态的中国美学开始于19世纪末20世纪初，著名学者王国维、梁启超、鲁迅、蔡元培等先后引入西方美学资源，试图建立中国美学理论。如王国维用叔本华的悲剧理论分析《红楼梦》，从中国诗词研究中提出美的境界论；梁启超将美视为一种积极的道德教化力量，认为可以通过艺术培养出有利于社会革命的伟大人格；蔡元培提出“美育代宗教”的著名命题，希望用审美教育陶养国人，培养高尚之人格、自由之精神。20世纪30年代，朱光潜大量引进西方心理学美学著作，并写出《论美》《文艺心理学》《悲剧心理学》等多部著作，使中国的美学研究与国际美学接轨，达到相当高的学术水准。1949年以前，马克思主义美学著作主要有周扬翻译的车尔尼雪夫斯基的《生活与美学》和他编选的《马克思主义与文艺》，以及肖三编译的《列宁论文化与艺术》等。1949年以后，马克思主义成为主流意识形态，马克思主义经典著作被大量翻译至国内，对中国20世纪后半叶的美学研究产生了深刻影响。我们所讨论的美学，即是在这样的背景之下展开的当代美学，它在20世纪50—60年代主要受苏联模式的影响，以列宁的《唯物论和经验批判主义》为哲学指向，遵循反映论的基本原理。70年代末国门打开，西方美学思想涌入中国，同时中国传统美学资源也得到重视，当代中国美学研究开始了求新求变的旅程。在整个研究进程中，对于美学本体论的研究一直是理论探讨的核心内容，通过它可以扣住美学本体论的研究轨迹，认识、反思当代美学的真实存在本质。综观中国20世纪后半叶当代美学的发展，可以概括为：50—60年代，盛行马克思主义认识论美学；80年代，实践论美学独领风骚；80年代末至今日，呈多元化发展状态。基于此，下面从这三个发展阶段切入阐述，以期对中国当代美学的本体论研究有更为清晰完整的认识。

一、认识论美学本体论

1949年新中国成立之后，马克思列宁主义成为国家意识形态，马克思主义美学也被定为一尊，成为权威美学话语。因此，是否符合马克思列宁主义思想，就成为判定一个美学学派是否具有合理性、合法性的标准。马克思主义哲学认为，物质与意识谁为第一性是哲学的基本问题，对此问题的不同回答划分了唯物论和唯心论。美学是哲学的分支，哲学基本问题决定并影响美学的基本问题。有关美学的基本问题，在20世纪50年代持续数年的美学大讨论中形成了四派观点，学界后来将它们分别称为客观派、主观派、主客观统一派和客观社会派。这四派是当代美学形成和发展的一个基础，虽然当时整体意识形态的氛围是高度政治化的，但美学家们从美的本质（即美是怎样一种存在、美的终极归属为何）出发，以对美学系统而真切的理论敏感，尽当时意识形态话语所能给予美学探讨的最大自由限度，对美的本质问题进行了种种本体论的解答。如今，我们回溯当时的美学讨论，重要的不是把它放在与我们当下的美学理解平等对待的立场上，对其思维和方法上的局限进行指摘性评述，由于当时整个时代的社会环境，这一点是相当容易辨别和评析的。但作为在那个时代提出的理论，当它成为一种理论发展的里程碑时，它的存在意义就更多地在于理论本身所散发出的信息，即理论本身所蕴含的美学合理内容，是其之后乃至更远之后能够被理论客观吸收的基础，因而，我们更加应该关注理论本身。为此，我们将尽量避免主观臆断的介入，力求通过客观叙述真实再现20世纪50年代四派美学本体观对当代美学的理论基础的建构意义。

（一）客观派美学

蔡仪（1906—1992），客观派或客观论美学的代表人物。他于20世纪40年代即发表《新艺术论》《新美学》等著作，是国内最早用马克思主义观点阐释美学问题并系统建构马克思主义美学理论体系的学者。蔡仪坚持认为只有在马克思主义唯物论原则的指导下，才能真正考察美的现象和艺术现象的本质与客观规律，才能建设“科学的美学”。从解放前出版的《新美学》，到80年代主编的《美学原理》，以及由其改写而成的《新美学》，他的美学观点一直没有大的改变。而关于美的本体论问题，蔡仪主要坚持两点，即“美是客观的、自然的”和“美是典型”。

1.美是客观的、自然的

蔡仪认定马克思主义反映论是美学的哲学基础。在马克思主义哲学中，物质是第一性的，意识是第二性的。物质决定意识，意识是物质的反映。美学只能从客观存在的物质本身寻找美的规律，才能保证美学的科学性。首先，美是作为物的一种属性而存在的，所以美也是客观的，是不以人的主观意志为转移的。人们欣赏美的事物，就会产生美感。美与美感是反映与被反映的关系，一个客观，一个主观，不可混淆。美是客观的，说明美是物的一种自然属性。由此，他进而提出两个要点：一是美是客观的而非主观的；二是美是自然的而非社会的。蔡仪认为，只有这样才真正坚持了唯物论，美的存在不能混淆客观的美与主观的美感。“我们认为一切客观事物的美，只能在于客观事物本身，不在于欣赏者的主观意识或其他影响。”[1]无论自然、社会、艺术的美都是由于其自身的属性、条件、形式，而不在于人的意识。

说美是自然的而非社会的，主要是针对美学讨论中有的学者认为美具有社会性而言的。蔡仪主要以自然美作为反证，认为对于自然界而言，花鸟虫鱼因其某一特性而被人所喜爱，这一特性在人类产生之前就已经存在了，并非因为人类社会而产生。他引述马克思关于金银的有关说法并加以评论说：“这就是说，金银的美在于他们本身特有的‘美学属性’，即在于金银的光泽、颜色。”他并不否认金银的光泽、颜色与人的感觉的关系，但认为这只是美感的问题，而不是“美”本身，归根到底，“金银的美确是自身早就具有的，并不是由于人的认识和发现才产生的”[2]。因此，“自然的人化”“人的本质力量对象化”等观点都没有很好地坚持美的客观性、自然性，是不正确的。蔡仪关于美的自然属性的观点与其他学者有很大的区别。认为美是自然的，且与社会性无关，乃蔡仪所独有，准确地说，蔡仪的美学本体论可以称为客观自然派，而非笼统的客观派。

2. 美是典型

美在于客观事物本身，那么客观事物本身又美在何处？蔡仪主张，美是典型。什么是典型？一般来说，客观的事物当中有一些是典型的事物，这种典型就是一个种类之中有“代表性”的事物。能够称为“美”，意味着该事物本身各种属性条件的统一，充分体现了事物的内在本质或种类的普遍性符合美的规律。他同朱光潜一样论述了“东家之子”的著名例子。宋玉在《登徒子好色赋》中说“东家之子：增之一分则太长，减之一分则太短，着粉则太白，施朱则太赤”。蔡仪认为这“东家之子”的美，就是一种典型的美。它所体现的美人的形态、颜色都是最标准的，是

[1]　蔡仪：《蔡仪美学讲演集》，长江文艺出版社 1985 年版，第 17—18 页。

[2]　蔡仪：《美学原理》，湖南人民出版社 1984 年版，第 63 页。

人的各种属性条件实现了典型性的和谐统一，因此才是美的。美反映了人们对典型性、普遍性的内在追求。在《新美学》中，他解释说："我们认为美的东西就是典型的东西，就是个别之中显现着一般的东西，美的本质就是事物的典型性，就是个别之中显现着种类的一般。"[1] 蔡仪把"美的规律"概括为"典型的规律"，认为典型可以分为现实的典型和艺术的典型。最高级的典型是人的典型，可称为典型人物与典型性格。在艺术中若要创造美，就应该把握好典型的规律性。典型论的观点受到了当时众多学者的批评，最重要的几点在于认为"典型"不可把握，以及哪些事物是典型的无法确定。此外，根据马克思主义理论，在自然界中，每一种事物都能显示出种的属性，都能体现出个别中的一般，那岂不是所有的事物都是美的？这些质疑揭示出蔡仪的美学理论存在着一定的矛盾。

在20世纪50年代的美学大讨论中，蔡仪的美学本体论是最具体系性的，结构严谨，论证严密，是马克思主义美学中国化的一个典例。他真诚地相信，只有坚持马克思主义反映论观点才能解决美学问题，才能保证美学研究的科学性。但如前所述，这种反映论或许更多情况下来自美学家的一种理论敏感和直觉，他能够透过纷乱复杂的主观认识，牢牢抓住客观性以认定美的存在，这在理论上需要宽阔的视野与较强的定力，而蔡仪在实际的研究中确实做到了这点。但他所运用的理论语汇，限于当时的话语背景，似乎过于强调了认识论和反映论的功能，而反映或认识又更多地被理解为反映论思维框架内的反映与被反映关系，这无疑是一种单向的、很简单化的判断性表述，它不仅销蚀了审美的丰富性，也使很多美学问题停留在"客观""反映"层面而得不到有效阐释。

（二）主观派美学

1953年，吕荧在《文艺报》发表了论文《美学问题——兼评蔡仪教授的〈新美学〉》，批评蔡仪"美是典型"之"典型"不可证实，难以把握，不是从坚实的现实生活基础出发，而是仅仅将唯物论作为论述前提，实质上是将具体的、实在的美的事物变成抽象的美的属性、美的标准，并不是彻底的唯物主义，即不符合生活实践，不能解释诸多美学问题。在这篇文章中，吕荧提出了自己的观点："美是物在人的主观中的反映，是一种观念。"[2] 吕荧认为，美的观念是从鲜活的现实生活出发的，是具象的，它并不如"典型论"一样抽象。那么，认为美是一种观念是不是就否定

[1] 蔡仪：《新美学》，群益出版社1947年版，第68页。

[2] 吕荧：《美学书怀》，作家出版社1959年版，第5页。

了美的客观性呢？吕荧在这篇文章及随后的《美是什么》《美学论原》等文中反复强调：作为一种观念，美是由第一性的社会存在决定的，是在特定社会生活下产生的，确切地说，美就是一种社会意识，因此美具有客观性。吕荧虽然主张美本质上是一种观念，但哲学思想上仍然以唯物主义为基本前提，并没有否定美的唯物论基础。为了深化论证，吕荧进一步从理论上探讨了美的起源，从“美”的字源、字形着手，论述了中国及古希腊历史上美的观念的萌芽及历史演变，发掘其在不同时代的变化情形，用以驳斥美是物的自然属性的说法，证明美的主观性、社会性。

吕荧的观点得到了高尔泰的响应，高尔泰在《论美》中明确指出：“有没有客观的美呢？我的回答是否定的，客观的美并不存在。”[1]高尔泰认为，关于美的诸多问题应该从人本身，而不是从物的属性之中寻找答案，物的属性仅仅是“条件”，不是美本身。他侧重从美的起源方面论述美的本质，提出美的本质是“自然之人化”。自然的人化过程中如何产生美呢？“主观力求向客观去！并通过对客观的改造进入客观。而它达到这一点的时候，便完成了自己。在这中间，人一面认识和改造着自然，一面自发地或自觉地评价着自然。在这评价中，人创造了美的观念。”[2]这是说，美的观念产生于人的实践过程，它固然与物的属性相关，但更重要的是与人相关。大自然赋予很多事物相同的属性，但人们认为有的美，有的不美。事物之不美，是“因为人觉得它不美”，美是在人的价值领域存在的，美的标准即人的价值标准，它属于主观方面。“‘美’是人对事物自发的评价。离开了人，离开了人的主观，就没有美。因为没有了人，就没有价值观念。”[3]意识到美对于人类的价值论意义，这在当时是难能可贵的，它在一定程度上推动了美学问题的讨论，使之更为深入。高尔泰还提出“美善同一”“善是最高境界的美”“美是自由的象征”等观点，都给人以深刻的启示。特别是美与自由的问题，到20世纪80年代实践美学兴起时更是引一时之风尚，成为美学研究中的重要论题。

吕荧和高尔泰的观点在当时受到广泛的批判，他们的观点被归为主观唯心主义，仅此一点，就决定了二人的学术地位与命运。人们没有肯定他们遵循马克思主义认识论基本原则，没有看到他们实质上并不否定唯物主义，而只看到他们将美归为主观，对美强调人的作用，强调美的价值属性。当时崇尚唯物主义，谈主观、谈唯心而色变，吕、高二人的观点自然不能见容于整个社会，因而他们被剥夺了发表文章的权利，

[1]　高尔泰：《论美》，载《美学问题讨论集（二）》，作家出版社1957年版，第132页。

[2]　高尔泰：《论美》，载《美学问题讨论集（二）》，作家出版社1957年版，第138页。

[3]　高尔泰：《论美》，载《美学问题讨论集（二）》，作家出版社1957年版，第132、134、138页。

没能有机会就美学问题做进一步的研究和论述。

（三）主客观统一派美学

朱光潜是20世纪三四十年代中国美学界的代表人物，他在国外留学十四年，吸收了大量的西方美学资源，先后出版了如《谈美》《西方美学史》《悲剧心理学》《变态心理学》《文艺心理学》《谈文学》等大量著作，其理论涉及范围很广，对很多美学问题和美学现象都有精到的分析，是当之无愧的美学大家。1956年，他发表了《我的文艺思想的反动性》，开始用马克思主义观点批判自己原有的学术思想。在美学大讨论中，针对美的本质问题，朱先生也提出了自己的观点，我们将其概括为“物的形象论”，该主张强调美是主客观的统一，美是自然性与社会性的统一。

对于美学上的主客观之争，朱光潜早在1936年出版的美学著作《文艺心理学》中就有所回答，认为美既不是单纯的物质属性，也不是人的主观观念，而是心与物两方面的结合。他说：“美不仅在物，亦不仅在心，它在心与物的关系上面；但这种关系并不如康德和一般人所想象的，在物为刺激，在心为感受。它是心借物的形象来表现情趣。世间并没有天生自在、俯拾即是的美，凡是美都要经过心灵的创造。”[1]这个观点较为强调人的心灵的作用，在50年代美学大讨论中被认为是偏向唯心主义的。朱光潜也接受这样的看法，但对于美的本质问题，他依然提出：“我至今对于美还是这样想，还是认为要解决美的问题，必须达到主观与客观的统一。”[2]“如果给‘美’下一个定义，我们可以说美是客观方面某些事物、性质和形状适合主观方面意识形态，可以交融在一起而成为一个完整形象的那种特质。这个定义实际上已包含内容与形式的统一在内：物的形象反映了现实或是表现了思想情感。”[3]单纯主观的因素或客观的因素，都不能成为美，只有在客观事物加上主观意识的作用的情形下，才有美。他反复以苏东坡的《琴诗》一诗为例，来说明主观和客观统一的观点。“若言琴上有琴声，放在匣中何不鸣？若言声在指头上，何不于君指上听？”美是因为“既要有琴（客观条件），又要有手指（主观条件），总而言之，要主观

[1] 朱光潜：《文艺心理学》，复旦大学出版社2009年版，第140页。

[2] 朱光潜：《我的文艺思想的反动性》，载《美学问题讨论集》，作家出版社1957年版，第22页。

[3] 朱光潜：《“见物不见人”的美学》，载《美学问题讨论集（四）》，作家出版社1959年版，第178页。

与客观的统一”[1]。

朱光潜提出了物甲物乙论来继续陈述主客观统一的观点，认为在反映的关系上，物与物的形象是不同的。“‘物的形象’在形成之中就成了认识的对象，就其为对象来说，它也可以叫作‘物’，不过这个‘物’(姑且简称‘物乙’)不同于原来产生形象的那个‘物’(姑且简称‘物甲’)，物甲是自然物，物乙是自然物的客观条件加上人的主观条件的影响而产生的，所以已经不纯是自然物而是夹杂着人的主观成分的物，换句话说已经是社会的物了。”[2]也就意味着，在朱光潜的观点里，纯然客观的物并不是美的，它只是美的条件，只有在人的主观因素影响下成为物的形象，美才可能成为美。朱先生说：“我的基本论点在于区分自然形态的‘物’和社会意识形态的‘物的形象’，也就是区分‘美的条件’和‘美’。”[3]美不可能脱离人的主观意志仅仅只有自然属性，它是具有社会意识形态性的，是自然与社会的统一。

实际上，这些观点在《文艺心理学》一书中通过对审美活动的社会性描述，阐发得更为详细。朱光潜将审美活动分为“美感经验中”“美感经验前”“美感经验后”（这里的“美感”后来译为“审美”）三个阶段，在审美过程中，“美感经验是一种聚精会神的观照。我只以一部分‘自我’——直觉的活动——对物，一不用抽象的思考，二不起意志和欲念；物也只以一部分——它的形象——对我，它的意义和效用都暂时退避到意识阈之外。我只是聚精会神地观赏一个孤立绝缘的意象，不问它和其他事物的关系如何”[4]。在审美过程中，对于人来讲，审美对象就是孤立绝缘的意象，但是艺术活动本身却并不是孤立绝缘的，是与伦理、道德等有密切关系的，这些关系属性主要体现在美感经验前和美感经验后。相比之下，解放后朱先生说美具有社会性，具有意识形态属性，就显得太过笼统。

在美学大讨论中，朱光潜还提出了一些非常具有启发性的观点，他认可列宁的反映论，但认为反映论不足以解决美学上的所有问题，只能解决感觉、知觉等第一阶段的问题。美学问题也不仅仅是认识论的问题，还应该包括实践，这些观点对于当时的讨论都起到了拓展思路的作用，可惜并没有得到重视。

---

[1]　朱光潜：《“见物不见人”的美学》，载《美学问题讨论集（四）》，作家出版社1959年版，第178页。

[2]　朱光潜：《美学怎样才能既是唯物的又是辩证的》，载《美学问题讨论集（二）》，作家出版社1957年版，第21页。

[3]　朱光潜：《文艺心理学》，复旦大学出版社2009年版，第46页。

[4]　朱光潜：《文艺心理学》，复旦大学出版社2009年版，第64页。

20世纪80年代后，朱光潜先后翻译了《1844年哲学经济学手稿》（节选）、黑格尔的《美学》、维柯《新科学》等大量著作，对于丰富中国美学的文献资料有很大的贡献，其早年的美学研究则通过更多学人的挖掘，在新的世纪大放异彩，越来越显出其珍贵性。

（四）客观社会派美学

在50年代美学大讨论中，李泽厚认为各派学者或否定美的客观性，或否定美的社会性，在他们那里，美的客观性和社会性似乎是不可统一的，要谈美的客观性似乎必须排除人的作用，重视人的主观作用似乎就不能认可美的客观性，这是不合理的，“美一方面既不可能脱离人类社会，另一方面却又是能独立于人类主观意识之外的客观存在”[1]。美的客观性和社会性是美的两个必然属性，社会性的内容是客观存在的，客观存在的美只能存在于人类社会中。正是从这一点上，李泽厚寻求突破，认为美的本质是客观性与社会性的统一。

1. 美的客观社会性

在美的主客观问题上，李泽厚坚持唯物主义原则，反对唯心主义。“美是第一性的，基元的，客观的；美感是第二性的，派生的，主观的。承认或否认美不依于人类主观意识条件的客观性是唯物主义与主观唯心主义的分水岭。”[2]

在此基础上，他讨论了美的社会性。在这个问题上，他较为认同普列汉诺夫的观点，认为美与美感既然存在着时代与阶级的差异，那么就不能从生物学的意义上去寻找原因，而应该关注其社会性，这种社会性，不以人的主观意识为转移，是客观的。李泽厚从马克思《1844年经济学哲学手稿》中找到依据：“……在社会中，对于人来说，既然对象的现实处处都是人的本质力量的现实，都是人的现实，也就是说，都是人自己的本质力量的现实，那末对于人来说，一切对象都是他本身的对象化，都是确定和实现他的个性的对象，也就是他的对象，也就是他本身的对象。”[3]这里的“他”指的是人类群体，是人类群体在一定社会历史阶段进行的客观社会实践。自然只有在人类实践活动之后才能变成“人化的自然”，在人化的自然中，才能客观地揭示人的本质的丰富性，才能形成美。也就是说，美是社会化的产物，是人本质力量对象化的结果。

---

[1] 李泽厚：《美的客观性和社会性》，载《美学问题讨论集（二）》，作家出版社1957年版，第31页。

[2] 李泽厚：《论美感、美和艺术》，载《美学问题讨论集（二）》，作家出版社1957年版，第227页。

[3] 李泽厚：《论美感、美和艺术》，载《美学问题讨论集（二）》，作家出版社1957年版，第232页。

李泽厚说："美，与善一样，都只是人类社会的产物，它们都只对于人，对于人类才有意义。"[1] 单纯的自然存在物，如果没有人的参与，是不可能有美和善等意义的，美只存在于人类社会中。自然事物之所以美，恰恰不在于它的自然属性，而在于其社会属性。他为了说明自己的观点举了一个例子："我们中国人今天看到五星红旗都起一种庄严自豪的强烈的美感，都感到我们的国旗很美。那末，国旗的美是不是我们的主观的美感意识加上去的呢？是不是国旗的美在于我们的主观美感感到它美呢？当然不是，恰好相反，我们主观的美感是由客观存在着的国旗的美引起来的，我们感到国旗美，是因为国旗本来就是美的反映。那么，国旗本身又美在哪里呢？是不是因为这块贴着黄色五角星的红布'显现了'什么'普遍种类属性''均衡对称'之类的法则呢？当然不是。一块红布、几颗黄星本身并没有什么美，它的美是在于它代表了中国，代表了这个独立、自由、幸福、伟大的国家、人民和社会，而这种代表是客观的现实。这也就是说，国旗——这块红布、黄星，本身已成了人化的对象，它本身已具有了客观的社会性质、社会意义，它是中国人民'本质力量的现实'，正因为这样，它才美。"[2] 这个例子固然有缺陷，但确实强调了美的事物中客观社会性内容的存在。

2. 自然的人化

客观社会性无疑是李泽厚在美学大讨论中最重要的观点，但最有创造性的，并为后来的美学理论奠定基础的，还是"自然的人化"这一观点。美的现象中蕴含了丰富的社会存在，这是在"自然的人化"的漫长历史中"沉淀"下来的。

他将自然的人化视作一个过程，人类探索自然之初，与人类生活密切相关的自然对象才会纳入审美视野，这时"自然的人化"是狭义的"人化"，显出明显的功利性，"某些自然对象也还是因为与人们社会生活具有这种比较明显直接而重要的'实用''功利'关系，从而使人们在其中感到生活的巨大内容和理想，才成为美的"[3]。随着人类对自然探索的深化，自然物越来越多地打上了人的烙印，人与自然之间的关系也变得越来越丰富，狭义的人化由此变成了广义的"自然的人化"："因为社会生活的发展造成自然与人的丰富关系的充分展开(这才是所谓'自然的人化'的真正含义)，就日益摆脱以前那种完全束缚和局限在狭隘直接的经济的实用功利关系上

[1] 李泽厚：《美的客观性和社会性》，载《美学问题讨论集（二）》，作家出版社 1957 年版，第 40 页。

[2] 李泽厚：《美的客观性和社会性》，载《美学问题讨论集（二）》，作家出版社 1957 年版，第 44 页。

[3] 李泽厚：《山水花鸟的美》，载《美学问题讨论集（五）》，作家出版社 1962 年版，第 185 页。

的情况，而取得远为广泛同时也远为曲折、隐晦、间接、复杂的生活内容和意义了。”[1]这之中，当然也包括较为高级的审美关系。

审美关系中自然包括审美主体和审美客体，这两者同样是从“自然的人化”过程中产生的。“在这个过程中，人类不仅创造了客体、对象，使自然具有了社会性，同时也创造了主体、自身，使人自己具有了欣赏自然的审美能力。”[2]而这又是“长期自觉的经验积累的结果的必然产物”[3]。

对于“自然的人化”的系统说明为美的客观社会性观点提供了坚实的理论基础，具有强大的说服力。对于当时的美学大讨论来讲，李泽厚的观点无疑是最有创造力的，既坚持了唯物主义原则，又摆脱了客观自然派的呆板和机械，并引入了美的社会性内容，因此得到了众多讨论者的支持。但是从学术研究的角度讲，李泽厚的客观社会论美学无疑是存在遗憾的；从反映论的视点谈美学，侧重点一直在思维与存在之间的关系以及美的主客观性问题上，对于美的哲学前提性问题的强调影响了论题的深入。具体到李泽厚的美学观，“自然的人化”是为美的客观性和社会性提供理论基础的，是为阐明这一中心意旨而服务的，其理论探讨自然也就在此止步，不能继续深入，进而也不能建立体系。一直到80年代，李泽厚才由“自然的人化”出发，基于更广阔的理论视野完成美学体系的理论创建。

二、实践美学本体论

经历了十年停滞之后，中国的美学研究在20世纪70年代末重新开始起航。这时期的领军人物，首推李泽厚。他在80年代先后发表了《批判哲学的批判》《美的历程》《华夏美学》《美学四讲》等著作，在客观社会论美学的基础上形成了系统的美学理论，被学界称为“实践美学”。实践美学在80年代影响巨大，被学界广为接受。学者刘再复曾这样评价李泽厚：“二十世纪的中国美学发展史上，李泽厚是一个创造了独特命题和一整套美学语汇的惟一学者，也是一个真正具有美学体系的美学家。”[4]是否“惟一”我们不去评判，但在中国美学史上，李泽厚及其实践美学的确是绕不开的存在。研究他对于美学本体论的理论言说，将极大地加深对这一问

[1] 李泽厚：《山水花鸟的美》，载《美学问题讨论集（五）》，作家出版社1962年版，第187页。

[2] 李泽厚：《论美感、美和艺术》，载《美学问题讨论集（二）》，作家出版社1957年版，第237页。

[3] 李泽厚：《关于当前美学问题的争论——试再论美的客观性和社会性》，载《美学问题讨论集（三）》，作家出版社1959年版，第152页。

[4] 刘再复：《李泽厚美学概论》，生活·读书·新知三联书店2009年版，第68页。

题的认识。此外，应该看到，实践美学作为一个学派，除了李泽厚，还包括刘纲纪、蒋孔阳等知名学者，他们在美的本体问题上的看法不尽相同，甚至各有特色，我们亦都将有所论述。

（一）主体实践美学

1. 实践的本源地位

在李泽厚的美学理论体系中，美学本体问题的探讨与哲学问题的探讨密不可分。在哲学上，他把视野放在了整个人类的发展历程上，对“历史的人”的关注成为他哲学探讨的根本特色，人如何活、活得怎么样成为他思考一切问题的核心。他认同马克思所指出的“以生产工具为核心和标志的生产力的发展是社会存在的根本柱石”，人类只有解决吃穿住用问题，才可能从事文化艺术生产，这是人类社会发展的根本法则。这一法则后来也被称为从“工具本体”到“心理本体”的发展历程。工具本体是心理本体发展的基础，心理本体是工具本体发展的较高阶段。以制造和使用工具为主体的人类物质生产，即实践，在人类生活中居于本源地位，是人区别于动物的根本要素。这就决定了生产工具、生产力及科学技术是我们思考一切问题的根本视角。

在《批判哲学的批判》一书中，李泽厚引用马克思“社会生活本质上是实践的”来回答“认识如何可能”“人类如何可能”等人类本源问题，他认为“人类的最终实在、本体、事实是人类物质生产的社会实践活动”[1]。而在古典哲学强调的感知、经验与现代西方哲学所强调的语言中，都不可能找到人类的最终实在、最终本体。这意味着，我们探讨美的本体问题，必须从实践出发。

那么，对于审美来说，这一切又是如何发生的，即实践何以能决定审美，实践活动与审美的联系点何在？李泽厚仍然认为：“自然的人化”使美的产生成为可能，“自然的人化”包括了两方面的人化：“外在自然（自然界）由异己的敌对环境变成为人的自然。内在自然（血肉身心）由动物的本能变成具有理性的人的文化心理结构，即‘人性’。”[2] 客体方面，人的自然成为美的根源。而主体方面，在亿万年时间里，人类群体通过使用各种巫术、礼仪，强化和巩固人的行为规范，形成了众多“共相命令和模式”，由动物的本能状态不断“向人生成”，超出了单一生物性的本能而产生了超生物的、社会人的性质，逐渐演化成为理性的人，文化心理结构由此产生。

[1] 李泽厚：《批判哲学的批判》，天津社会科学院出版社 2003 年版，第 65 页。

[2] 李泽厚：《人类学历史本体论》，天津社会科学院出版社 2008 年版，第 11 页。

这种主客体双方的“人化”使美的产生成为可能，“自然与人、真与善、感性与理性、规律与目的、必然与自由，在这里才具有真正的矛盾统一。真与善、合规律性与合目的性在这里才有了真正的渗透、交融与一致。理性才能积淀在感性中，内容才能积淀在形式中，自然的形式才能成为自由的形式．这也就是美”[1]。物质实践活动使人类由自然到自由，而自由的状态就是美的状态。“现实对实践的肯定是美的内容，那末，自由的形式就是美的形式。就内容而言，美是现实以自由形式对实践的肯定，就形式言，美是现实肯定实践的自由形式。”[2]

另一方面，实践对于审美的决定作用还在于，不同时代工具本体的建构，决定了不同时代人类具体的心理本体。每个时代的心理本体或说审美文化，都由工具本体所决定。如同《美的历程》等著作所描绘的，中国人的审美文化从崇尚龙飞凤舞的远古文化到魏晋风度、盛唐之音和明清市民审美文化，都是具体的社会实践决定的，看似表面、偶然、个体的审美现象，实则蕴含了丰富的社会性内容。“理性融在感性中、社会融在个体中、历史融在心理中……有时虽表现为某种无意识的感性状态，却仍然是千百万年的人类历史的成果。”[3] 李泽厚后来用“积淀”来形容美的起源，以艺术为例，原始积淀形成了艺术的形式层，艺术积淀形成了艺术的形象层，而生活积淀形成了艺术的意味层。因此，李泽厚说：“不是个人的情感、意识、思想、意志等‘本质力量’创造了美，而是人类总体的社会历史实践这种本质力量创造了美，这就是我的看法。”[4]

可以看到，李泽厚对于美的本体问题的探索是从最根本的历史起源上讲的，不是从个别的、具体的审美现象出发，因此，李泽厚的美学体系表现了深厚的历史感和广阔的人类学视野，他称之为“历史本体论”“人类学历史本体论”，实在是恰如其分的概括。

2. 建立新感性

美的内容是社会的、理性的，是不是就拒绝了个体的、感性的存在呢？李泽厚指出，恰恰相反，个体在历史性、普遍性面前不是完全被动的，个体一方面表现着人类共同积淀的审美心理、审美文化，另一方面，也用自己的审美活动参与共同审美心理的积淀，这是一个双向的过程。并且，在审美活动中，普遍性的本体结构只

[1] 李泽厚：《批判哲学的批判》，天津社会科学院出版社 2003 年版，第 402 页。
[2] 李泽厚：《美学三题议》，载《美学问题讨论集（六）》，作家出版社 1964 年版，第 323 页。
[3] 李泽厚：《美学三书》，安徽文艺出版社 1999 年版，第 465 页。
[4] 李泽厚：《美学三书》，安徽文艺出版社 1999 年版，第 485 页。

能存在于个体对“此在”的主动把握中，“即总体的、社会的、历史的理性最终落实在个体、自然和感性之上”[1]。审美活动必然是以人为目的的，个体能动地对于美的珍惜和把握，正是对审美文化心理的突破和创新。

在物质财富极大发展之后，心理本体的建设变得越来越重要，只有这样才能实现人类主体的完整性。李泽厚探讨美的本体、美的本源，同时也重视在物质丰富基础之上如何建构人丰富的精神世界。他认为，我们一方面不能因为工业发展所带来的污染否定科技进步，另一方面也应该注重人的丰富性和独特性，避免“人为物役”。因此，他非常理解西方现代兴起的“非理性”或“反理性”文艺思潮，认为这是代表理性的科技工业与个体的文化心理的对抗和冲突，这种冲突实际上在庄子的时代已经在发生，由来已久。那么，如何解决这一问题，如何实现理性与感性的统一？李泽厚认为，我们需要建构人的心理本体，建立新感性。这一切首先植根于工具本体的进一步发展，用科技的力量解决人类诸多疑难，实现更大的自由，这是根本。另外，我们需要培养个体的审美能力、审美心理，一个具有美感的人可以对自己的存在和成功进行确认，使偶然个体与必然总体相合，成为“自我意识的一个方面和一种形态”，不失其社会性，又保证了个体性，进而实现人性的完整。如同人类的审美意识来源于历史积淀，个体的审美意识也不是从来就有的，需要教育的培养。这也是李泽厚将教育学视为新时代的中心学科的重要原因。

有很多批评意见认为，李泽厚的实践美学过于重视群体理性，忽视了个人的感性，这起码是不够客观的，在诸多著作中，李泽厚意识到了理性与感性缺一不可：“人类(包括个体)没有理性便无法生存，社会愈前行，生活愈丰裕，使用——制造工具的科技将愈益发达；但人类（包括个体）只有理性，也无法生存，便成了机器人世界。”[2]不能过分强调理性，“理性须解毒，人类要平衡”，理性与感性需要结合起来。这样的言说可以说是他兼顾人类总体与个体平衡的一种努力，使其美学本体论观点准确完整，不致偏颇。

李泽厚的美学本体论不仅具有人类学的深度，而且具有深厚的现实关怀。他保留了马克思主义实践理论的精华，并以康德及其他中西方哲学资源，对实践进行翔实的分析论证，为中国美学的深一步建构奠定了坚实的理论基础。否定狭隘的反映论美学，确立实践论美学，使中国美学进入了一个崭新的发展阶段。

---

[1]　李泽厚：《批判哲学的批判》，天津社会科学院出版社2003年版，第401页。

[2]　李泽厚：《人类学历史本体论》，天津社会科学院出版社2008年版，第12页。

（二）蒋孔阳：美是人的本质力量的对象化

蒋孔阳在20世纪50年代的美学大讨论中偏向以李泽厚为代表的客观社会派，认为“马克思列宁的美学，既不是从人的主观心灵来探求美，也不是从物质的自然属性来探求美，而是从人类社会的生活实践来探求美”[1]。美是一种“社会现象”，事物之所以成为美，“是要受历史社会条件限制的”[2]，只有在“人化自然”的基础上，人的美感对象才会越来越宽广和复杂。进入80年代，蒋先生坚持并发展了这一观点，成为实践美学的重要代表人物，他的美学观点集中体现在《美学新论》一书中。对于美学本体论问题，他与李泽厚总体相同，又有所差异。

1. 美是人的本质力量的对象化

对于美学本体论问题，蒋孔阳认为：“美是人的本质力量的对象化。”[3]美与人的世界密不可分，人的本质决定了美的本质。因此，要探讨美的本质，必须先探讨人的本质。关于人的本质，历史上有很多的说法，基本上分为两种，或归为自然物，或归于精神。蒋先生认为这些说法都是在某一方面揭示人的本质，不完全符合事实。他同意马克思的看法，认为人是“现实的、活生生的人”，是处在一定社会条件之下，既有精神意识属性，又有物质自然属性的人。这两者都统一在人的“感性活动”之中，共同构成人类的本质。这里的“感性活动”即是实践，但此处的实践并不特指物质生产活动，更多的泛指人类的生产生活活动，这与李泽厚的观点是不同的。在实践活动中展现的人的力量，即人的本质力量。人的本质力量不是一种单一的存在。一方面，人作为自然存在物，他的本质力量首先是自然力和生命力，“是人之所以成为人的感性基础”。另一方面，在自然生命力基础上，更高层面的本质力量还在于以人的心灵和意识建立的主体世界，主体世界拥有强大的精神力量，包括使人认识自我、认识客观世界的思维力量，能够强烈地实现自我愿望和目的的意志力量，能够感受世界并能够表现主观的爱好和厌恶的感情力量，这些力量具有自觉性、目的性和创造性，与人的自然生命力一起，共同构成完整的人、真正的人。人类通过实践活动将本质力量表现出来，即是“对象化”：

> 人都有本质力量。每一个具有自我意识的人，都力图把自己的本质力量，通过实践的活动，最充分最彻底地表现出来。当一个人的本质力量，得到

[1] 蒋孔阳：《简论美》，载《美学问题讨论集（二）》，作家出版社1957年版，第268—269页。

[2] 蒋孔阳：《论美是一种社会现象》，载《美学问题讨论集（五）》，作家出版社1962年版，第125页。

[3] 蒋孔阳：《美学新论》，人民文学出版社1993年版，第160页。

了完美的表现，实现了自己的目的和愿望，达到了自己的要求，于是，就感到满足、幸福、愉快，感到自己与现实的关系，是和谐而自由的，这时，就产生了美。[1]

但在现实生活中，人总会受到自身或者外界客观历史条件的制约，只能以自己一方面的本质力量与世界某一方面发生联系，不能充分发挥自己的本质力量，因此，在现实关系中的人是不完整的，是不美的。处在审美关系中的人则不然，他会调动自己自然的禀赋、需求，精神的素质、修养，和现实发生全面的联系。“我们以一个完整的人，全面地扑在对象上。”在这个时候，人的本质力量才能够全面地展现出来，人的完整性才得以实现，才是充满活力、充满美的生命。全面的、完整的人的本质力量的对象化，才是美的本质的确切含义。

2. 美是自由的形象

李泽厚用“美是自由的形式”来概括美与自由的关系，而在蒋孔阳看来，美应该是“自由的形象”。李泽厚的着眼点在于美的内容与形式，强调美是人类在物质生产的强大推力下取得自由的标志。蒋先生认同这样的判断，认同随着人类实践活动的进展，人类不断地适应和改造自然，自然人化，人的本质力量全面对象化，使人能够最大程度利用自然满足人的目的和需要。人取得了越来越多的自由，成为自由的人。我们知道，只有自由的人才可能对事物形成自由的态度，“自由地观赏事物的‘外观’。这种‘外观’，既不涉及实际的利害，也不盲目地相信某种抽象的观念”[2]，因此，美的产生成为可能。这是美产生的前提，也是实践美学重视实践的根本原因。

具体到蒋孔阳的形象论，在认同人类实践基础地位的前提下，他更为强调美的特性、美的形象的属性。世界上有很多形象，有的形象是美的，有一些形象不美，这里的决定因素就在于这些形象是否反映了人类追求自由的愿望与理想。美除了应该给我们带来愉悦感、幸福感与和谐感之外，还应该带来自由感，并且，自由感应是美的最高境界。反观文学史、艺术史上伟大的美的形象，如《红楼梦》和《战争与和平》，它们“真实地反映了人生，深入细致地描绘了人情和物理，大胆地探讨了人生的命运和人心的秘密，它们血肉丰满地歌颂了美的理想和自由的理想，从而

[1] 蒋孔阳：《美学新论》，人民文学出版社 1993 年版，第 172 页。

[2] 蒋孔阳：《美学新论》，人民文学出版社 1993 年版，第 190 页。

成为人类心灵和智慧自由创造的最高结晶”[1]。自由的形象，即是美的形象。

在蒋先生的美学理论中，还有一个重要的理论观点：美在创造中，美是动态而不是静态的，美的创造需要多种复杂因素的结合，是“多层累的突创”——既是时间、空间因素的相互交错，又是主客观双方因素的积累和结合，因此具有丰富性和复杂性。人们需要在创造中，在多层次的结构中探讨和研究美。这是对美的特征的重要描述，对于美的本体论的深化与扩展也具有很强的启示意义。也正因此，蒋孔阳的实践美学被称为创造论实践美学。

蒋孔阳的实践美学没有李泽厚的理论的沉重而深邃的历史感，他是在实践基础上对美本身的解读，但无论是对“人的本质力量对象化”的引入，还是对美的形象的论述，都对实践美学本身有所深化，且具有自己的理论特色。蒋孔阳美学理论在当代中国美学史上占有着重要地位。

三、美学本体论的多元化发展

20 世纪 80 年代，实践美学无论对于中国美学还是文化的发展都产生了极大的推动作用，但质疑之声也随之而来。最早的批评声音来自学者刘晓波，他写了《选择的批判——与李泽厚对话》一书批评李泽厚的实践美学，认为李泽厚用“积淀说”来探索美的本质问题，在文化取向上是保守的，过于重视群体理性，忽视了个体感性，实际上是对人活泼的感性生命的压迫和束缚，这容易造成感性生命的麻木和僵化，形成“无意识心理板结层”，“用自身的教条性、保守性、有限性去主宰感性生命，使其在任何情况下都很难摆脱理性的束缚”[2]，人从此便异化为冷冰冰的机器。其次，他认为李泽厚从人类起源角度谈论美学，这固然是正确的，但是，诸如天文学、数学、哲学等，都是人类实践创造的产物，都起源于实践。那么，美学的特殊性是什么呢？实践创造论实际上并未深入到具体的对象本身，不能解释具体对象的特殊规定性，因此，不能有效地解释美学问题。刘晓波的质疑非常有力，他引发了学界对于实践美学的全面质疑和深入思考。

从学术环境上来讲，伴随改革开放而来的是众多思想资源重新被发现被重视，除了马克思主义思想，西方现当代美学理论、中国古代美学思想都成为思考美学问题的重要支撑点，为新思想的产生准备了条件。美学理论界围绕实践美学的诸多观点，提出“要超越实践美学”“实践美学的终结”等论调。与此同时，他们也开始自己

[1] 蒋孔阳：《美学新论》，人民文学出版社 1993 年版，第 192 页。

[2] 刘晓波：《选择的批判——与李泽厚对话》，上海人民出版社 1988 年版，第 18 页。

的美学建构，美学界出现了更为多样的美学理论，如潘知常和封孝伦的生命美学、杨春时的超越美学、曾繁仁的生态美学、朱立元的实践存在论美学、王振复的中国文化哲学的建筑美学、赵宪章的形式美学、赵宪章和周宪的图像美学、叶朗和夏之放的意象美学、王杰的人类学美学、赵建军的知识论与价值论美学、吴炫的否定美学，等等。应该说，中国新时期以来的美学呈现出由一元到多元的发展趋势，这种趋势自 90 年代以来愈加明显。有论著将这一系列美学理论统称为“后实践美学”，取其对实践美学的批判继承进而超越之意，这种说法有一定的合理性，但缺点在于不是所有的美学本体论都可以用“后实践美学”来概括，并且这种概括也不能突出各个理论派别的特色。实际上， 90 年代后所出现的美学派别都有自己的侧重点，学术研究方法也各有千秋，若分别论述，似乎更能突出其特点，明确其学术价值。因此，下面我们将选取一些 90 年代以来重要的美学本体论言说进行概括性介绍，以期突出美学本体论的多元化推进轨迹，对中国当代美学本体论发展现状有更深入的认识。

（一）生态美学

生态美学是 20 世纪 90 年代中期提出的美学理论，其直接来源是西方的生态哲学，属于人文学科的一个分支。这与西方生态美学、环境美学是有很大差异的。西方环境美学主要来源于近代生物学理论，较为偏向自然科学。因此，从这一点上来说，中国的生态美学是具有一定的原创性和中国特色的。中国生态美学的提出背景，根据曾繁仁的论述，主要有两点：其一，是“现实的需要”。从外部来说，中国自改革开放以来经济快速发展，经济模式的单一，造成了严重的环境问题，环境遭到了极大的破坏，影响了人们的生产与生活，引起了国家与社会各界的强烈关注。生态美学的兴起正是人文学科对此现实问题的回应。从学科内部来讲，我国美学的主流实践美学虽有着深厚的理论积累，但其弊端在于一直坚持机械的认识论，重视美学的认识功能，却忽视了其更深的揭示人的生存状况与价值的意义。强调审美是一种“自然的人化”，偏重于发挥人的主观能力，忽视了自然，有“人类中心主义倾向”。曾繁仁认为，这种美学理论“在当前的形势下，应该说在一定程度上已经落后于时代”[1]。同时，中国传统美学中有大量的生态思想、生态智慧，对于我们来讲是宝贵的思想财富。提倡生态美学有利于弘扬传统文化，并实现中西美学的平等对话。

生态美学的理论创新主要在以下几点：一是美学的哲学基础从认识论走向存在

[1]　曾繁仁：《论新时期我国生态美学的产生与发展》，载《陕西师范大学学报（哲学社会科学版）》2009 年第 3 期。

论。认识论基础上的美学观，主观与客观处于对立分离的状态，人与自然、世界不可能走向协调统一，而存在论哲学则打破了这种主客二分的状态，主张“此在与世界”的在世关系，人与周围世界构成关系性的生存状态，这就提供了人与自然协调统一的前提。像以往提出的“人为自然立法”“人是宇宙的中心”“人是最高贵的”等观点，就不再具有存在的合法性。人必须作为整个生物系统上的一个链条、一个环节而存在，人类重新树立起对自然的敬畏，使人文主义与生态主义相统一。二是主体间性理论，或者引用海德格尔的说法，即“天地神人四方游戏”说，狭义的生态美学解决的是人与自然的关系，而广义的生态美学则是以人与自然的生态审美关系为出发点，包含人与自然、人与社会、人与自身的生态审美关系，认为它是“一种以生态整体主义为哲学基础，包含主体间性的存在论美学，由遮蔽之解蔽走向澄明之境，追寻人的‘诗意的栖居’”[1]。

中国生态美学论从西方当代哲学、美学和中国传统思想汲取学术资源，根据世界文明发展和中国的现实需要确立基本观点，论证由西方而中国，对文学作品也有精到的分析。作为美学研究的一个重要理论，生态美学论体现了中国当代美学在新的时代环境下寻求继承、融合、创新、突破的基本路向，也是美学作为一门人文学科对现实危机积极施加影响力，创造更美好社会的典型例证，在理论上和实践上都有着重要意义。如同中国当代很多美学理论一样，生态美学也同样在肯定与质疑的多种声音中不断发现问题、解决问题，逐步走向完善。我们认为，生态思想是实现人类与自然和谐相处，实现人与人、人与自我和谐相处的重要思维方法，在物质与精神发展严重失衡的今天，非常具有现实意义。

（二）中国文化哲学的建筑美学

将中国文化哲学的价值蕴涵作为美学机体的骨骼，由此而循着历史与人文的交互推进，建立属于中国文化哲学的建筑体式和学术风范，是王振复美学本体论研究的鲜明特点。

中国文化哲学建筑美学之基础是关于审美问题的研究。王振复在《论崇拜与审美》一文中，通过“崇拜”与“审美”的关系涵括人类审美本质问题在这种矛盾关系中的“二律背反”，折射美学在自身不断解决悖反与困惑中实现超越的“合二而一”。具体而言，一方面，人类社会实践越是趋于深广与高层次展开，审美便愈是趋于人的本质力量

---

[1] 曾繁仁：《生态美学研究的难点和当下的探索》，载《深圳大学学报》（人文社会科学版）2005年第1期。

的对象化全面实现。但这个“全面实现”只是一种走向，它并不能达到绝对实现，因为崇拜表征着“属神”的另一世界，体现着人类的“精神之梦”，寄托着人类“对绝对完美境界的期望，既洋溢着崇拜的激情，又深蕴着审美的沉思”。因此，人在世俗世界里要通过美学、宗教学、艺术学、哲学、科学、心理学等的学术探寻，实现崇拜与审美的转换与和谐。在文化的根本意义上，审美不仅是人类社会实践的基础，也是人生实践的内容和目的。王振复确立审美可以超越“主体迷失”的学理制高点，以学术为审美的发现手段，细致而深入地触及人类现实审美实践和精神超越的本质内容。

由此出发，中国文化哲学建筑美学的基础实现外延拓展。王振复认为人类丰富多样的实践样态中，实体建筑的美学具有特殊存在意义。因为实体建筑既是勾连人生实践与社会实践的物化构筑，必显示中国美学的独特风貌、体征；也从建筑形态独具的“中端”视角折射其他审美物化形态的意趣和形式，以包举历史与文化真气韵的姿态，实现对中国美学精神的整体观照。关于“建筑美学”的研究，主要见于王振复始自20世纪80年代出版的《建筑美学》《中华古代文化中的建筑美》，及21世纪初出版的《中国建筑的文化历程》《缪斯书系·华夏宫室》（共四册）《中国建筑艺术论》《中国建筑文化大观》等著作，它们汇成“建筑美学”关于文化、历史、艺术和造型、形式的全面“砌磊”。

中国文化哲学建筑美学的主体构架是关于美学的学术逻辑。王振复完整建立了这样一种具有建筑体式、风貌的文化、哲学美学逻辑。他认为中国美学在文化、哲学包孕下形成多样化的发展形态。中国美学的“文脉”体现为历史文化语境中的价值抉择，正是这一文脉历程使中国美学彪炳于世界美学之林。在2000年出版的《中国美学的文脉历程》中，王振复将美学史的发端期远溯至史前巫史文化，开掘巫史、甲骨和龙文化的中国美学文化蕴涵；然后考证、剖解和诠释中国美学的酝酿、奠基、建构、深入、综合、终结诸问题，深入揭示了中国美学的知识存在方式和价值超越轨迹，以中国美学历史走向的博大深邃，凸现其深厚渊雅的人文情怀，昭示其内在的审美思性、诗性奥秘。

中国文化哲学的建筑美学在逻辑特色方面，体现出“破山”之功。王振复的这种努力与宗白华注重中国美学时空形式和智慧特征的研究是一脉相承的，重要的是，他的研究拓展了“中国特色”的学术理念和风范。在王振复主编的《中国美学范畴史》中——这是国内最早的中国美学范畴通史性著作——“道、气、象”三维动态结构被为中国美学主体建筑的内在逻辑，进一步强化了他关于中国美学史的独特发现和系统思考。

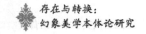

王振复的美学研究在行文上也颇具“建筑”特色，与流行的美学文体不同，他的著作没有繁复的纯哲学思辨，也很少津津乐道于对象观照的欣赏性解读，而是注重将思辨寓于实证，悟解依于发现，在缜密而富有质感的建筑性叙述中凸显中国美学的智慧品格。

关于王振复文化哲学建筑美学的本体论意义，可以简要概括为如下三点：首先，美学本体问题呈显出一种从宏观制高点俯瞰的逻辑特色，它不仅便于解决“形上”层面的根本问题，也使那些最能凸显中国美学逻辑特色，又通常容易被排斥在美学“文艺性”之外的“文化”“学术”抑或生活审美形态等，被纳入审美研究范围。如“巫术”“卦象”“禅”“风水”和“风俗”等，都具有中国文化哲学美学的有机构成性，对生成和冶铸中国美学的特色不容忽略。其次，文化哲学美学建筑的思维方式和观念结构，也颇具学术个案的存在价值。美学，西方人称为“感性知识的科学”，中国人则指对对象的直观和主体的感性激发，它们都源于思维和精神的跃动。“思维”和“观念”的存在方式及地位、意义对中国美学而言是更根本的。王振复探解《周易》，从研究象数之学切入，揭示《周易》美学的文化根因、时间哲学、生命意识、和兑境界、人格模式与太极理想，充分展示其美学建筑的智慧品格，这种研究特点和优势是一般的逻辑推论和审美解读难以替代的。第三，最明显的特征是这种研究的“实证”优势。王振复注重对古籍原典、文字学和考古发现等的解读，将它们置于发掘文化哲学美学建筑的逻辑基础的高度来看，以辟解视美学为“玄虚”之论的谬识，倡导学院派重实学、重“理据”的传统。在对郭店楚简的《性自命出》、《老子》、法海本《坛经》，以及《文心雕龙》和王昌龄诗作等的考证中，注重捕捉美学鲜活气韵的流溢，为文化哲学美学建筑的骨架增设细密的纹理，使整个中国文化哲学美学建筑的结构与气势愈显恢宏和完整。

（三）实践存在论美学

实践美学在众多美学理论的冲击之下并没有固守传统，不做丝毫改变，而是开始思考自己理论体系所存在的问题和局限，一方面重新思考解读马克思主义经典，另一方面借鉴西方美学资源特别是现象学和存在主义，寻找突破之途。其中，朱立元提出的实践存在论美学具有代表性。

朱立元的思考是全面而深刻的，他当然意识到了实践美学的局限，但是更看到了实践美学并非铁板一块，也并非只是强调理性主义，强调主客二分，也强调感性、个体、情感。李泽厚的观点固然是主流，但是也存在如刘纲纪、周来祥、蒋孔阳等非主流派别，他们对于马克思主义美学的理解是主流观点所不具备的，存在着可以进一步发展的、有价值的观点。同时，朱立元认为，现有的实践美学对于马克思主义的理解是不完整的，忽视了其理论体系中的存在论维度。基于这样的思考，他对马克思主义实践美学做了全新的阐释。首先，与传统实践美学相比，实践存在论美学之所以还是实践的，还是马克思主义美学理论，核心在于实践存在论美学仍然把“实践”作为最基本的概念范畴，以“实践”作为逻辑起点推演整个美学体系。在这个前提下，实践存在论美学提出了四点新主张：其一是重新界定了“实践”这个核心概念，将“实践”的范围从单一的物质生产劳动扩展为包括物质生产劳动在内的政治实践、道德实践、审美实践和日常生活实践等广义的人生实践，更具有包容性。其二是力图突破认识论的思维模式，走向存在论，从存在论（本体论）的角度将实践的内涵理解为人最基本的存在方式。这里需要说明的是，实践存在论美学的“存在”概念更多地来源于马克思主义理论体系，而不仅仅是以海德格尔为代表的存在论。朱先生经过对马克思学说的认真考察，认为在马克思的学说中，“实践概念与存在概念有一种本体论上的共属性和同一性，两者揭示和陈述着同一个本体领域”[1]。实践与存在是密不可分的，正是在实践活动中才显出其存在意义的。同时，他以西方美学的发展历程为参照系，发现西方美学的发展历程可以归结为从认识论走向存在论，不断寻求对于思维与存在、主体与客体二元对立的思维模式的超越，直至现代，西方美学确立了以存在论取代认识论，为中国美学实现突破提供了重要启示。其三是“生成论”，“美不是现成的，是生成的”[2]，传统的认识论美学将人与审美对象对立起来，认为美是客观存在的，美是现成的，等待我们去探索。但是在存在论基础上的美学则认为，美是在审美活动中生成的。这里的生成有两层含义：一个是人类整体层面的，一个是个体层面的。20 世纪 80 年代，李泽厚也注意到审美活动中人类主体的作用，强调主体实践美学，但这个“主体”，是指人类整体，侧重一种人类总体的、历史的、理性的发展与积淀，较少关注个体的、感性的美的生成。实践存在论美学则侧重于个体生存实践下的美的当下生成。其四，“审美是高级的人生境界”[3]。人的实践活动是丰富多彩的，但是对于人来说，这些实践活动的层次并不是等同的。实践存在论美学认为，审美在人的实践活动中具有较高的层次，是高级

[1]　朱立元：《走向实践存在论美学》，苏州大学出版社 2008 年版，第 269 页。

[2]　朱立元：《走向实践存在论美学》，苏州大学出版社 2008 年版，第 296 页。

[3]　朱立元：《走向实践存在论美学》，苏州大学出版社 2008 年版，第 316 页。

形态的人生境界。审美实践最大的特点就在于较大程度上超越个体眼前的某种功利性和有限性，使人达到相对自由的境地。通过这四点的论述，朱立元也就在传统实践美学的基础上建构了新的美学体系，与实践美学既有联系又有区别，这个新的美学体系是力图突破认识论思维方式的，是对马克思主义更深入、更完整的理解。

实践存在论美学观发展了马克思主义美学的实践观，将之与存在论统一起来，使西方现当代美学思想与中国当代美学思想有机结合，时代感鲜明。作为当代中国美学的重要流派，实践美学学者能够客观审视自己理论的缺陷与问题，并积极地吸收新的思想资源，实现自我突破，坚持真理，的确需要巨大的学术勇气。实践存在论美学作为“新世纪美学发展多元格局中的创新一环”，的确推动中国美学的建设与发展。当然，正如朱立元所言，实践美学确实也存在“不成熟、不完备”的地方，但是一种理论的成熟和完备需要经历时间的磨砺和沉淀，我们期待其变得更加成熟和完善，进而推动中国美学的发展与完善。

（四）超越美学

杨春时的美学建构起始于1994年发表的《走向“后实践美学”》一文，这篇论文也拉开了实践美学与后实践美学数年论争的序幕。在文中，他首先肯定了实践美学在特定历史时期的巨大合理性，认为实践美学提出的实践观点，实则是有利于突破认识论的主客二分的，是以实践一元论取代了主客二分的二元论，但并未完全摆脱主客二分痕迹，存在着“历史的局限性和理论上的不足”[1]。对于实践美学缺憾的论述，杨春时同样指出其理论过于偏向理性化、现实性、物质性和社会性，忽视了审美本身的感性、精神性、超越性和个体性。他提倡应该走向“后实践美学”，在批判继承实践美学的基础上，积极吸纳西方美学资源，从封闭走向开放，从古典走向现代。

由此，杨春时提出了“生存—超越美学”，或者直接称为“超越美学”，主张以人的生存为逻辑起点，以超越性为指归，重视审美的意义论取向与解释学价值。他认为“审美是自由的生存方式和超越的体验方式，审美的本质在于超越”[2]，审美并不像实践美学所说的具有现实性和物质性，审美应该是超越的，是不被现实所限制的。

“生存”概念的提出是针对实践美学的“实践”概念的。杨春时首先并不否定“实

[1] 杨春时：《走向“后实践美学”》，载《学术月刊》1994年第5期。

[2] 杨春时：《走向“后实践美学”》，载《学术月刊》1994年第5期。

践”对于美学的意义，他认同实践是人的存在的社会物质基础，很大程度上是人的本质。但是人的本质是否就等同于审美的本质呢？人类物质生产活动固然为审美活动提供了条件，但不是审美活动本身，审美应该有属于它自身的特殊规定性，有自己的本质。我们应寻找到一个比“实践”更为宽泛，更具有包容性的范畴。杨春时综合西方美学、中国传统美学、马克思美学的理论发展状况及审美活动本身，认为“生存”具备这样的条件。

从学术传承角度讲，“生存”在西方哲学、中国传统哲学、马克思主义哲学中都可以寻找到理论支持。西方哲学的发展历程可以概括为客体论、主体论和存在论三部分，存在论是当代哲学发展的主流。而马克思主义学说可以分为哲学和历史科学两个方面；马克思的历史唯物主义应该称为社会存在哲学或者社会存在本体论，但是社会存在作为哲学范畴含有形而下的成分，不够纯粹，能够作为哲学范畴的只能是“生存”；中国传统美学强调“天人合一”“神与物游”等，不重本质，只重体验，实际上是一种模糊的主客统一理念，是存在意义上的，却不是一种认识。因此，杨春时认为，在继承中西方传统上，“生存”概念是有特殊优势的。

首先，从“生存”概念本身来说，它直接指向人的存在。人的存在不是动物性的“活着”，而是全方位的个性发展。它处在一定的社会环境中，并需要努力实现自己的特殊性，既是个性的、自由自觉的，又是一种历史性的存在，“具有现实的形式和历史发展”[1]，因此内在地包含了人的感性与理性，现实与历史。其次，生存的最高指向是人的自由，特别是超越物质存在、指向精神性的“精神的自由生产”。再次，生存是主体间性的，是人类与世界、人与其他生物平等和谐的沟通交往，不是主体对客体的把握。生存具有体验性，“在体验中，感官与精神、主体与客体、认知与意向都没有分化，是完整的人的感受”[2]。

综合以上两点，生存作为美学逻辑起点是合理的，人的存在实际上就是生存活动。杨春时将人的存在活动分为三种：自然生存方式、社会生存方式和自由生存方式。审美在逻辑上属于自由生存方式，当然也离不开社会生存方式。因此审美不仅是现实性的生存，更是人类最高意义上的生存，具有自由性和超越性，可以超越人的理性，超越现实性、有限性，能够反映人的终极价值，是人最本真的存在。杨春时说，他更愿意将其美学理论称为“超越美学”，就在于审美的本质在于超越，超越性是审美活动的最终指向，也是人类的最高追求。

---

[1]　杨春时：《美学》，高等教育出版社 2004 年版，第 29 页。

[2]　杨春时：《美学》，高等教育出版社 2004 年版，第 31 页。

杨春时及其“生存—超越美学”在当代美学发展史上有着重要的地位，这不仅仅因为他是后实践美学的倡导者，更重要的是，他通过对于中西美学史的梳理，提出中国当代美学从主体性到主体间性、从现实性到超越性的跨越，对于中国现代美学体系建设有重要的方向指引意义。

（五）意象论美学

叶朗教授在2009年出版了《美学原理》一书，对美学本质问题提出了系统的新看法，即“美在意象”。这一提法，在其于20世纪80年代末主编的《现代美学体系》一书中就有所涉及，但是当时并没有作为一个贯穿全书的核心概念使用。《美学原理》则是围绕“意象”这一核心概念构筑的有机整体。叶教授认为，新中国成立以来的美学研究，大部分都没有摆脱主客二分的认识论框架，这对中国美学学科的建设产生了消极影响。我们应该融汇西方美学如存在主义、现象学美学与中国传统美学资源，在思维方式上从“主客二分”走向“天人合一”，即从认识论走向存在论。他发现在中国传统美学中，对待“美”这一问题的一个重要观点就是：不存在一种实体化的、外在于人的“美”，也不存在一种实体化的、纯粹主观的“美”，中国传统的美学思维重在主观的“意”与客观的“象”，重在美的生成，概括为一点，即是“美在意象”。审美活动就是要在物理世界之外构建一个情景交融的意象世界，这个意象世界，就是审美活动中的审美对象。

“意象”这一概念，在中国可谓源远流长，在《易传》中就有“书不尽意，言不尽意，圣人立象以尽意”的说法，后世逐步形成了“意象说”。意象或者说审美意象最主要的特点就是“情”与“景”的统一融合。清代王夫之说：“情景名为二，而实不可离。神于诗者，妙合无垠。”当代美学家朱光潜吸收了中国传统的美学观，在《论美》的开端就说：“美感的世界纯粹是意象世界。”又在《论文学》中说：“凡是文艺都是根据现实世界而铸成另一超现实的意象世界。”宗白华也同样强调审美活动时人的心灵与世界的沟通，美乃是一种情景交融的“艺术境界”。“意象”乃是一个被广泛认同的美学概念，是中国美学的核心。而综合前人的论述，审美意象具有哪些性质特征呢？叶教授认为，其最突出的特点，即“灿烂的感性”。他将其具体概括为四个方面：“第一，审美意象不是一种物理的实在，也不是一个抽象的理念世界，而是一个完整的，充满意蕴、充满情趣的感性世界，也就是中国美学所说的情景相融的世界。第二，意象世界不是既成的、实体化的存在，而是在审美活动的过程中生成的。第三，意象世界显现一个真实的世界。第四，审美意象给人一种审美的愉悦，使人产生美感。”[1]“灿烂的感性”就是一个完整的、充满意蕴的感性世界，这就是审美意象，也就是广义的“美”。这些论述实际上也有对当代主流美学理性化倾向的反思，认为美的本质不在于抽象的理性、理念，而在于“灿烂的感性”。另外一个特色就是强调美的生成性，美不是既成的，不是静态的等着我们去发现，而是动态的，是在审美过程中产生的。

叶教授另一个重要观点是关于美感的分析的，他认为美感不是认识，而是体验。认识是一种科学活动，力图认清外在的对象是什么，可以脱离人的生命和人生而孤立地把事物作为物质世界（对象世界）来研究。而体验不同，体验与生命、生存、生活密切相关，是直接性的，美感代表了一般体验的本质类型也是与人的生命和人生紧密相联的。美感是直接性的，是当下、直接的经验，而认识则要尽快脱离直接性，以便进入抽象的概念世界。美感是瞬间的直觉，在直觉中得到一种整体性，而认识则是逻辑思维，在逻辑思维中把事物的整体进行了分割。美感是创造一个充满意蕴的感性世界（意象世界），“华奕照耀，动人无际”，这就是美。而认识则追求一个抽象的概念体系，那是灰色的、乏味的。美感具有无功利性、直觉性、创造性、超越性及愉悦性。

可以看到，叶教授所建构的美学理论倡导天人合一，以“意象”和“体验”为核心，具有浓厚的中国传统特色，同时也融入了西方存在论的精华，做到了中西方理论的有机融合。其理论立足点在于活生生的人，所有的美学观点、美学体系都服务于人性的完满，服务于培养健全的人，体现了深切的人文主义关怀。

（六）生命美学

潘知常于1991年出版的《生命美学》一书，意味着生命美学思想构建的开始。针对美学本体论问题，他认为实践美学本体论以实践为本体是有待商榷的。在原则上，他并不反对马克思主义的实践原则，实践活动的确是人类社会的基础原则，决定了人类社会的产生和进步，这一点无可怀疑。但问题在于，实践美学将实践作为唯一原则和本体，这实际上是对马克思实践观点的误解。在马克思、恩格斯的理论中，劳动创造了人，但需要建立在自然的基础之上。因此更为准确的说法是“劳动与自然共同创造了人”。潘知常认为，自然是先天的存在，实践活动形成了人的后天存在，审美活动不仅仅是实践活动，还是一种自然活动。“审美活动的诞生是后于自然进化这一普遍规律但却并不先于实践活动这一特殊规律的基础上，实践活动才是审美

[1]　叶朗：《美学原理》，北京大学出版社2009年版，第137页。

活动的根源；然而在审美活动的先天性的基础上，即审美活动的诞生是先于实践活动这一特殊规律但却并不先于自然进化这一普遍规律的基础上，自然进化才是审美活动的根源。”[1] 实践美学实际上过于重视审美活动的“后天性”，忽视了“先天性”。

更进一步说，在审美活动的“后天性”上，实践美学也存在缺憾。第一，潘知常认为，实践美学“把美学的根源问题与美学的本质问题混淆起来，错误地从实践活动与审美活动的同一性入手去解决美学困惑”[2]。这与刘晓波的观点是一致的，美来源于实践，但是实践不能说明审美活动的特殊规定性。美学该做的，应是在实践原则的基础上，“从实践活动与审美活动的差异性入手”探讨美本身的问题，从“人何以可能”的问题转换到“审美活动如何可能”。第二，实践美学对群体理性的强调忽视了人的非理性存在，我们应该实现的是理性与非理性的统一。

基于以上的几点思考，潘知常认为应该寻找到一个“既包含实践活动又包含审美活动的类范畴，然后在类范畴之中既对实践活动的基础地位给予以足够的重视，同时又以实践活动为基础对其他生命活动类型的相对独立性给以足够的重视”[3]。这一“类范畴”，他认为就是“人类的生命活动”，审美活动则是以人类实践活动为基础又超越实践活动的超越性生命活动。由此，潘知常就提出了以审美活动为核心，以超越性为指归的生命本体论美学。

确立了“生命”的本体地位之后，潘知常并没有致力于建立生命美学体系。他在论述中重点说明的是审美活动的本体论内涵，即审美活动对于人类生存与自由的意义。他认为审美活动与实践活动、认识活动相比，最重要的就在于对必然性的超越，对于人类来说，“我审美故我在”[4]，审美活动才可以使人达到“生命的澄明状态”，它是人类生命活动之必须。而实践美学所说的“自由是对必然的把握”，是审美之基础，但绝非本质，片面地强调把握必然，个体之自由将不可实现。审美的自由性就在于人主观的超越性。只有这样，人之感性与理性才能实现统一，不为理性所限制。在这一点上，生命美学的另一代表人物封孝伦所提出的三重生命理论则更显体系性和完整性。他也将生命视为最高范畴，对于美的本质问题，他说：“美就是人的生命追求的精神实现。”[5] 生命是一个有机系统，分为生物生命、社会生命和精神生命。人类不同的美的形式，包括自然美、社会美等，都是不同层面、不同维度的生命需求，

[1] 潘知常：《再谈生命美学与实践美学的论争》，载《学术月刊》2000 年第 5 期。
[2] 潘知常：《生命美学论稿：在阐释中理解当代生命美学》，郑州大学出版社 2002 年版，第 41 页。
[3] 潘知常：《生命美学论稿：在阐释中理解当代生命美学》，郑州大学出版社 2002 年版，第 94 页。
[4] 潘知常：《诗与思的对话》，上海三联书店 1997 年版，第 301 页。
[5] 封孝伦：《人类生命系统中的美学》，安徽教育出版社 1999 年版，第 413 页。

是“人类审美意识的表达”，经典的美学范畴如“崇高”“优美”等，与特定时期人类的生命意识密切相关。

潘知常对实践美学的反思，生命美学的提出，对于挖掘中国传统美学的生命精神和生命意识，引入西方生命美学理论，起到了重要的先导作用，这极大地丰富了当代美学的理论视野。但对于生命美学来说，生命本体论的提出及一系列美学设想，仍需要以踏实的研究为基础进行完整而深入的体系建构。

第二节　西方当代美学本体论

西方当代美学主要指20世纪的美学，但广义上的时限则包括现代和后现代两个阶段，指19世纪后半叶到20世纪中叶的现代美学和20世纪中叶至今的后现代美学。这是整个西方美学史上空前活跃、百家争鸣的时期。这一时期出现了许多有代表性的理论学派和具有理论代表性的开拓人物，他们的学说在很多方面改变了过去的观点与思维方式，给当代与未来以深刻的启示。在美的本体论问题上，西方当代美学尽管流派多，观点、方法论差异甚巨，但它们都或直接或间接地回答了美的本体论问题。本体论问题是美学的核心问题，只要谈美学，就不可能回避这个问题。即使有的美学家声言美的本体论问题毫无意义，主张具体探讨审美经验或有关艺术的实践问题，在美学研究中消解对本体问题的思考。但我们认为这种呼声本身也是一种对美的本体的回答。认真研究西方当代美学关于美的本体论言说，是我们客观审视和准确解读西方当代美学的价值走向和审美本质的关键。

一、现代美学本体论

（一）意志—本能说

“意志”这个概念，在德国美学家叔本华、尼采的理论体系中得到了充分的重视和阐述。叔本华（Arthur Schopenhauer，1788—1860）通过创造“意志”这一概念，用以和黑格尔为代表的古典美学相对抗。他认为，世界作为表象（现象）和意志（本质）两种形式而存在，“意志”是独立自在的本体，它内在于人的生命，表现感性欲望的冲力。人的生命获得愉悦的美感与生命意志的欲望冲力得到满足密切相关，由于这种生命意志的欲望满足只是暂时的，从而愉悦的消失和继而产生的痛苦，就成为生命存在自身无法解决的一个内在矛盾。“人是欲望的复合物”，“个人的意志（欲望）又是永不知足的，满足一个愿望，接着又产生更新的愿望，如此衍生不息，永无尽期”[1]，因此，“如果我们的意识还是为我们的意志所充满；如果我们还是听从愿望的摆布，加上愿望中不断的期待和恐惧；如果我们还是欲求的主体，那么我们就永远得不到持久的幸福”[2]。叔本华用悲观主义的唯意志世界观，诠释人生存在，建立起完全不同于黑格尔古典美学世界的崭新思想体系，在这个世界，主体的感觉、感受，由生理传达至心理的一切细微活动，都真切地决定和影响着人的生命本质，而这种境况，在黑格尔那里是绝对不存在的，因为黑格尔把美构想为理念的外化或显现，而理念的本质是抽象的、非生命的和理想化的。

继叔本华之后，尼采（Friedrich Wilhelm Nietzsche，1844—1900）进一步将人生、欲望和艺术结合在一起，高扬生命意志的释放与意志力在艺术中的审美超越作用。尼采认为，意志力是生命力的象征，意志所表达的欲望是一切活动的动力，而道德或真理都对欲望进行克制和压抑，它们是虚伪和丑恶的精神产物，只有艺术能够通过审美手段体现出生命意志的真实和完美。艺术审美是原始欲望的释放，同时实现对现实中被压抑欲望的补偿，在艺术中，意志冲动“一方面是透过梦幻的想象物，这梦幻想象物的完美性是完全独立于理智层面或个人艺术发展之外；另一方面是透过醉狂世界，这醉狂世界也不注意个体的存在，甚至可能破坏个体，或是透过一种集体的神秘体验而使他得到解脱”[3]。尼采描绘在日神的梦和酒神的醉中生命欲望得到释放的情景，认为艺术可以使人比在现实中还要能够清楚地认识到生命自身，这其中的缘由在于人并非仅是“生存意志”，更是“权力意志”——“不竭的创造性的生命意志”[4]，一种可以不断通过强化自我来完成人生超越性目标的生命力，这种生命强权意志在超越人生痛苦和欢喜中，达到其自身的极限，得以回归到原初的自然状态，尼采将权力意志质量高者称为“超人”。显然，尼采通过个体的对外否定积极向上地发展了“意志”概念，使之不仅仅成为生命本体的自然表达，更成为一种自觉的、可以操控自我和自我所涉的一切对象的“权力”性本体，这个本体出发点仍然是生命意志，归结点却是将生物能量、本能的破坏性和毁灭性冲动等，给予一种超越生命有限性的机制和定位。因此，意志论发展到尼采，将个体的生命本能、

[1] ［德］叔本华：《生存空虚说》，陈晓南译，北京作家出版社1987年版，第94、93页。

[2] ［德］叔本华：《作为意志和表象的世界》，石冲白译，商务印书馆1982年版，第273页。

[3] ［德］尼采：《悲剧的诞生》，刘崎译，作家出版社1986年版，第18页。

[4] ［德］尼采：《查拉斯图拉如是说》，尹溟译，文化艺术出版社1987年版，第136页。

生物能量假借人文主义的伸张，不无畸形和片面地膨胀和放大了。迄今为止，尼采的权力意志依然是西方现代美学中最具有生命宣泄冲力的一种美学，但权力意志概念所包含的理性机制和非理性的否定意向，也为后来的西方美学埋下了生命生长的不同根芽，促成西方美学对善与恶的美学处理形成多种可能，其中，联结权力意志之理性与非理性的意向生命本能，则在20世纪初被弗洛伊德发展为生物学意义的无意识生命欲望，在另一个方向上对西方现代美学产生重要的影响。

西格蒙德·弗洛伊德（Sigmund Freud，1856—1939）是奥地利精神病医生，在《性学三论》《梦的解析》《精神分析引论》等著作中，他开创了美学的精神分析学派。根据这一理论，人的精神结构的基础是生物学意义的性意识心理及其结构。人格心理和性心理体现于具体的人，两者是可以重合的，它们包括潜意识、前意识、意识三种心理构成部分，以及相应的本我、自我和超我三种人格面貌。在这一结构中，潜意识或本我是人类心理的主要构成部分，包含有人的各种原始本能，其中最重要的就是性本能，即力比多（libido），指人的一切生命行为的内驱力。性本能源源不断，不能被消灭，只按照“快乐原则”追求满足，但是人也同时具备自我保存的本能，会适应现实的要求，当性本能的满足方式与现实原则不相符时，为了求得自我生存，人会按照“现实原则”对性本能进行“压抑”。这种情况沉淀在心理结构中，就表现为前意识随时起着检察官或者看守者的作用，将不符合“现实原则”的原始欲望压迫回潜意识当中。然而被压抑的性本能并没有被消灭，它转而寻求其他“合法”的形式以实现替代性满足，这些替代方式一种是梦，一种是艺术想象，它们都较性本能的生物性直接满足要温和得多，更能满足文明社会的要求，因此，弗洛伊德将艺术想象这一转移方式称为“升华”。这样，性本能的被压抑就成为文明出现的一种前提或缘由，“一般言之，我们的文明可以说是建基在本能的压抑上面的。每个人都要牺牲一部分他人格中的好胜心、领袖欲、侵略性以及仇恨的倾向，从这些来源积聚起文化的素材、理念的财富，而归诸公众享有”[1]。依此艺术、美学生成的根源与本质就是性本能的升华。弗洛伊德说：“美感肯定是从性感这一领域中延伸出来的，对美的热爱中隐藏着一个不可告人的性感目的，对于性所追求的对象来说，‘美’和‘吸引力’是它最重要的必备的特征。”[2]但弗洛伊德也指出，性本能的升华方式有一定的弱点，并不是所有人都可以实现它，只有少数人能够享有，

---

[1]　[奥]西格蒙德·弗洛伊德：《性学三论：爱情心理学》，林克明译，太白文艺出版社2004年版，第170页。

[2]　[奥]西格蒙德·弗洛伊德：《论文明》，徐洋译，国际文化出版公司2007年版，第36页。

而其他人则将在欣赏少数人的艺术创造品中得到相同的满足，“艺术家的第一个目标是使自己自由，并且靠着把他的作品传达给其他一些有着同样被抑制的愿望的人们，他使这些人得到同样的发泄”[1]。据此理论，他分析了达·芬奇及其画作，写出了《达·芬奇的童年回忆》一书，分析其作品中蕴含的深层意蕴，特别是性意蕴。另外，在分析莎士比亚剧作《哈姆雷特》主角哈姆雷特迟迟不肯为父报仇的原因时，弗洛伊德也把它归结到性本能，这些解释给人以牵强附会之感，但运用性本能来诠释文学艺术的起源和作品的内蕴，却是一种全新的尝试，对于打开美学观照人的立体视角和拓展人的生命本体之域，无疑具有很大的启示。除此之外，弗洛伊德对人的本能、欲望在文艺创作中的作用，也提供了一种崭新的阐释路径。在20世纪以前，西方美学对人的本能基本上采取两种立场，一种是基督教原教旨的禁欲主义立场。一种是与之相对立的，在文艺复兴时期被民间文艺传统所特别推崇的纵欲主义立场，前一种长期占据着主导地位，即使在中世纪禁欲主义遭遇到人文主义的猛烈批判之后，也并没有获得合法释放的权力，根本原因是西方美学的理性力量是严格地排斥性欲及性本能的直接表现或宣泄的，而弗洛伊德将性本能以爱欲、性心理等泛性本能意识，在哲学、宗教、文学等领域辟开一席之地，无疑具有冲决堤坝的效力，他在肯定人的生物性机能、肯定人的非理性生命本质和人的非社会性真实存在方面，为西方美学做出了重要的贡献。但由于弗洛伊德对性本能的界定倾向于泛爱欲意识，与其生物性的机体病理和性角色的对应性解释紧紧结合在一起，导致所有指向“超我”的价值内容无不陷于被性本能、生物性能量消解的命运，又把人拉回到动物一极，严重影响了其理论学说的价值导向，因此，在20世纪上半叶以后，他的学说逐渐被不同的理论家加以改造，转化为其他美学理论学说中的观点。

（二）直觉—表现说

西方当代美学家中最早提出直觉理论的是克罗齐（Benedetto Croce，1866—1952)。他是意大利的哲学家、美学家、文艺批评家和历史学家。他的直觉—表现理论是一套非常完整的关于心灵功能的理论。他认为，世上一切活动，都是人的精神活动所促生的。精神活动分为两种，一种是认识活动，另一种是实践活动。其中，直觉属于认识活动。他所说的“直觉”，指的是蕴含着理性的意象思维活动，这种思维活动是紧紧联系于事物的个别形象的。他的原话是，“直觉在一个艺术作品中

[1] ［奥］西格蒙德·弗洛伊德：《论艺术与文学》，常宏译，国际文化出版公司2007年版，第54页。

所出现的不是时间和空间，而是性格，个别的相貌”[1]。由于是个别的相貌呈现于思维中，人无法明晰地看清这种“混化”状态的思维，却能够在其中有所感受，并展开“有意识的回想”，“创造的联想”。也就是说，当思维在一种混沌的无序的感觉状态时，若是有意识参入，使思维由印象似的一团变得有了明确的形式，并且在心灵的主动联想中展开创造的主动性，使意象（想象）产生，这时所谓结合在具体形象上的想象，就不是被动的印象，而是心灵主动创造的意象了。克罗齐非常自信地把自己的美学称为“作为表现与普通语言的科学的美学”。因为他认为，一旦心灵形成其意象的形式，就表明内心的情感在意象中栖留下来。他很明确地说，“直觉就是表现”[2]，有了思维，语言学上的问题就变得非常简单。因为只要想得出来，就必然能用语言传达出来。这样，克罗齐充分肯定的主要是两个方面，即表现情感和创造意象。意象是人的情感的表现形式，情感则是保证心灵的主动性、主观性，实现心灵综合功能最基本的因素。直觉—表现，实际上就是说，意象只要形成了，它就表现了情感；只要表现了情感，那就可以称之为美的。按照这种原则，艺术等于创造意象，等于成功的表现。在《美学原理》一书中，可以找到克罗齐对艺术极其简明的概括：“以‘成功的表现’作‘美’的定义，似很稳妥，或是更好一点，把美干脆地当作表现，不加形容字，因为不成功的表现就不是表现。”[3]他进一步从情感的表现角度对艺术做出说明，“艺术永远是抒情的——也就是饱含着情感的叙事诗和戏剧”[4]。无论什么艺术，“都是已经完全变成鲜明的再现的一种活泼情感”[5]。这种观点对后来的美学家影响很大，科林伍德的情感表现理论就直接秉承他的学说。

科林伍德（Robin George Collingwood，1889—1943）是英国现代著名的哲学家、艺术理论家和历史学家。他在《艺术原理》一书中明确提出“艺术是情感表现”的观点。这一观点继承了克罗齐的思想，不同的是科林伍德把克罗齐的表现说进行了深化和扩展，他认为艺术是表现性的，也是想象性的，即艺术是“想象性经验活动”。这种想象性活动不是单纯的对作者情感的表现，而是“总体活动的想象性经验”[6]，是从创作者到接受者，再由接受者到创作者的双向循环过程中，把自我经验通过想

---

[1]　[意]克罗齐：《美学原理》，朱光潜译，上海人民出版社 2007 年版，第 11 页。

[2]　[意]克罗齐：《美学原理》，朱光潜译，上海人民出版社 2007 年版，第 20 页。

[3]　[意]克罗齐：《美学原理》，朱光潜译，外国文学出版社 1983 年版，第 89 页。

[4]　[意]克罗齐：《美学原理》，朱光潜译，上海人民出版社 2007 年版，第 227 页。

[5]　[意]克罗齐：《美学原理》，朱光潜译，上海人民出版社 2007 年版，第 226 页。

[6]　[英]罗宾·乔治·科林伍德：《艺术原理》，王至元、陈华忠译，中国社会科学出版社 1985 年版，第 152 页。

象上升到抛弃个别感官的性质，成为非特殊化的、表现性的经验的过程。他举例说，莎士比亚的剧作《罗密欧与朱丽叶》，在作者那里不是出于他们在性爱方面是彼此强烈吸引的生物体，才创造了这两个人物的，而是因为他们的爱情交织在一个复杂的社会和政治情势的结构之中，这恰是能够为观众的理智所接受的方面。

科林伍德还重视语言在表现中的作用。他认为："语言是想象性活动，它的功能在于表现情感。"[1] 语言使情感的表现理智化，他说："诗人把人类体验转化成为诗歌，并不是首先净化体验，去掉理智因素而保留情感因素，然后再表现这一剩余部分。而是把思维本身融合在情感之中。"[2] 于是，他在克罗齐提出的"语言学与美学的统一"的基础上，提出"语言与符号体系"的问题，认为"符号体系是理智化的语言"[3]。

古典美学在柏拉图、亚里士多德等人那里，强调的是美与对象的联系，在涉及艺术对象时，则强调艺术对世界的摹仿和再现。即使在康德、黑格尔那里，心灵性和精神性的内容得到了强调，但也仍然以理性的方式看待审美经验。克罗齐和科林伍德的"表现论"却强调了直觉和艺术的想象，把非理性的想象和幻想归结到"理智化"的表现方面，使美学在推崇主体情感方面向现代性大大跨越了一步。

（三）符号—意义说

符号学美学是20世纪最有影响的美学理论之一。符号学是把社会中一切具有意指和交流意义的现象称为符号系统的科学。符号学的理论来源有许多种说法，有的认为是结构主义的世界观促生了人们以观念符号系统来框定对象世界的意识，有的认为是19世纪成为一门科学的人类学对古代和原始神话的兴趣，导致了另一种从符号学角度对艺术，尤其是文学进行研究的方法。但更多的人认为，19世纪末20世纪初语言学理论的发展，为符号学提供了基本的理论方法。在索绪尔的《普通语言学教程》中，语言符号被分成两个基本的要素：能指（表示成分）和所指（被表示成分）。

20世纪初，卡西尔（Ernst Cassirer，1874—1945）的文化符号学体系奠定了符号学美学的基本理论原则，使这一派别日益对当代人类文化，对美学的发展产生

[1] [英]罗宾·乔治·科林伍德：《艺术原理》，王至元、陈华忠译，中国社会科学出版社1985年版，第232页。

[2] [英]罗宾·乔治·科林伍德：《艺术原理》，王至元、陈华忠译，中国社会科学出版社1985年版，第301页。

[3] [英]罗宾·乔治·科林伍德：《艺术原理》，王至元、陈华忠译，中国社会科学出版社1985年版，第275页。

巨大的影响。

卡西尔把他的理论称为“哲学人类学”，他写了非常庞大的著作《符号形式的哲学》（共分三卷，第一卷《语言》，第二卷《神话思维》，第三卷《认识的现象学》，分别于1923年、1925年和1929年出版），现在国内译有《人论》《符号·神话·文化》《神话思维》多部著作。卡西尔认为正是符号系统使人的精神功能得以发挥，人通过符号来反映和创造世界，符号是文化的本质。人所处的世界是文化的世界、符号的世界。符号的世界具有不同的发展形式，从古代的神话符号，到理性的逻辑语言、宗教的仪式、艺术的幻想等。人在拓展符号的同时，把世界改变为符号的世界。“人的符号活动能力进展多少，物理实在似乎也就相应地退却多少。在某种意义上说，人是在不断地与自身打交道，而不是在应付事物本身。”[1] 根据卡西尔的观点，美是一种人的文化精神创造，美存在于各种各样的文化符号的建构活动中。

卡西尔的观点对美国的苏珊·朗格（Susan Langer，1895—1982）产生特别重要的影响。人们常把苏珊·朗格称为符号学美学的奠基人之一，在《哲学新解》和《情感与形式》中，苏珊·朗格提出把人类感觉结构符号化，让艺术形式符号化，使艺术能够运用符号的方式进行创造，即运用情感的形式进行创造。“艺术本质上就是一种表现情感的形式。它们所表现的正是人类情感的本质。”[2] 她指出，音乐不是自我表达，“当人们步入音乐厅的时候，决没有想到要去听一种类似于孩子们的嚎啕的声音”[3]。艺术情感是一种发挥符号建构的主动功能而由个人情感转换为形式化情感、抽象化情感的创造过程。苏珊·朗格的符号学美学反对两种趋向极端的观点：一种是古典的重再现、重摹仿，认为美的本质在对象属性的观点；另一种是克罗齐、科林伍德强调想象和幻想，把艺术看成是个人情感表现的观点，从而在美的本体论上重新对艺术的“抽象”形式和直觉中的理性因素、艺术中的社会性因素给予了重视。但是，苏珊·朗格过于强调生命个体的生物性，把人对符号的抽象形式的创造能力，归结为原始自发的本能，也显得过于牵强。

（四）神话—原型说

19世纪人类学得到很大的发展。人类学家从古代神话以及原始遗址、落后民族的考察，得到关于人类起源和社会发展的资料，据此展开研究，形成系统的观点。

---

[1]　[德]卡西尔：《人论》，甘阳译，上海译文出版社2004年版，第36页。

[2]　[美]苏珊·朗格：《艺术问题》，滕守尧、朱疆源译，中国社会科学出版社1983年版，第7页。

[3]　[美]苏珊·朗格：《艺术问题》，滕守尧、朱疆源译，中国社会科学出版社1983年版，第24—25页。

早期人类学家弗雷泽（James George Frazer，1854—1941）的《金枝》一书对巫术仪式、神话和民间习俗进行了比较研究，对人类文化的起源和发展做出了新的阐释。弗雷泽的神话理论对后来的文化人类学家影响非常之大，他们不再把美看成是直观的东西，而是要从民族和文化的起源上寻求解释。到了20世纪初，卡西尔的“文化符号学”和弗洛伊德的“精神分析说”为人类学的深入研讨提供了新的理论依据和方法论，弗洛伊德的学生荣格（Carl Gustav Jung，1875—1961）提出了重要的“原型”概念。根据荣格的解释，“原型”属于一种“集体无意识”心理：“集体无意识主要由‘原型’所组成……与集体无意识的思想不可分割的原型概念指心理中的明确的形式的存在，它们总是到处寻求表现。”[1]在《分析心理学的基本假设》一文中，荣格具体谈到他倡导原型理论的理由：

> 假如我们不能否认也不能消灭原型，那么摆在我们面前的任务是，在文明所达到的鉴别意识的每一个新阶段，找出一个合乎这个阶段的解释，以便使我们现在还保存着的过去生活和有溜走之虞的现在生活连结起来。如果这一连结不存在，则这一种无源的、与过去无关的意识就会产生，它无能为力地屈服于任何一种解释，而在实际上可以染上种种心理传染病。[2]

这段话道明原型概念在内涵上是一种文化性的概念，方法上是人类学的，研究目的上又是精神分析学的。因此，原型理论展现美的本质问题，就具有一种文化性的整合趋向，这是20世纪美学的一个重要特征。具体说，原型理论的意义表现在：

第一，原型或原型意象作为集体无意识的心理形式，既针对了弗洛伊德的把美归结为本能宣泄的个体无意识观点，也针对了以往潜在的理性主义传统。原型概念把美的空间和时间拓展了，使人们不再简单地把美视为观照的对象，而是注重美与人类文化发展的联系，特别是与人类原初体验的联系。荣格说：“每一个原始意象中都有着人类精神和人类命运的一块碎片，都有着在我们祖先的历史中重复了无数次的欢乐和悲哀的一点残余，并且总的来说始终遵循同样的路线。它就像心理中的一道深深开凿过的河床，生命之流在这条河床中突然奔涌成一条大江，而不是像先前那样在宽阔然而清浅的溪流中流淌。无论什么时候，只要重新面临那种在漫长的

---

[1] ［瑞士］卡尔·古斯塔夫·荣格：《原型与集体无意识》，徐德林译，国际文化出版公司2011年版，第6页。

[2] ［瑞士］卡尔·古斯塔夫·荣格：《心理结构与心理动力学》，国际文化出版公司2011年版，第236页。

时间中曾经帮助建立起原始意象的特殊情境，这种情形就会发生。”[1]这段描述非常生动形象，人类原初体验作为精神的碎片，其实也是感觉、感受的零散碎片，也是被历史河床淹埋的碎片，而在原始意象的文化和美的建立中，这些碎片会被重新整合起来，闪现出原初的熠熠光芒！这正是原型意象超越个体无意识和抽象理性的美学意义所在。

第二，“原型”或“原型意象”推进了美感体验的心理学研究。法国当代美学家雅克·马利坦说：“诗性认识指的是这样一种入侵：事物通过情感和情感方面的连接进入靠近灵魂中心的精神的前意识之夜；诗性直觉就是这样产生的……在诗性认识的最同一、最纯粹和最基本的要求上考虑，它是通过意象——或不是通过朝向理想思想状态的概念，而是通过仍浸泡在意象中的概念——表达自身。”[2]荣格的原型概念就触及这种诗与文化的人类学性质，通过调动人类原始经验激发心理意识的觉醒，使诗性认识在切近美学意象时得到最充分的美感体验。

荣格以后，原型概念被普遍运用，并且主要被用于美的分析与批评方面。加拿大文学批评家、美学家弗莱（Northrop Frye, 1912—1991）写的《批评的解剖》被公认为是这方面的权威作品。弗莱把原型概念与艺术批评结合起来，使美成为艺术批评实践运作中生成的东西，是人可以用文化方式对世界做出阐释的东西。弗莱自己在运用原型概念对一些艺术作品进行分析时，对原型就有颇多创造性发挥，如启示的意象、魔幻的意象、类比意象等，他认为美是艺术的创造，艺术是以不同的意象结构呈现出不同的原型内容的。弗莱对荣格原型理论的发展，从另一个侧面证明了原型理论的美学价值，这个事实在美国当代美学家比尔兹利《二十世纪美学》的专论中也得到了确认，他说：“近年来，许多批评家竞相在所有的文学作品中搜求‘原始意象类型’，以此来解释文学的力量。这种研究已成为文学批评中公认的一部分。”[3]

（五）现象—存在说

20世纪初出现的现象学和存在主义，对美的本质做了颇有哲学深度的解说。现象学哲学由胡塞尔（Edmund Husserl，1859—1938）创立，胡塞尔强调“回到事物本身”。回到事物，就是要排除一切现成的意识的结论，以最切近的方式对事物做出判断和

[1] ［瑞士］荣格：《论分析心理学与诗歌的关系》，载《心理学与文学》，生活·读书·新知三联书店1987年版，第121页。

[2] ［法］雅克·马利坦：《艺术与诗中的创造性直觉》，生活·读书·新知三联书店1991年版，第180页。

[3] ［法］马克·西门尼斯：《当代美学》，王洪一译，文化艺术出版社2005年版，第8页。

认识。根据这一观点，美就是现象。至于这现象的性质如何把握，又要看现象学家的出发点在哪里。符号现象学家卡西尔认为任何事物都是符号，都是人类主体的一种能动的建构。人通过符号系统的建造把握到符号化的事物。因而，现象就是符号，这种符号与事物的特征和本质是一体的，由人来能动地把握。

但胡塞尔不这样看，他认为回到事物就是回到事物的本质，现象是达到本质的媒介。也就是说，事物的本质没有现成的结论，要通过现象得到呈现。因为现象是人直观的对象，人在直观现象时使本质得到还原。胡塞尔提出三种还原方式：一是现象的还原，即通过直观、想象、回忆和判断使事物成为真正的认识对象，使人由面向客体的失望转为面向主体意识的认识方式；二是本质的还原，当注意到意识中的东西时，就不能停留在意识的方式或现象上，要进行本质直观，集中注意其多样性中保持不变的方面，亦即具有同一性的东西；三是先验的还原，即最后要达到排除一切经验性的东西，只剩下纯粹的主体，纯粹的自我。胡塞尔的直观不是抽象的认识、逻辑的推论，而是要充分调动意识功能，把事物当作意向性的对象。所谓意向性即“对……意识”，诸如知觉、体验、幻觉、回忆，甚至想象都是意向性呈现的方式。事物一旦被作为意向性客体，就呈明自身的意义。这时，美自身呈明了自身的存在。胡塞尔说：“让我们假设说，我们在一座花园里喜悦地望着一株花朵盛开的苹果树，望着草坪上绿草茵茵……在知觉和被知觉者之间的实在关系的现实存在，连同整个物理的和心理的世界都被排除了；然而在知觉和被知觉者之间的（以及在喜爱和被喜爱者之间的）关系却显然存留下来，这个关系在‘纯内在性’中达到了本质所与性，即纯粹根据在现象学上被还原了的知觉体验和喜爱体验，正如它们被置于先验的体验流中。”[1]

现象学的本质观，在存在主义美学家那里以另一种阐释的方式得到说明。法国存在主义美学家萨特（Jean-Paul Sartre，1905—1980）认为，回到事物并不是真的就走向客体，因为客体的本质是永远也不可能追问尽的，因此，事物的本质既不是物，也不是什么心理的表象，它是主体的人的想象的产物。在他看来，本质应当是不自由的，而只有想象是自由的。对于人来说，他的本质不是能够确定的，他的存在却是可以把握的，存在先于本质，因为人在选择中找到他的存在。因此，现象是什么？现象就是存在。对于事物来说，把握的对象不能是物，现实之物只在知觉时起材料的作用，认识它的本质必须超越材料的实体性质，在想象中来实现认识的自由。而表象的东西离事物的实体性质太近，根本发挥不出主体的认识能动性。所以，他认

[1] ［德］埃德蒙德·胡塞尔：《纯粹现象学通论》，李幼蒸译，商务印书馆 2012 年版，第 225 页。

为只有想象物才是本质的、根本的东西。结合前面的总结，也可以说，想象就是现象，人在想象中存在，美也在想象中存在。他认为，“想象是整个意识，因为想象实现了它的自由”，“想象意识又假定它是非现实的”。根据萨特的观点，艺术家必须能够想象，虚构对于艺术是最合理的。甚至在某种意义上，任何空想家都是艺术家，他不必去剧院或美术馆，因为那里有感知现实的东西的危险。小说家如果事事亲为，事事都亲自看到或听到才能作为题材，那么，他的作品就缺乏艺术所应有的灵魂。萨特认为，存在的本质是在对象“不在场”时由主体所给予的。他还以到博物馆欣赏美女的雕像为例说明，现实的感知与作为本质性的想象对于审美的巨大区别。那雕像的美在于能够激发你对女性之美的最充分、最完满的想象，这个想象排除了对现实的占有；相反如果观赏雕像时沉溺于感知且被占有欲所支配，那不仅作为雕像的美无从领略得到，而且观赏者本人通过观赏行为也绝不可能获得什么内在体验的升华，美也不会呈现于此，因为这样艺术就失去了最本质的东西。

根据现象学的意向性原则，对美做出存在主义的阐释，成为 20 世纪西方美学最有力度的创造途径。其中，海德格尔（Martin Heidegger，1889—1976）的贡献似乎影响最大，也更为强烈。海德格尔认为，人类有史以来对存在探索的一切思想都犯了一个根本性的错误，那就是注意了物，忽略了人。他认为，要追问的美不是物的本质、物的存在，而是存在者的存在，存在者在时间中的存在。他称这种存在为“此在”。他认为“此在”被人类有史以来的知识、体系、概念所遮蔽了，必须像是把埋在尘土中的“意义”发掘出来一样，让人的“此在”的意义自己呈现自己。怎么做到这一点呢？海德格尔说要靠语言，靠“说”，靠阐释。他说：“人只是由于他应和于语言才说。语言说。语言之说在所说中为我们而说。”[1] 海德格尔分析荷尔德林的诗、梵高的画，并从这些作品的阐释得出了自认为十分得意而深奥的哲学意义。

总之，西方当代美学对美的本质做出了形形色色的解释。除了我们上面提到的以外，还有经验主义美学、结构主义美学、接受美学、科学美学、分析美学等，都提出了新颖深刻的系统见解。但这些流派之间也是互有相通的，如现象学与存在主义美学、符号学美学、精神分析美学，存在主义美学与解释学美学和接受美学，结构主义美学与人类学美学和神话原型理论，语言学美学与分析美学，等等，都是相互穿插而在方法论上有融合的，这使得西方当代美学的流派众多，关于美学的本体论探讨异彩纷呈，为中国当代美学研究提供了可资借鉴的充足的外部资源。

[1]　[德] 马丁·海德格尔：《海德格尔选集》（下卷），上海三联书店 1996 年版，第 1004 页。

二、后现代美学的本质观

“后现代”一词所包含的繁杂内容使得它的确切含义变得模糊，我们只能从其运用得最广的两个方面稍加解释。首先，“后现代主义最初作为文学术语在上世纪50年代出现，到80至90年代作为批评术语被广泛使用”[1]，也就是说，“后现代”最初被广泛使用是作为一个文学（艺术）批评术语，与浪漫主义、现实主义、现代主义相区别。在这个层面上，“后现代主义的定义范围包括从折中主义和混合拼凑到欧洲怀疑主义和反理性主义”，是第二次世界大战后西方出现的一些文学思潮、文学流派和文艺现象所带来的理论概念。作为对传统文学观念的反叛，后现代主义“一直挑战我们对统一性、主体性、认识论、美学、伦理、历史和政治的理解”[2]，充分体现了批判、解构精神。其次，“后现代”是作为西方资本主义社会进入后工业化时代的一个阶段性概念，“是产生于现代资本主义社会内部的一种心态、一种社会文化思潮、一种生活方式。它旨在反省、批判和超越现代资本主义的‘现代性’，即资本主义社会内部已占统治地位的思想、文化及其所继承的历史传统，提倡一种不断更新、永不满足、不止于形式和不追求固定结果的自我突破创造精神，试图为彻底重建人类的现有文化探索尽可能多元的创新道路”[3]。总之，西方的后现代主义旨归于批判性、多元化的社会文化概念，最初由美国的社会学家和文学批评家使用，后来经德国、法国等欧洲思想家们的阐发而成为20世纪后半叶以来影响最为广泛的哲学、美学概念。

（一）美学的后现代视野

无论后现代作为一个批评术语或是一种真实的西方当代生活的场景，它在人类文化思想上的影响都是深刻和广泛的，当它的概念内涵辐射到美学学科对象时，便使得西方当代美学增添和具备了后现代的视野。从美学上理解后现代，作为“主义”来提出的后现代美学，可以说众说纷纭，各陈其是。一般认为，后现代以批判和解构为主，但有一个问题似乎不容回避，即后现代所借以发表话语的文化基础，要比以往任何时代在信息总量、可利用资源和科技、文化的进化程度上都要高，这样纯然以为后现代还是出于反叛或解构权威而提出种种“碎片”化的主义，就未免太小

[1] Vrictor E.Taylor,Charles E. Winquist. *Encyclopedia of Postmodernism*.Routledge,2001.to see “introduction”, p.1.

[2] Vrictor E.Taylor,Charles E. Winquist. *Encyclopedia of Postmodernism*.Routledge,2001.to see “introduction”, p.1.

[3] 高宣扬：《后现代论》，中国人民大学出版社2005年版，“前言”第1页。

看了后现代主义，这也就是说，在后现代主义的解构或批判以及其他的表述里，是蕴含着与我们时代发展同步，且为我们时代发展所能接受的内容的，它并不是一应虚无主义的解构或破坏，或毫无定见的喧嚣杂见，而是内在地向我们这个时代推送了极具智慧和精神勇气的思想内容的。其中，美学方面与后现代主义的携手，就是后现代文化进场的一种重要表现形态，但是，在对于后现代主义的哲学、宗教、政治学、伦理学、语言学等尚难给予一种清晰的原则测定时，我们先且用“后现代视野”这一概念来讨论其与美学的关系，看看后现代对美学究竟产生了怎样的实质性影响。概括地说，主要体现在三个方面：

1.“反文化”的审美创新

现代主义虽然也高举“反传统”的旗帜，但还是以科学和理性为自己树立起文化权威。后现代主义与现代主义针锋相对，它对一切历史传承的文化权威的反对，不同于现代主义或现代性对传统权威的反对。它立足于全新的审美感受和体验，竭力推出不受任何规范、制度、条件辖制的形态和形式。打个比方，如果说农业文明时代的文化，仿佛清新自然的土地上绽放出的色泽炫目的各种花朵，而现代化的园丁开着机械而来，按照他们自己的意愿将自然花朵或修剪，或采摘，或索性撕裂，捣成粉末，再通过技术手段让这片土地重新生长出符合他们期待的植物和花朵，这些植物和花朵不论是否保持了原有的自然状态，它们都要被打上鲜明的工业化印记，可以转换为生产性符号批量复制，从此地到彼地，一直到世界任何一个地方都可以重新再现这片土地的灿烂；然而，这时后现代的骄子来了，人们无法通过他们的装束探明他们的身份，因为他们戴着眼镜，拄着拐杖，叼着香烟，绘有文身，走路的姿态也不同寻常，他们一来到这片土地便惊叹、呼吁，这里为什么不是一片沼泽？为什么要存在这样一些让人头晕目眩的花朵？人走过这里难道一定要喜欢这些花朵或享受这些花朵吗？人们就没有一些别的东西可以在这个地方为之伫留吗……在貌似荒诞不经的质疑中，后现代主义似乎莫衷一是，言不依经，行不循常，而令人感到怪异、虚无、卑琐、凌乱，其美学性的价值取向也无从捕捉。然而，倘若与那“后现代”的到来者保持一些距离，咀嚼其所言所行，则发现其所言所行未尝有一句是专指门针对此片土地而言，又未尝有一句不对此片土地有所指引，后现代的到来者，仿佛一位魔术师一般，将花开遍野的草地当作沼泽泥淖，把金碧辉煌的楼群当作废墟瓦砾，似乎是十足的破坏分子，但这一切无非是一种假象，因为后现代所针对的恰恰是一种整体的场域，他们要批判和反对的恰恰是曾经辉煌无比的权威和中心文化，后现代主义的文化旗帜，是在与传统文化，尤其是现代文化的对抗中树立起来的。

以如此决绝的姿态反文化，自然需要借助美学的力量实现超越效果。在现代科学高度发达的时代，有关世界和人的存在追问已经有了诸多的结论，全球化推进的速度日益将战争和恐怖信息传达给每一个人，市场化的峰值利润更频繁地让人们体验到瞬息万变，个体生命日益陷于庞大、豪奢、精致、拥塞的物质挤压而难以自处……这一切无不呼唤美学上对已有文化的反叛体验。然而，在一切尚未明朗之时，这种反叛就是一种立场和姿态，还无法达到“主义”的宣明和声张。例如，法国艺术家马塞尔·杜尚开启的“达达”思潮，可谓这种后现代“反文化”审美的先声和代表。1917年，他在纽约一场美国最大的艺术展中，将纽约第五大道118街买来的一个平底瓷制的男用小便池命名为《泉》展出，此举引起艺术界一片哗然。两年后，杜尚又提交题为《L.H.O.O.Q.》的作品，那是一张印有名画《蒙娜丽莎》的明信片，在上面他为蒙娜丽莎加了两撇小胡子，以一种反叛、戏谑的游戏心理创作了一幅后现代绘画史上的代表作。从杜尚艺术反叛的例子可以感受到后现代强烈的反传统、反现代，即反一切已有文化立场的态度，固然在反的背后，并非都可以理解为摧毁、消灭，而是也有他自己的创作主张表现于所谓的“创新性”作品中，但对于后现代自身的审美意图，似乎暂时难以推测，可以把捉到的明确内容是“试图通过取消艺术的审美价值彻底消解艺术的神圣性”[1]，让艺术和审美在被消解时回归到一种不受“权威”“神圣”辖制的境地，这大概是后现代反文化最基础的审美意义。

2.美学价值的“多元化”阐释

后现代主义反对一切现代性声称的权威价值标准，否定任何一个可以适用于阐释差异性对象的普遍标准存在，相信每一概念的含义都是多元的。“不是一而是众多，不是集中而是分散，不是同一，而是本体论的差异”[2]，“多”被纳入本体论。这样的本体不同于亚里士多德的本体，属于最底层且可以分离和独立，从而使“普遍与个别”在现实中成为合一式的本体存在，而是在无构成意义上，“多”与“一”具有同等意义，并且这“一”也并非指“共相”对“分相”（柏拉图）的集合，它可以是肯定与否定互指，即在“一”存在之时，便蕴有“多”的否定含义，或将“一”视为一种存在的事实，每一个事实的存在都是可以无限扩展的多，从来就不存在可以包纳所有物的至大之多。这些理解在巴迪欧、德勒兹、鲍德里亚等人那里得到了充分的阐释。而多元化的价值思路，对于美学的价值判断则带来空前的推新效果。

[1] 徐岱：《什么是好艺术：后现代美学基本问题》，浙江工商大学出版社2009年版，第3页。

[2] 王岳川：《后现代主义文化与美学》，北京大学出版社1992年版，第234页。

例如，关于任何事物的存在形态，美学的阐释可以是多角度的，评价的标准也不必是刻板如一的，这就给事物的存在以更宽容的生长空间，特别是对于某些蕴含有潜在价值的对象，在没有能够充分发现其价值之时，后现代的美学判断显然更有益于评判对象的存在与发展。在文学的美学阐释方面，我们可以承认某一种符号对现实的取代，也可以承认现实历史的深刻再现，还可以承认文学具有超越人的思维、想象、感觉和幻象的特殊气质与意味的效力存在。总之，多元化放在审美的价值评判方面，是一种鼓励创新、鼓励差异化的认知观念，它对于通过审美将宽容、民主、自由、精致、优雅等理念内化于大众百姓，是非常具有当下性与未来性的一种美学观念。但多元化的价值阐释也存在一个问题，即作为美学的价值阐释，既然是多元的，便不可以是“同向”或“一元”式地覆盖他质对象的简单应用，而在没有能够真正理解多元化美学价值的人那里，却将后现代的理念给予现代的应用，试图将艺术的观念作为政治的观念，或将现实生活对某一特殊事件的宽容理解套用到其他性质的对象上去，殊不知万法之同，乃在外境，至于自性，原本就是千差万别的，因而一旦僵硬地将“多元化”价值标准乱为套用，则可以反其意而弊端百出，造成美与善的冲突、恶与美的混淆，甚至因为怪异的审美追求而舍弃真正的大美大善，这是在倡导多元化价值的美学阐释时尤其要注意的。

总之，从反传统、反权威、反文化到内在地崇尚多元化的价值存在，反映了后现代与当代科学、文明发展同步甚至超前的美学理念。在全球化高度发展的今天，人们经常说，如今的时空感常常因为世界经济、文化的高速发展被空前地压缩了，世界上再也没有什么“孤岛”可以存在，因而后现代的文化、美学观念不仅是当下的时代性美学趋势，而且是世界美学的一种必然的走向。这种看法显得非常的盲目夸大。在任何情况下，美学都不是以追逐先进的科学、文明的观念为自己标明合法之价值的，美学之存在在科学和文明之前，也在科学和文明之后，它是一种与人的感受、体验和生活观念须臾不离的文化形态，因而如人生活在互联网信息化时代，自然美学与这种文明息息相关，但若因此要求美学唯此种文明所务求，则大错特错，因为美学有自身的特殊价值和韵味在。后现代美学便是在工业文明之后所出现的一种反映人类对美有更深的思想和趣味追求的文化形态，多元化内在地表达了当代人对生存和生活状态的审美自由理念，在丰富人的存在感，使人所面对的世界更趋精致和多样化方面，这种美学观念无疑具有非常积极的建设意义。

3. 知识的丰富衍生性

后现代主义是一个非常宽的范畴，由于与大众化、信息化和技术紧密结合，社会、政治、商业化、民众直觉等因素便一起汇入后现代美学的知识之流。一方面，后现代主义催生了一些与当下信息化社会紧密联系的学科知识，诸如技术美学、生态美学等；另一方面，那些被传统美学视为低俗而予摈弃的日常生活知识，也在后现代美学中被赋予存在的价值和意义，成为可以学习、应用或直接催发出“神奇”新义的美学知识。此外，传统美学中被排斥在审美活动之外，与美学似乎毫无关系的对象、行为，如实用性较鲜明的饮食，超出规范认知过远的对象形态——怪、丑之类，也可以其本身特殊的理蕴和丰富别致的形式感进入美学的知识系统。正如韦尔施所说：“如果说早先人们以为美学只关系到次等的、作为补充的现实，那么今天我们正在认识到，美学是在基础层面上直接从属于知识和现实……由于我们已经十分清楚不光是艺术，而且包括我们其他的行为形式，直到认知，都展示了一种生产的性质，这些审美的范畴，诸如外观、可操纵性、歧义性、无根基抑或悬念，就都变成了现实的基本范畴。”[1]这是说，后现代美学的知识视野具有更空前的现实基础，因而知识的衍生性更强，也更丰富，这个特点很鲜明，在我们认识后现代美学时是不能不特别给予关注的。

当其知识衍生性非常强大时，就意味着美学的生态结构将越来越趋向复杂，这会让人无从把捉，而在知识高强度衍生的背后，价值观念也随理解的差异化推进而随尘飘舞，导致整个美学机体内部的耗散加剧，进而由有序的竞相争胜、灿烂繁荣抵消活性，走向惰性，生态由平衡转向无序，这是后现代美学昭示的另一种潜在的审美危险。在西方美学发展到21世纪的今天，似乎还没有哪一个理论家能够解决这个问题。然而，知识信息的衍生是一种与当今人类生存相携而进的态势，美学不可能回避这种态势。因此，美学的后现代主义必然由超前转向科学与文明的身影之后，以更深切的关怀为人类社会的合理价值和健康趣味进行有力的探索，使人类能够以真正有力的美学观念和手段对待丰富而复杂的当代社会文化形态。

（二）后现代美学本体论

西方的后现代美学思想庞杂、观点众多，理论家们从自己独特的生活体验和美学思考出发，以不同的理论立足点阐释了后现代美学，但他们在方法论上几乎都遵从或者至少运用到了后结构主义的哲学“消解”模式，以及马克思主义哲学的社会历史批判方法，这是他们在方法论上的内在联系。从分析美的本质问题入手，对其中较有代表性的理论进行管窥是我们这部分研究的出发点和落脚点。

[1] ［德］沃尔夫冈·韦尔施：《重构美学》，陆扬、张岩冰译，上海译文出版社2002年版，第39页。

1. 从“理性本位”到“批判反思”

法兰克福学派属于现代理性启蒙时期的美学社群，但却开启了后现代的先声。它是以德国法兰克福大学的“社会研究中心”为中心的一群社会科学学者、哲学家、文化批评家所组成的学术社群，其中最重要的美学理论代表有霍克海默（Max Horkheimer，1895—1973）、阿多诺（Theodor Wiesengrund Adorno,，1903—1969）以及本雅明（Walter Benjamin，1892—1940）和马尔库塞（Herbert Marcuse，1898—1979）。霍克海默不仅是社会研究所长期的实际管理者，同时也是法兰克福学派理论最忠实的提出者和推动者。他和阿多诺在 1947 年共同发表了《启蒙辩证法》一书，论述了他们从支持启蒙运动的理性解放转而思考启蒙运动带来的负面影响的理论。作为启蒙工具的“理性精神”一直被认为是对人性的深度解放，但同时“所谓主体理性的胜利都归属于逻辑形式主义的实在，都以理性对既定事物的直接顺从为代价……思想机器越是拘泥于存在物，便越是盲目地满足于再现这些存在物。这样，启蒙便返回到了神话学中”[1]。在反思“启蒙”的过程中，霍克海默和阿多诺试图用辩证法的思想来调和一种矛盾，这种调和本身却成为了“批判理论”的开端。贯穿法兰克福学派哲学理论的“批判理论”无疑是其美学思想的理论前提，他们将康德、黑格尔和马克思理论同等看待，对理性和社会进行批判，在这个基础上展开对美学问题的思考，即在对社会文化的批判审视中研究艺术与审美的问题。因为对传统艺术抱着一种强烈的批判态度而对现代艺术又充满怀疑，他们所主张的具有“自律性”的艺术无法得到实现，所以阿多诺提出“今日的美学不可避免地成为艺术的挽词”[2]，将当代美学的本质归结为对艺术终结的解说，艺术的动力和艺术的精神性、自律性成为美学所要解决的主要问题。很显然，法兰克福学派所强调的艺术审美问题，是在对传统艺术和现代艺术的批判反思基础上提出的，譬如本雅明对电影艺术的分析和马尔库塞对现代音乐的研究，都是在现代艺术反思中思考美学问题，这与他们哲学上主张的“批判理论”一脉相承。法兰克福学派的美学思想具有浓厚的现代精神，表现出对工业化文明的批判和反省意识，具有超前性，但浓烈的意识形态色彩也使他们的理论边界主要站在现代性这一边，而又以文化批判中强烈的否定意识和不确定性成为后现代美学的先声。

---

[1]　[德]马克斯·霍克海默，西奥多·阿多诺：《启蒙的辩证法》，渠敬东、曹卫东译，上海人民出版社 2003 年版，第 23—24 页。

[2]　[德]阿多诺：《美学理论》，王柯平译，四川人民出版社 1998 年版，第 6 页。

2.“语言游戏”中的崇高

法国理论家利奥塔（Jean-Francois Lyotard，1924—1998）最早根植于后现代状况的理论分析，提出了关于后现代理论的两个重要概念，即“元叙事”和“语言游戏”。利奥塔所谓的“元叙事”是指现代科学知识为了确保自身的合法性和霸权地位所建构的历史话语方式，他认为“长期以来科学一直与叙事处在一种冲突状态，以科学标准来评判，大部分叙事只不过是寓言而已……我说的元叙事或大叙事，确切地是指具有合法化功能的叙事”[1]，也就是说，在西方，长期以来的历史科学知识之所以具有不可推翻或不容置疑的话语地位，很多时候并不是在于它本身拥有多少真理性，而是由于它借助“语言”来使自己合法化，进而占据了知识界的主导，成为一种标准或者说是权威。这样的“科学知识”其实就是各个时代占主流的知识的统称，比如古希腊时期的哲学、中世纪的神学或者是18世纪的法国启蒙思想和德国思辨主义，这些知识因为在整个西方社会成为了主流所以才有了自身的合法性，成为了“科学知识”，也因而成为了叙述知识（利奥塔将人类知识分为科学知识和叙述知识两类）所要对抗的一种“元叙事”。显然，进入现代社会之后，这种“元叙事”遇到了危机，因为知识的霸权地位受到了怀疑，更多的人不服从于某种统一的知识，而是“自我中心”，形成单个的、零散的“小叙事”。认识到了这样的历史状态之后，利奥塔进一步指出后现代社会乃至整个西方社会的历史其实就是一种“语言游戏”，每个民族、每个个体都在玩一种叙事的游戏，这种叙事的游戏本质上也是语言的游戏，在后现代以前无论是哲学、宗教还是艺术都在试图寻找一种能够平衡游戏各方的“公正原则”，而这种追求在利奥塔看来是滑稽的、不必要的。作为后现代的“知识分子”就应该秉承一种“异教主义”，“接受这一事实（没有唯一的游戏和游戏规则）……可以玩多种的游戏，甚至还有一些尚未发明的游戏，我们可以通过建立新的规则来发明游戏”[2]。其实这些概念或理论，就是在主张后现代社会对过去的怀疑和反叛，对统一和权威的消解。

在分析后现代社会状况的基础上，利奥塔转而思考艺术和美学，“现代美学的问题不是‘何为美’，而是‘艺术应是什么（和文学应是什么）’”[3]。在工业化、

---

[1] ［法］利奥塔：《后现代的状态：关于知识的报告》，车槿山译，生活·读书·新知三联书店1997年版，第94页。

[2] ［法］利奥塔：《后现代性与公正游戏——利奥塔访谈、书信录》，谈瀛州译，上海人民出版社1997年版，第53页。

[3] ［法］利奥塔：《后现代性与公正游戏——利奥塔访谈、书信录》，谈瀛州译，上海人民出版社1997年版，第132页。

机械化和大众化对艺术全面侵袭的时代，艺术遇到了前所未有的危机，各种先锋艺术企图在新时代的背景下找到适合于社会现状的“新游戏”，这种实验呈现出与人们固有观念极度不一致的审美感受，亦即崇高感。因此“现代美学是崇高的美学……这种崇高感的本质是快感和痛苦的结合：即理性超越任何表现的快感，和想象力或敏感性无法等同概念的痛苦”[1]，这意味着后现代所试图表现不可表现之物，“它拒绝正确的形式的安慰，拒绝有关品味的共识”[2]，这种美学上的崇高，既否定了传统美学将崇高作为对对象的一种实在体验，也否定了将崇高作为自主性的道德理念，而表明它只是对不可表现的存在的一种呈现，这种不可表现的存在是后现代美学最重要的本质体验。总之，后现代美学在利奥塔看来即是对艺术本质的思考，如果要说美学自身的本质，那就只能是与后现代追求不可表现、反对统一相契合的那种崇高感。

3. 消费社会中的符号本质

法国后现代理论家鲍德里亚（Jean Baudrillard，1929—2007）关于消费社会的美学思考，是后现代状况及后现代主义具有代表性的理论主张。鲍德里亚美学思想最显著的特色在于从符号与现实的关系入手，深刻地揭示出后现代社会中符号战胜现实的惊人事实，并且提出了“超现实”“仿像”“内爆”等与社会文化紧密联系的美学新概念来说明这一事实。鲍德里亚首先指出后现代社会亦即我们现在所处的当下社会，是一个被“物”所填满、被“物”的符号价值所占据的消费社会，“在我们的周围，存在着一种由不断增长的物、服务和物质财富所构成的惊人的消费和丰盛现象。它构成了人类自然环境的一种根本变化。恰当地说，富裕的人们不再像过去那样受到人的包围，而是受到物的包围……我们生活在物的时代”[3]，而被我们所消费的“物”在当下的社会环境中已经不再是传统工业社会中的“使用价值”，而是转变成为“符号价值”，“物远不仅是一种实用的东西，它具有一种符号的社会价值，正是这种符号的交换价值才是更为根本的”[4]。工业的极度发达生产出了过于丰盛的物品，同时也催生了人更为强大的需求，这种需求导致人不断地走向能够满足自身需求的物，而这种需求及其被满足在很多时候是多余的，即已经远远超出了人

[1]　[法]利奥塔：《后现代性与公正游戏——利奥塔访谈、书信录》，谈瀛州译，上海人民出版社1997年版，第140页。

[2]　[法]利奥塔：《后现代性与公正游戏——利奥塔访谈、书信录》，谈瀛州译，上海人民出版社1997年版，第140页。

[3]　[法]让·鲍德里亚：《消费社会》，刘成富、全志钢译，南京大学出版社2000年版，第1—2页。

[4]　[法]让·鲍德里亚：《符号政治经济学批判》，夏莹译，南京大学出版社2009年版，第2页。

的生存需求，那么这种人与物的关系便不再是简单的主体与被需求之客体的关系，而是演变成为一种象征关系——被消费的物作为一种符号象征了人的社会地位和身份。于是，在这种大背景中艺术作品成为一种被符号化的物，艺术行为成了对“符号”真实性的确证，“产生价值的原因由一种崇高的、客观的美转向了艺术家以自己的某种行为所创造的独特性”[1]。这种独特性正如作者签名所做的那样，并不是为了要证明艺术作品本身的审美价值，而更多地是为了确证它作为某位大师的“高贵创作”。在鲍德里亚看来，在后现代社会中，人和艺术都被消费符号取代了本质，一切都是符号的表征。

后期，鲍德里亚更为明确地指出“今天整个体系都因不确定性（indeterminacy）而陷入沼泽；一切现实都被符码（code）和仿真的超真实所吞噬”[2]，符号构成了虚幻的现实，但这种现实只能是一种没有客观本原的“仿像”，最终会因为能指与所指之间的矛盾而发生“内爆”，亦即走向断裂和终结。“超真实”是鲍德里亚基于对符号统治一切的后现代社会审美现状的一种分析，符号所代表的象征意义遮蔽了原有的真实，人们面对的是比物质世界本身更为真实的意义世界；“仿像”则是对后现代审美对象的概括，指的是发达工业社会中大量复制、极度真实而又没有客观本源或所指内容的各种符号（图像、声音、文字等）；“内爆”是他关于后现代审美风格的一种形容，在符号意义主宰的超真实世界中，人们面对的只能是无所指但又必须指向某物的大量“仿真”，于是意义本身在它所依存的媒介和现实中产生矛盾，发生“内爆”。这些概念将鲍德里亚的美学思想与传统美学思想区分开来，构成了他所谓的“超美学”理论，其实就是建立在新的后现代社会审美分析之上的理论。他的理论在某些程度上显得有些偏激，但他深入到后现代社会信息工业化和大众传媒涌起的社会文化中分析当下的审美体验，抓住了后现代社会人和社会被物所异化的本质特征。

从以上的简要分析中我们可以总结，后现代美学中美的本质问题已经基本被美的后现代体验、美的新阐释等问题所淹没，人们更多地关注美学使用的方法或者是阐释的对象，美的本体论如同后现代的本体论一样，变得不确定、不可表现、错综复杂。此外，无论是哪一个流派的美学思想，在认识论和方法论上，都受到结构主义和马克思主义的影响。其中不得不提到美国当代著名的马克思主义批评家弗雷德

[1] ［法］让·鲍德里亚：《符号政治经济学批判》，夏莹译，南京大学出版社2009年版，第117页。

[2] Baudrillard. *Sym bolic Exchange and Death* . translated by Lain Hamilton Grant. London: SAGE Publications, 1993，p.2.

里克·詹姆逊（Fredric Jameson，1934—　）和法国哲学家、精神分析学家雅克·拉康（(Jacques Lacan，1901—1981）。詹姆逊将马克思主义与后现代问题、全球化问题等进行了很好的结合，对文学展开了有深度的马克思主义文化美学批评。他揭示了后现代社会不可避免地存在着时间、主体、媒介等的“二律背反”，即这些本身的同一性和非同一性并存，于是文学（甚至一切艺术）变得只有无深度的平面，失去了整体的历史感和主客体之间的距离感，而“共有一种无法表现的基础，这种基础只能作为大量的逻辑悖论和无法解决的不合逻辑的概念来表达”[1]。詹姆逊的后现代社会分析和文艺美学思想被称为“新马克思主义”，对整个西方后现代美学有很深刻的影响。而拉康则是用结构主义重新阐释了弗洛伊德的精神分析学，把“语言”这一中介引入到精神分析中，赋予无意识、意识、本我、自我等概念以结构和语言紧密联系的新意义，因而他的美学思想也被称为结构主义精神分析美学。拉康有一句名言：“无意识就是大写的他人的话语。”[2]一方面，他把弗洛伊德所认为的先天存在的、纯粹本能的、混乱的无意识阐释为与语言同时产生或依赖语言而产生的、有语言心理结构的一种特殊作用，并且用结构主义经典的能指、所指概念来阐释无意识和意识之间的关系。另一方面，他用语言学中的修辞来重新定义精神分析对梦（欲念）的解释，比如他用隐喻来解释梦的心理症状的起因，认为这是以一个能指代替另一个能指；用转喻来解释欲念，认为是能指与能指之间关系空缺所产生的填补冲动。雅克·拉康使精神分析与哲学、文化和艺术等学科的联系更紧密，其对无意识与精神病的理解也具有更广泛的文化适应面，保持了更多的诗意的、审美的元素，他的思想被同时期的后现代理论家和后来的一些理论家们所广泛吸收。

可以说，西方后现代的美学理论遵循后结构主义（解构主义）和新马克思主义对西方资本主义社会的批判思路，立足于社会分析，使美学从传统地深陷于哲学和艺术中向社会学、人类学、文化学等更为广阔的学科背景中延伸。

---

[1]　[美]弗雷德里克·詹姆逊：《时间的种子》，王逢振译，漓江出版社1997年版，第2页。

[2]　[法]拉康：《拉康选集》，褚孝泉译，上海三联书店2001年版，第457页。

第二章　幻象美学本体论

从对美的本质问题进行理论探讨，建构系统的美学理论，需要从纷乱复杂的历史线索中厘清美学的理论发展模式，对中国美学尤其如此。从古代到当今，中国美学一直循着有别于西方及世界其他国家和地区的美学道路发展形成新的美学体系。那么，采用怎样的理论模式更切近中国美学的历史与现状，更便于既接"地气"，又能抓住"美学的纯粹"而使中国美学的本质和特征得以鲜明展现呢？从20世纪的一百年到21世纪的十几年，学界探索了各种各样的理论途径和模式，例如汲取西方的理论范式，从主客体二分或对立的模式探讨，或突出美的主体性，将中国美学视为主体视域下完成的主客契合的产物，或从客体出发，把美的物化形态和美学化形式当作裁定美的最有力的明证。这些论证都具有一定的合理性，但是否就能够准确把握住美的复杂基质就很难说了。

美、审美、美感、美学与幻象的关系，是对中国美学学科特质的思考所必须面对的诸多重要环节，这些环节相互纠结，彼此相联又各自区别，然而都面临一个共同的问题：美的存在如果以内在感性的统一为其标志的话，它从来都是难以从自身求证的一个概念，也就是说，美，包括审美、美感，以及对这一切进行系统诠释的美学，都是借助"外在"诸缘完成自身的。换言之，即美是一个外在性概念，它不仅外在于主体，由客观对象呈现其本质规定性，也外在于客体，由纹理细密的镜像、图像或意象、形式等呈现其美的丰富的价值意蕴，它也外在于不可单纯用主体或客体来限定的形式、名相，因为即使是接受者认同为虚假不可信的浮光流影，也在它飘动闪耀之时向人们昭示着某种美的内涵，愈是奇特、华丽、怪异的外观，愈能引起对美关注的眼神……总之，对美的前因缘构成的捕捉，往往是对美的外在性本质前提的认证。但就上述诸种关系而论，毕竟还是要面对这些问题本身，从而美与幻象的关系，被视为从前构成因缘到完成呈象的一种价值肯定。审美则被视为审美活动过程联结主客体双方的一种美的氛围或力量因素的调动关系。美感则是一种内化于主体的，但在主体的内心激发出空前的能量与场景的感受性概念，在各种心理机能被调动之时，美感的性质如何确定，仍然不是一个可以从其本身能得到确定的概念，也就是说，美感虽然是内在于主体的，但美感的本质也是外在性的。最后，关于美学，相对而言它作为一个学科概念，可以有自己的系统构成和规定性本质，但美学的内在本质、学理逻辑，也依托于外在性的学科内容得到证实，理由是：其一，美学并没有专属于它自身的学科概念，类如主体、客体、形象、意象、形式这一类概念，在哲学、宗教学、心理学、文学、艺术学中都被非常自如地使用，当然我们也可以说，即使这些学科所用的核心概念也一样并不具有专属自身学科的身份，但相对而言，美学所涉及的概念，似乎关联到所有的学科领域，从而它的概念的学科身份愈发因此而不能确定。其二，美学的学科外延和内涵，固然要从自身的逻辑系统而得到明确的界定，但美学属于关联于人的理性、感性乃至非理性、直觉性能力及其相涉的对象世界的基础学科，美学的存在意义，不在于对物、对某种静止的或动态的对象、对奇异的景观等做出客观恒定的判断，美学所研究和提出的一切无不与人密切相关，它是力图切中人的精神的、行为的、感觉的活动的价值意义的学科，而这些内容在科学研究范围之内都具有相当的模糊性和不确定性，并不能够依赖直观性描述和定量分析等手段解决。这就意味着美的发现和美的判断不是可以一蹴而就的，必须在对它进行学科研究之前，对不同对象世界、范围、领域之美的事实、审美境遇、美感体验等形成知识论和价值论意义的相关判断，而完成这样的判断却往往不属于美学学科本身的内容。那么，反过来理解，则美学的逻辑法则、价值内涵及其体系构成，在根本性质的厘定上也是外在性的，从最基本的逻辑起点到最终的感性呈象的美学阐释，都要借助于一定的“外力”支撑才能突入其存在内部，得到系统而完善的阐释。总之，关于美学的本体的思考，既要考虑到学科生成的历史和民族文化的基础，即中国美学的存在特质，也要考虑到美学学科区别于其他学科的独特性征，而有关美学的核心问题与幻象的关系，则涉及这两个方面内容的特征与关键。我们对于美学的本体论思考将基于这样的认识展开，着重研究美、审美与幻象的本质联系，以及美学学科中体现幻象实质最为丰沛的相关概念。

第一节　美学命题与思维转换

美学对思维方式提出高度要求，而转变思维方式解决理论新问题，是实现理论新突破的前提和基础。美学思维的独特性也是一种美学现实和美学历史展开的独特性，但并非所有的历史发展和现实当下性都能反馈为美学上的思维变革。在很多情况下，思维与历史的同步或滞后，较之思维比现实的超前并不见得就落后或先进，因为思维往往由思想家所掌握，而思想家的怪异或平庸常常是决定思维质量的重要参数，这便使得很难从一般的适应与否来考虑思维与现实对象的关系。但对于美学来说，要求思维在表达新思想、新命题时必须有相应的思维转换出现。胡塞尔说："任何事物本身显然都不能撇开我们对此事物的必然思维方式而为我们所思维或成为我们的认识对象。"[1] 要求思维转换与美学新命题一致的意义即在于此。

关于美学本体论的思考，是否切合于中国美学的特定历史发展和现实状况，以及是否对美学命题和思维转换提出相应的要求，这是我们讨论一般美学，抑或中国美学的逻辑本原问题，必须首先面对的一个前提。

一、美学命题

中西美学史中最能体现理论家思维方式和理论价值的是关于美的本体论命题，这些命题一方面代表了它所诞生的那个时代的美学思想，另一方面也体现着那个时代关于美学问题的思考方式。研究对象决定研究方式，有关这些美学思维的命题提出方式，可概括为以下几种：

（一）以哲学命题为美学命题

美学在最初的发展阶段里是属于哲学的一个分支，从而有关美的本质、美与人的关系等哲学问题，也伴随着中西哲学史的理论推进而成为不同的美学命题。哲学思维重在把握超越一般对象之上的宇宙整体或者形上本质，"哲学不似别的科学可以假定表象所直接接受的为其对象"[2]，而是"自己创造自己的对象，自己提供自己的对象"[3]，在不以感官感受到的现象为思考对象这一思维内容里，暗含着对表象、现象及一切感觉对象的否定，而由此明确肯定的是来自理性思维能力所肯定的抽象

[1]　[德]埃德蒙德·胡塞尔：《逻辑研究》（第1卷），倪梁康译，上海译文出版社1994年版，第46页。

[2]　[德]黑格尔：《小逻辑》，商务印书馆1980年版，第37页。

[3]　[德]黑格尔：《小逻辑》，商务印书馆1980年版，第59页。

结论，这些结论一般被谓为“哲学命题”，似乎不可见、无限性都从理性的思维而来，也因此缘故，哲学被称为“思想的科学”。以哲学命题为美学命题的认知、思维习惯，给美学带来超越一切以直观现象为学科对象的学科门类——譬如生物学、物理学等自然科学的基础门类，以及社会学、人类学、经济学等注重社会现象观察的社会科学的基础门类，在美学以哲学命题为思想产出之方式时，意味着它可以超越已有的，包括既往和现行的，也可以超越未来可能发生的事实纯然依照思想的生成方式，形成系列的命题。当系列的思想命题构织成严密的体系时，则美学的理论性、系统性也得到充分的彰显。

哲学命题的理论性和系统性给美学学科性质带来很大影响，包括美学历来被视为哲学之分支，乃至在当今的学科队列中，美学依然被视为理论性最强、难度最大的学科之一。虽然美学之理论性及其作为哲学学科之分支，并不意味着美学就等于哲学，所有的哲学命题都是美学命题，但美学与哲学之所以联系紧密，乃在于美学由“思”而出，是关于“诗”之“思”；然而美学虽为“诗”之“思”，其最终形态却仍为“思”，即仍为理论的形态表出，因而就目前我们所接受的情况，美学的成果形态与哲学是一样的。这样，由表征美学命题的“哲学”之“思”或“诗学”之“思”，可考察其生成之前或完成之后的“思”之性质，以及它们究竟有哪些内容被“思”之前或“思”之后的“外在性”所决定。

我们先讨论哲学命题作为美学命题产生之前的思维情形。无论哲学命题寄寓了多少美学性的蕴涵，其美学之“思”的产生都不是从一开始就有的，而是由其他的“外在性”因素诱发形成的，概括起来，主要包括四种哲学之思的前思维形态：

1. 类比性之思

“类比性之思”是一种将彼物与此物的相似性或共通性进行比较的思维形式，也是人类最早调动主体之思的一种思维方式。类比所涉的双方并没有在对它们运用比较性“思维”之前形成深入的观察，而是只在“相似的”或“共通的”方面有了某种感悟或思考，从而形成由此及彼的跨越性认知推移，经常是将不变的、可确定的作为前提，将未知的作为另一方由前提拟想性推导出来。在中国远古时期，巫术或巫性思维就属于这种思维形式。巫性思维里面的诗性、美学因素在于以审美的方式为前提推出哲学命题，如《周易》里讲的“乾坤之道”就是由天、地、男、女这些对象的审美悟思而来。在人类社会发展的早期，越是迁徙不定的民族越是擅长于类比思维，中国美学就深深得益于此种思维，形成大量用自然物象进行类比的审美

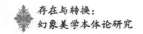

道理，它们以哲学之思的方式，沉淀在中国原始的文化构成里面，凝结为涵盖社会、社群的伦理、政治和诗艺的哲学、美学命题。

2. 分解性之思

“分解性之思”专注于一定对象的观察，将之进行分割性剖解，通过局部构成的细微理解来把握对象整体。此种思维方式的特点，首先是对象确定，不涉及甲乙丙其他方，只有所观察分析的对象为知解的对象；其次是它相信整体来自局部的组合，因而局部系从整体中所析离出来，其特征必然体现或具有整体存在的特点。由分析而形成的“思”之认知，也具有审美的经验基础，但这种认知过程逐渐与对象脱离，使得审美的经验性越来越被淡化，最终的认知结论则完全离开对象，成为与符号性质的语言相对应的纯粹理性。“思”之假象被理论的抽象性所掩盖，使得分析—综合这本来前后相关的过程，演变为更注重分析，且将综合性认知的结论视为理性之天赐，由此推测演绎，将观察与理性的直接认定粗暴相加，拟定为对象存在的意义或形式。西方人特别擅长这种思维方式，大概与原始时期欧洲地区的气候温和，特别宜于人类生存，因而甚少迁徙移居有关。但由分解带来的哲学之思，并没有使哲学命题保持住浓郁的对象特征（哪怕是局部的），而是被主体理性的自主侵夺剥蚀了感性进入命题的权力，西方美学以哲学史为其思的历史和存在本身，即在于此。

3. 直觉性之思

“直觉性之思”是一种跳脱于具体的对象、事实之外，形成对存在的对象、情态整体性思悟的思维形式。无论是迁徙性的，或是固定性的栖居，都能够形成此种超越具体对象之直觉性之思，只不过迁徙性生存的直觉依于类比性前提，更擅长以象为类，以类象而成大象的象直觉思维；而固定性的栖居式生存则催生依于分析而合成为抽象理性，再由抽象理性反转推演，即从某局部性观念抽绎为普遍性之命题的超验性理性直觉。中西美学的系统性，缘于哲学上直觉之思对整体性诗性特质的把握，因而西方柏拉图的“理式”概念，与中国哲学的“阴阳”概念，都具有美学直觉之思的意义，而以理式概念或阴阳概念的敷演而形成的系统观念，则属于早期形成的最具整合性的美学理论了。

4. 冥想性之思

“冥想性之思”的动作——“思”的过程几乎完全脱离开具体的对象，使“思”本身成为存在的内容和形式的思维方式。大概唯有印度哲学具有这种特点。由于地势居高度倾斜地带，一年当中雨季偏多，印度人常年居于家中，故静思冥想成为一种常态，在回忆、联想、想象、幻想等心理运动中，就内心期待的某个方面的内容，极尽所能地予以集中、强化、放大或变异，就形成了冥想性之思的种种认知观念或命题。印度美学孕育于宗教的胎胞之中，便缘于此。从与外在对象、事实的关系上讲，冥想性之思离得最远；从具体对象在思维中的投射而言，并不因思维过程与对象的脱离便毫无具体征象的呈现可言，实际情况是，冥想可以使“思”之中所涉的一切都真切细腻，因而它并没有丢弃对观察、类比，以及直觉等思维之前主体审美感知与认识能力的吸取。但是冥想的中心并不在物的方面，而在于由思悟的静寂状态所思想到的真理，这个“真理”通常更充分地表达主体对对象的整体意识，因而更为超远飘逸，也更具有主体思性的精神个性，是真正纯粹的切近于“思”之思。

美学之“思”，在其以哲学命题为自身命题之时，当是从类比、分解、直觉和冥想等与“诗性”“诗意”相涉的经验状态中转化、跳脱出来的一种思想和智慧。这是美学生成最初的情形，应当给予充分的肯定，然而中西美学史的发展表明，以哲学命题为美学命题，并非因为这些命题蕴含了其生成前便已包含的感性机制或内容，而是因为哲学命题本身是理论化的，可以用理性覆盖感性，用理性来替代感性对象。这样，尽管西方美学也包括中国由古以来有关美学的理解和表达，始终都有真切、生动、深刻、系统的哲学之思在，却始终未能给予“诗性”“感性”内容于美学体系或机制中以合理的价值地位，包括今天我们在给美下定义时，也往往以从抽象认知的理蕴为命题核心。结果，美学的感性内容往往成了抽象认知的外在包装、表皮；人们在接触具体的美学命题时，也往往习惯了将美学的抽象观念视为美学命题的价值蕴涵所在。

本着改变这样一种习惯性思路的意图，我们主张美学要以美学命题为自身之存在。在充分呈现感性内容及其机制的同时，让人的思维由命题能够导向美学的真境，让感性境遇也具有美学意涵的表现性，如此才不失美学之高度理论化、命题之高度美学化，使美学理论真正成为集感性与理性、抽象与具象、思性与诗性之内蕴统一的存在体。

（二）美学命题的逻辑模式

哲学命题作为美学命题存在着指向深层意涵的风险，不能谓之为完全的美学命题，即便是美学性意涵丰富且充分的哲学命题，也不是逻辑性质体现到位的美学命题。那么，如何解决这一问题？就人类运用语言来表达思想，而语言总是由概念为单位，概念与概念的关系形成命题而言，是很难避开抽象性思考这一层的，但任何问题的存在，都与我们思维中经久形成的习惯性认识相关，或者说就是后者的产物，正是由于我们习惯于寻找逻辑上的意涵或意义，才在确定命题时自然而然地把美学命题的设置，也从意义、意涵的拔出上考虑，而将之作为一种终极探求的目标设置在语言的秩序里，倘若改变这种命题表达的思维逻辑，则美学命题在逻辑上趋近自身的存在则不是没有可能。

美学命题的逻辑模式，可以从如下句式环节入手：

1.“是”字句

美学命题主张语言表达逻辑向存在本体论回归，“是”字句可谓属于这样的具有存在本体意味的句型。“是”的本体意味，由其词义所决定。英语中的“be”、德语中的“ist”、希腊文中的“einai”及汉语中的“是”，在其本义或引申义中都有可以表示“存在”这一层含义。哲学学者俞孟宣说：“‘是’是本体论的核心范畴……一切东西都可以用‘X是某某’这样的句式陈述，一切东西都可以称为‘所是’，‘所是’就成了泛指一切的概念。”[1]“是”指称一种陈述事实的状态（命题），“是”在句型中，其前面和后面的成分都构成“所是”，“X是某某”，反言之，即“某某是X”，而通常是将前面作为可以知解的“所是”，后面作为未知的“所是”，不论其知与否，“是”是揭开前后两种存在物内在关系或深处意涵的关键。也就是说，“所是”何所是，在于其“是其是”；“所是”为何所指，亦在“是所是”，“是”状况，是存在，是本质和本体。至于“所是”无论是指向“泛指的一切概念”还是“特指的单一对象”，都为“是”所涵摄，这是关于“是字句”具有美学本体意味的存在情形。

“是”字句虽然具有美学本体意味，但作为命题句式，其逻辑存在缺陷。“是”能够决定前后存在“一定”关系，决定它们处在“一定”的状况和状态中，却不能决定“是”字所关联的前后构成处在“怎样的”一种关系和状况中。本来“是”作为系词就应该是解决这一个问题的，但它只是以最为通用也因而最为空泛的表达含义将前后构成连接起来，只说明其存在，除此而外不能说明任何东西。因此，我们尽管非常在意一个句式的谓词表达，但不得不放弃“是”字句可完全表达美学命题应有逻辑这一考虑。而如果说基于“是”字系词的普泛性，是否可以转换为其他动词来替换它，这更不合适，因为命题本身就要求有高度的概括性，而任何动词当它转换为“是”字时，都在词义上受到空前的限制，反而不及“是”字句表达的意涵丰富，也就是说，还不及“是”字句表达的美学意味丰富。因此，从美学命题的逻

[1] 俞宣孟：《本体论研究》，上海人民出版社 2005 年版，第 34 页。

辑性考虑，“是”字句可以表达一定的美学意味，但不能作为逻辑充分的句式来看。

2.“宾谓涵摄”句

“是”字句给美学命题带来的风险，使我们意识到一个命题表达的逻辑模式，在最后都要陷入“主谓宾”这样一种预置的逻辑关系中，以“宾词”说明“主词”，如说“蝴蝶是美丽的”，“美丽”是对蝴蝶的一种说明，它从属于主词。既然在命题本身就已经预置了主从关系，那么，“美”从何而来，显然是从“主词”析出的，“蝴蝶是美丽的”，美的不是美丽，而是蝴蝶。“花儿是红色的，红色是美的”，也存在前后限定的主从逻辑，最终所表示的是“花儿是美的”。而实际上，字句要提示的奥秘恰恰是在“状况”和“动态性的境遇”方面。因此，若要在美学命题上切中美学的本体意味，必须在逻辑模式上排除这种主从逻辑，将之置换为一种能够呈现美学自身意味的表达句式。

主词的省缺，或在一个主谓宾完全的句式里，将主词视为虚拟性的“衍字”，则带来“宾谓涵摄”的逻辑句型。这是在表达句式高度概括的情况下，就命题逻辑最为集中、最为典型的方面而言的。在实际生活中，或在文学意味浓的诗文中，径直对宾词存在状况进行描绘的篇什随手可拾，因而，我们说这种美学命题句式具有逻辑理解上的普遍性。

“宾谓涵摄”的“涵摄”一词，“涵”，指涵泳、涵容、涵蕴，即蕴藏于其中之意，“摄”为摄取、衍摄、关联、涉及之意，“涵摄”即指蕴含着所能、所当涉及的一切成分，使一切都被包含在里面。“宾谓涵摄”连起来是指一种美学对象或状况的陈述、呈现，是在状态中的存在和存在中的状态，它们相互陈述和表达，无所谓主次，唯表现而成为一切。在构成如此美学意味的命题里，美学性与以往的哲学式命题在逻辑上发生了逆转：一方面，它否定了对美的本体的预置，即主词消失了，呈现的只有谓词和宾词；另一方面，它肯定了美的存在与本体意味的探寻，确认一种具有美的逻辑意味的表达，在一定的句式中存在是可能的，只是不要按照惯常的逻辑进行理解便可，如将主词悬置，更加现象学地注重谓词的状况描述和宾词的对象境遇。

让我们切入几个具体例子。

（1）理论式表述：

大自然要使人类完完全全由其自己本身就创造出来超乎其动物生存的机械安排之上的一切东西，而且除了其自己本身不假手于本能并仅凭自己的理性所获得的幸福或美满而外，就不再分享任何其它的幸福或美满。[1]

这是康德在《世界公民观点之下的普遍历史观念》一文中提出的第三个“命题”，我们把它作为一个理论性命题，试用“宾谓涵摄”的逻辑模式解读其美学性的表现程度。显然它和“美是理念的感性显现”“美是人的本质力量的对象化”“美是自由的形象”“美是人类美学价值的感性呈现”“美是人的存在论实践本质的展现”“美是体现价值内涵的意象”这些命题相比，意思更为复杂；不似后面所提这些，我们可以从“感性显现”“对象化中的人与世界的生命力量”“形象的自由呈现”“感性呈现的丰富意涵与美学价值的关联”“意象内涵与价值的内在关联”等宾谓涵摄的角度，开掘康德命题的美学性表达角度及其所侧重的意味、特性，那么，康德的这个命题中包含了怎样的对人类普遍性的思考，其美学蕴涵又是如何体现的呢？抑或它根本不具有这方面的意味呢！

康德要陈述的主体，在句式里是“大自然”，但这个大自然是可以悬置不虑的。而后康德真正表述的意思是：人在自然界的存在，依靠其自身的理性和创造力的完善享受到幸福或美满，除此而外，别无其他。幸福和美学唯有这些。这个理论的表述，推崇了理性的自由创造，以此为人存在的根本，而自由的创造是具有丰富的内容的，也是极具感性表现力的，因而它是一种状况和存在本质的陈述，具有充分的美学本体意味：创造着的一切，呈现着的理性的完善与美满的自由感，是人类的美的本体。这种自由的创造，依谓词的衍摄性理解加以阐释，则人类的幸福是在自己理性约定的界限之内，不能苛求理性之外的所在，如追求本能的释放，这不是人类的所长，本能的完善是大自然的长项，它早已由大自然做了机械而完满的安排，人若以此为目的，则不会有幸福和美满可得……理论命题的美学性，或作为美学命题的理论性表述，在于在思想意涵上充分发掘出感性因素、感性力量的存在状况及其存在意义，如果离开了这一点，单纯是对“理性”的一种解释，与人类存在状况或幸福感无关，则其美学性也就无从提起了。

（2）诗化理论性表述：

人们可以抚摸一个梦，就像抚摸一只家猫。人们却不能抚摸现实，他就像只野猫。

对人类机械化的唯一解决办法就是成为机器。沃霍尔早就意识到了。他认为，这是机械化的登峰造极：完全的自动性，不再有丝毫人类的痕迹。

[1] ［德］康德：《历史理性批判文集》，何兆武译，商务印书馆 1990 年版，第 4 页。

相反，虚拟时代的梦想，就是使机器摆脱机械性，让它变得聪明，有感情，能够‘互动’，把它变成一个组合型的类人猿，有着同样的情感、智力、性和生殖功能——最后具有相同的病毒和同样的伤感。[1]

这类命题的逻辑模式采用诗意逻辑的美学化表述，来阐明深刻的理论蕴涵。诗化表述不是一种包装，本身就蕴藉着皱褶丰富的思想意义，因而是较理论性命题表述更能呈显美学性蕴涵的命题类型。

在第一段话中，波德里亚将现实形容为野猫，将梦形容为家猫，意味着“真实”与“非真实”，“驯服”与“非驯服”在现代社会发生了颠倒，讽喻了现实境况的非理性可控制和“仿真实”倒逼现实的错乱感。这是对后现代状况的一种美学描述。不论你是否赞成他的观点，客观上他用诗化的描述表达了这样一种观点：现代社会正处在一种用梦想安慰自我，似乎可触可即的实感状态；而真正的现实则把人推向荒诞、不真实和无归所的边缘境遇。这种描述本身并没有概括出关于美的命题，但关于美的价值判断和宾谓涵摄的存在、状况的叙述却异常显豁地表达出来。在真正充满诗意的美学命题里，最终的本体意味不是单一逻辑质的认定，而更多地需要通过阐释来澄明的。

第二段话的美学意味尤为曲折而深刻。“自动化”是人类技术追求的极致，其美学意味的极限便是“物”和“技术”的呈现埋没了人的本真存在。在信息化社会中，技术的“机械性”将被排除，仿像与被仿体，机器人与真人，它们的差异将被逐一排除，呈现的主体将是模仿者和技术制造的替代品，“存在”为何者存在？主体消失，娱乐和消费境遇中呈现的，生活中完成互动的都可以由替换品完成，世界的真实生命和感性冲动归于何处成为疑问。

诗化理论性表述，在各个学科的表述中大量存在，而有些追求真理的理论和相关的行为实践，本身就特别追求以“诗意地栖居”的方式澄明美的存在，如中国古代的禅宗、印度佛教的般若道行等，其例不胜枚举。

（3）诗化表述：

诗化表述指文体为诗的形式之表达，在诗、散文及一些艺术体类中，“诗意”的出现不在于句式语序及美学蕴涵的抽象传达，因为诗化体式的一切皆为诗的构成因素，诗情画意本来就是有别于理论性表述的一种特有美学性，但即使如此，在文学或艺术性的作品中，诗意的传达也有能否深刻触及美的本体或诗意本体的问题。

---

[1]　[法]让·波德里亚：《冷记忆5》，南京大学出版社2009年版，第55、101页。

当一部文学作品以其丰富生动的形象画面呈现出人类的真实存在情况时，那么，它的呈现本身就宣示着深刻的美学理念。但在通常情况下，诗的理蕴不是直接道出的，其美学性也不是可直接把捉的，这时对其诗意氛围或美的境况的理解就不能单纯从直观诗化描述的景象来获得，而要透过这些描述来把握隐含的意蕴。对于此中奥妙，唐君毅用了“因果相涵”这个概念来形容文学逻辑的特殊情况，“因果相涵”与“宾谓涵摄”的意思相近，但在诗中，因与果呈非逻辑地互相说明、互为内在的情况，而“宾谓涵摄”则表明诗所描述的对象在其情意画面呈现的境遇中，都存在着属于诗之美的理蕴。唐君毅举例说：

> 杜甫诗“细雨鱼儿出，微风燕子斜”，此本身为一细微之因果关系之发见。吾人平日岂不注意雨之落于湖上，使湖上生涟漪？又岂不注意微风之使草木动？然只对此加以叙述，则不成诗。吾人今则能注意因雨之细，鱼儿乃不畏雨而出；因风之微，燕子乃不扑地，而斜飞。此一注意，即使吾人自平日所习之关于雨与风因果观念中超拔出来。由此一超拔，吾人却又并不归于视雨细与鱼儿出为两事，风微与燕子斜为两事，因此鱼儿即出于细雨之中，燕子即斜飞于微风之中。于是此中之因果关系，乃如因既生果，而果亦在因中，宛如因果相涵，互为内在。而因果二事，即可合为一事看，而成一境界矣。[1]

“细雨鱼儿出，微风燕子斜”两句诗的“诗意”之出，在于从日常所习之因果观念中超拔出来，而这种超拔又是借助诗的描摹而体现出来，因果相涵，超乎生活，又内在于生活，诗意既有美的“谓词”——广义性关联，又有宾词——作为对象之“细雨鱼儿”和“微风燕子”，折射、隐喻式呈现了人生境遇和存在本质的深刻蕴含，且微妙之处在于这两者是相互涵摄的，这便是诗意性表述可以形成“复义”性宾谓衍摄和或细腻或繁复之形式表现的缘故。

二、思维转换

对美学命题的“宾谓涵摄”的把握，植根于看待和理解美的本体的思维方式，而这由所处时代的文化总体条件提供了可能性基础，一般情况下，人们不可能超越所处时代的文化总体条件使美学思维超越所允可的极限，比如原始时期，粗陋的生存方式和原始宗教的结合规定了实用性的审美需要，当时不可能提出很细致的观念，

[1] 唐君毅：《文学意识之本性》，载邝健行、吴淑钿编选：《香港中国古典文学研究论文选粹（1950 — 2000）·文学评论篇》，江苏古籍出版社 2003 年版，第 51 页。

因为语言的表达本身就很粗疏，也没有其他的手段、工具和媒介来承担美的本体系统的传达任务。但在特殊情况下，也可能产生超越时代总体条件的美学思维，但这仅仅是可能，并非意味着普遍发生。因而，对于时代条件的限制，还必须将之视为思维转换的逻辑基础来看。

那么，时代对思维的限制是否截断了世界不同区域之间关于美和审美认知差别的沟通，而只是在时间绵延过程中以次第呈现或有连贯性的跳跃完成其变化呢？显然不是。时间发展的前后变异可以更鲜明地凸显美的本体论的内在发展，这是不言而喻的。但横向的，因地域、语言、民族和生活习惯等带来的思维、观念的差异，也是决定美学思维的外在基础。美学的本体论既因缘于本土、本族的历史发展，也得益于任何可资利用的外部基础。在一般情况下，本地区、本民族的美学资源也存在其相对的范围、幅度，人们只有非常稔熟其所属的地域、民族和国家的生活、语言和风俗，才能够拥有最鲜明而典型的个性化美学思维基础，抛开这一点，纵向的时间次第的美学传承是无从谈起的。因此，美的本质问题，美学的本体论认识，在考察美学时，必须重视民族性所给予的文化美学特性，这是美学思维特性的历史基础。中国当代美学的思维转换，也必须考虑这一重因素，并且在将它用于当代中国美学的研究理论和重大问题的研究，使美学思维发生根本的变革和转换。

（一）“宾谓涵摄”的复数性

“宾谓涵摄”体现于美学命题的理解与诠释，着重在对象的诗性呈现与阐释语境的衍摄、关联方面，它在审美观照和美学诠释两个向度上切近了现象学美学本体论。但确定理解和阐释的思维前提，则与美的诠释或理解者的思维涵容的深度和广度相关，折射于思维中的“宾谓涵摄”的命题诠解也与语言承载的命题句式有了少许不同，主体体现在思维中的“主词”和“宾词”不像语句中那样固定，说“河流是浪花奔涌的”，在脑海里，这河流的大小、走向及其名目，会因主词概念的抽象性，似有似无地存在于思维印象的边缘地带，反而是“浪花奔涌”成为中枢神经最为活跃的内容。于是，一种先于命题的思维自我暗示就发生了，它巧妙地将“宾词”所指的对象或意义前置为“主词”或“主体”，而让“谓词”的表述极尽其衍射、关联的力度、幅度，使美学蕴涵随思维的激活呈生成性展开。

在命题映射于思维，激活思维的潜在性因素，推动美学性思维展开的过程中，“宾谓涵摄”在思维中绽现的本体论意义，就不同于一般的本体追问的逻辑命题那样限于形成单一的定性式结论。实现“宾谓涵摄”的思维转换，因激活大量潜存于脑库中的信息，使得命题所指或命题的隐喻、暗示催生了各种可能性思维情境的产生，于是思维中美学本体论的意义便以复数性存在进行自我举荐，向一切可能呈现自己的地方进入。这时，本体论境遇的复数性存在与本体论意义的复数性存在，同时集合于本体论澄明的阐释场域。对于此种场域，当代美学的种种新说，试图从存在论、生态论、生命论和后实践论等视角解读之，这些解读无疑都属于某种本体论的进入，但如同美学史上无数美学命题曾是该时代美学思想的表达而必然受限于时代文化条件一样，一定单一的本体论主张总是受限于一定的时代、社会的文化条件，亦包括该时代经济和人口规模、心理质量所能提供的理解程度所允可的范围，也就是说，只要是本体论主张提出必然有其限制，纯粹依托于时代文化基础的美学本体论是没有复数的。而“宾谓涵摄”的美学命题的观照与诠释方式，则超越了一般本体论的局限，以其“场域”的集合性，凸显存在的复数性，使美、审美、美感和美学都能得其归宿，构成恢宏大观。

美的复数性体现在，观照境遇主体作为提问者的退场，“美的存在”不是一个问题，而是一种现实或境况。作为宾词性的对象，像雨前雨中雨后的原野、森林一样，碧绿汪洋，百色摇曳，它始终存在于彼处，主体不必问“美是什么”，美在观照中是一种复数性存在，它发光、呈现、运动、变化，每分每秒都提供一种美的对象性景观。如果主体再试问“美如何”，也毫无意义，因为美的存在并不为提问者而存在，它的呈现是立体的、圆相的、森罗万象的展开，倘若向主体呈示某一面，则美的存在成为非存在，美的存在境遇的“场域性”顿时消失了。所以，追问美的本体没有主体，只有宾词性的，可转换为存在主体的存在性存在。至于美的理解被提炼为命题，呈现于语言句式中构成价值判断性的美，这无疑是切合特定时代文化需要之本体论追问的结果，但如果语言的美学命题表达能够转换自身，将独断性的、命名式的价值判断转换为价值阐释场域——尽管这是语言表达的场域——那么，它同样可以消解本体论背后的主体决定者，使美还原到真正属于它的存在之所，这是关于美的宾谓涵摄的复数性存在的又一种思维转换的体现。

审美的复数性存在，体现于宾谓涵摄的在场性因素的激活，它同样需要审美主体的退场，这种退场主要指主体意识、意志的退场，而不是主体存在的退出场域。因为一旦审美主体的意识成为调控审美场域的主角，则审美的具体情景与阐释均化为主体存在的影子，而主体意识、意志的退场意味着主体放弃主导角色，使自身的信息、能量自如流入场域，审美于是进入一种怡悦轻松的境遇。“复数性”便是这种怡然熙和境遇的直接产物。俗常理解的审美是二元的、主客相加的，或情景交融的，这都属于低级认识阶段的审美主张。高级阶段的审美在于“入乎其中，出乎其外”，何以入？何以出？唯身心入境，消泯主体的“唯我”存在感，以入境之境况为自我存在之境况，方是审美之怡然熙和之境，反之，有我则必有分，有主体则必有客体相对，进而无美可审，也无美可从审得解。达到怡然熙和之审美境况后，诸种审美的感受、理解和价值判断都托着一个主体从彼怡然熙和之境遇中走出来，向着意涵超拔的场域跃升，这便是审美阐释的复数性，宾谓涵摄最大限度地发挥了集合于场域之审美因素、审美能量的美学效应。

美感的复数性，除了属于审美经验范畴场域而与现实场域、审美场域有一绝缘层——内在于主体而与主体之外的存在自然相隔绝——外，它还有自身由储存的信息场域到自我价值超拔体验的跃升性特质，为其他场域所不具备。美感较之美和审美，在本体论上更难切入特定的本体意识，因为感受和体验总是因缘于机体本能、心理的自然反应，而在意识性洪流的推动下进入心理观念敞亮、明晰的通道的。严格地说，美感即关于“美”的感受与体验，它的原发状态和场域的存在性，是一种混杂性的心理能量的流动，这自然先天地具有着复数性，不可单一地拣择其某一方向或能量流为美感之本体。至于以观念为美感之本身或本体，更是一种荒谬的看法，因为观念是从心理感受、体验的场域中提炼出来的抽象形态，它已经抛弃了哺育它的母体——感受和体验性的场域——而向标明某种价值身份或存在的意识标记靠拢，走向主体认知的美的观念，抑或是来自主体向外的捕获，抑或是来自自我从美感的拔出，总之它不属于美感自身，因而它不具备美感的“宾谓涵摄”的复数性。

“宾谓涵摄”的美感复数性，在艺术作品中每每得到深入而充分的呈现。赞叹“哈姆雷特的忧郁”，与其说是哈姆雷特报杀父之仇与其踌躇不决的性格或关于存在还是毁灭的价值拷问，导致了这部悲剧的美学性质，莫如说这部悲剧聚焦了这个方面的悲剧体验、并把它们与哈姆雷特本人关于生命和存在的思考、关于爱情与荣誉的体验、关于历史必然性与人文可能性的价值省思，都呈现于悲剧场域的心理集合中，足以引发人们关于美的各种认识、感受、体验和阐释。与此相同，优秀作品的美感复数性，因其呈现于场域中的事件、情节或问题均可以转化为审美场域中的诱因，因而对其是否优秀的判定也往往取决于能否激发美感体验的复数性。李白的诗选择的意象并不复杂，但却能激发个体自我为生命时空的复数性美感体验；杜甫的诗善于选择繁杂多样的意象，并不在于如此的选择提供了客观意象呈现的复数性，而在于激发人们对历史踪迹追寻时回味起那些很容易就被遗忘或遮蔽了的意识和情感的存在价值。譬如，“朱门酒肉臭，路有冻死骨”，不能把它单纯理解为对动乱现实背景下贫富悬殊境遇的一种描述和批判，作为诗体的表现，它可以唤醒人们关于自我美感体验中一些沉睡的意识：若为富者可会饥寒者于路途？遥远的历史映射于当下，可曾有如此的饥寒者能为人所关注？贫与富，生与死的悬殊境遇，对于处于其中而不可选择的人而言，其生命存在的境况是当哀怜，还是生死富贵，自从其运？睹此景者，都一样可以从中释然……这些体验都可能由此诗境所激发，都在主体自设的"宾谓涵摄"场域中生成了主体体验、认知的复杂性。

关于美学的复数性，排除有关审美、美感的心理和场景的场域现行性，一样具有理论自身诠解、创构和关联性嫁接、意义变体等场域集合的无限可能性。美学的复数性，大概是人类已有学科存在最大变量的一种复数性，这主要与美学的"宾词"较之任何一学科的都要不确定，因而它可以涉及所有的存在领域，包括现实的、非现实的、心理构成性的、纯观念构建的等，都可以成为美学的对象，换言之，亦即美学研究的在场性主体。美学的"谓词"倾向于理性或感性或非理性非感性，抑或两者集合所成或者两者之外的理论化自由创造。美学是一门关于智慧的学问。既是学问，必然与传承和积累相关；既是智慧，自然与自由和创造的体现和表达密切相关，而这两个方面，都存在着复数性的可记述、概括、阐释的无限场域。

（二）本体论维度与1、2、3

"宾谓涵摄"的复数性，充分显示了美学新命题作为超本体论的巨大场域能量。然而，"宾谓涵摄"所指的复数性场域，并不排斥特定的美学本体论维度，这是因为宾与谓互成的"场域"也是涵摄性的，总是处于美学意涵的关联性当中，而美学本体论以其逻辑维度的集中和据此维度展开的系统性，成为宾谓涵摄复杂性场域中最豁亮的场景，因而不得不给予其最充分的关注和重视。

于是，在导入美学本体论维度的命题时，就必然要还原到文化生成条件和本体论提出的当下境况所给予的话语可能性。一般说来，处于一定时代之境遇而提出当下之美学本体论，必然是集合当下能汇集到的一切信息而在"思"与"诗"的理论省思中有所择定，因此它的自由创造性和美学本体论维度的方向明确性，是不言自明的。反而是对待已然存在的美学本体论，存在无限多的可介入之维度，这些维度固然也属于所介入之美学本体论所倡导的维度，但在面对无限多的本体论维度而难以抉择之时，必须从切合时代、民族、文化等特质的角度有所抉择，以最有冲击力且能激发我们进入美学存在论场域的维度，为最有理论价值意义的维度。

根据对世界美学史的一种"宾谓涵摄"场域的美学理解，我们发现在哲学命题作为美学命题提出之前，类比性、分解性、直觉性、冥想性思维与美学的关联，构成本体论意义上世界美学主要的维度类型，它们给予人们关于美学史最精粹的信息，并以其美学本体论维度的独特性，对当下美学的本体论构建起着极其强大的促生作用。

下面是对四种美学思维的本体论维度的读解或还原，结合当下美学本体论生成的可能境遇，试以阿拉伯数字1、2、3为其本体元构成的描述。至于由此衍生的体系性构成，则不在这里进行讨论。

1. 数字1＝一元本体论维度

数字“1”，标明美学本体论的一元维度。宾谓涵摄的存在状况或命题诠释的谓词衍摄性、相关性，必然要将具体的、相对意义的本体论设置涵摄其内。相对意义的本体论设置总是提出一个明确的本体，而在分解性思维和直觉性思维中，都以最终归结为一个单体性的概念为体系之母，这样，数字“1”的本体论维度就成为东西方共有的维度形式。有关一元本体论维度的思维奥秘及其功能特性，已经由西方美学和中国美学最精粹的理论形式加以表达，因不属美学史专论，我们便不展开讨论。但数字“1”的本体意味，恰如其存在的可无限析解和可无限包容（多寓于一）或存在的可无限否定（虚空亦为一）一样，值得不断言说。它是极具理论涵括力的一个数字，是可以把美学存在的微观和宏观乃至其明暗不定的断然肯定与否定的判断力都给予表达的。它是美学立基的一个开端或一个总结，一个整体或一个部分，一种存在或一种毁灭……它的美学意蕴可以驾驭任何美学的形象，因此，无论人类发展到怎样的程度，一元本体论总是要存在并影响人类的，美学的一元本体论维度是人类存在身份的一种可书写的证明。

2. 数字2＝二元本体论维度

数字“2”所标示的美学本体论维度，来自情感化思维对宇宙生命存在的一种感应和模拟，它以生命之对立两极在调和统一中生成他物为普遍规律，从而万物皆因此生，宇宙万物之一切存在物皆归于二元性本体。二元维度的思维形式，源于情感对外部二元对立性存在体的受动。感物心生，触景生情，此情乃遮覆宇宙万象之情，故情蕴勃勃，寓有万端思绪，而又凝于情之总体向度，进而以自然万物生命存在的惟妙惟肖、造化完美为不可怀疑，进而情凝为思，以万物生命之本为一切存在之本，由对宇宙自然的直观所感，用自身较为熟悉的事物或现象如男女二性进行类比，就形成了二元美学本体论维度。二元维度的思维方式，因为不是从单体对象的分解开始，是从内心对存在体的感受开始——这种感受带着生命汁液的激荡，不属于大脑神经对外部信息的一种感知性综合或析解性处理——因而它所感的侧重也不在单个对象，而是对象整体。当以宇宙整体为对象时，感应最强烈的是天地之分，而后延及他物，也多依此二判，此为感应之始；二元既为本体，本体延及万象，则是二元之合，故依情而生象，依象而生易，皆为“心之官”之思。“天人合一”的命题，就是中国美学“生”的意蕴母题，它是从二元本体来的。中国美学中凡是涉及本体意味的概念，一般都是从二元本体来的，如“道”，老子说“道生一，一生二，二生三，三生万物”，这句话里的“道”即指二元本体，可以虚实为“有”和“无”，也可以类指为“天”和“地”，“公”和“母”等。“道生一”即“天人合一”；“一生二”是“道”之反动，由象而逆变，即从整体而判为二，是为“易”；“二生三”是“感应性直觉”的一种综观，把新生之一与所自出之二合观，则为三，实则还是为二元所出，故“三生万物”，万物无尽。“道”在中国美学中是一个被广泛应用的类比性概念，道家用它，儒家亦用它，其他诸子百家也用它，如儒家讲“仁”，从这“仁”字的写法便可看出其含义，即人怀天地之心。“仁者爱人”是对外的态度，是仁心的表现。何以有此爱心？“己所不欲，勿施于人。”“仁道”源于“天地之道”，而“天地之道”即在于天地各具其德，天秉其诚，地怀其亲，天地尊亲，仁者施以爱人，由己推他，由幼及老，使社会和谐美满。“儒”字“人从雨，从而”，以天地施雨，其智蔼然；“‘而’字为多重并立、曲折勾连之他者、他人。‘儒者’盖为卜、巫、祝、史衍化而来之通晓礼制之人，故儒者在中国文化中原本具有神性和神祖之性。‘儒’字人称，暗含复数，以先王、宗祖、宗亲及乡人、同人形成礼制施用的对象。”[1]这样，儒学二元思维，主要是用自然为模体来类比人类社会的，其美学的价值旨趣在于“和”，即由二元而趋向整体性之“和”，此“和”因为属于教化所成，系儒者之智的一种对象投射，因而以君子、贤人相谓，不足则谓之小人，仍然是二分，所不同的是“二元之和”因为注重由情及象，“象”为大象，故不可将二元之“和”理解为具体存在的“个体”，而是“和而不同”的社群性整体。儒家美学的二元思维是人类依托于教化而得其存在之统绪的一种完善，它没有停留在“人由自然而生”这样的二元本体衍化之命题上，而是转化到“仁心”秉于天地之性，进而成于教化之道上面，成为中国古典美学倡导人文价值的本体，以及以此确认人的本质存在的明证。

3. 数字 3 ＝三元本体论维度

数字“3”标明三元本体论维度。在中国语言中，“三”有时确指不定之多数，

[1] 赵建军：《后儒学及后儒学美学的当代拓进》，载《上海文化》2015 年肆月号。

但此处之“三”就是指三个极向的本体。在西方文化和中国文化中，“三元”本体在美学的元构成中没有。因为既是元本体，则无时间先后之分，而是同等看重的。分解性思维由一而分诸个，没有此等情形。中国的整体直觉，以天下为混沌，因之而形成玄无本体，亦是一元的；至于直观天地，类比而思所出之天地二元，是二元本体[1]，三元本体论在中国是没有的。只有在印度，才有三元本体论的美学维度。印度原始宗教经典《吠陀经》中，亦曾有世界由一元之物质而生之一元本体观，但无有如中国之天地相合之二元本体观。在一元观产生之前，印度与西方、中国一样，也是主多神的，即万物有灵，问题是由万物“神”灵如何向集中的神过渡。西方由瞬息神渐归于雷电神，出现了宙斯之主神；中国由图腾多神，走向了龙图腾，但其他图腾并未因龙图腾的综合而消灭，而龙是上天入地的，故神与天地二分，出现了二元相判两个大的神主系列，后来以人合之，神性淡退，是为神人相合之论；印度则不然，自始并未将天地及自我感悟为由情所能应化的对象，也不把宇宙视为可以通过分解性的理性把握的存在之物，而是从生命是个综合体来把握其最关键的元体，这个元体他们认为是三位的。徐梵澄所译《五十奥义书》之“爱多列雅奥义书”，系后期哲学化奥义书对《吠陀经》的总结性记载，首章即颂创世之三元为：天、地、水。三元本体，其生的顺序是逆出的，即洪洋一片，天为光明，地为死亡，水为生命的精液。当水光明而赋形时，光明也承于地之上，死亡也同时降临。顺推则是水、天、地，其蕴必是生、形、死，则为无生；逆推则是地、天、水，无有生于地者，则为无生，无生而得光明，犹如离体之魂，有其思虑聚集，进而因生命精液的聚合而得其生。如此，地、天、水为三元母体，隐喻着“无生”“智性”“有生”，由此从智慧之生，与水赋予人之形而推之，由三而三，生命自我遂告以生成：

彼遂以思虑凝集之。以其受彼思虑之凝集也，口遂分别而出焉，如卵。由口生语言，由语言生火。

鼻遂启焉，由鼻生气，由气生风。
眼遂开焉，由眼生见，由见生太阳。
耳遂张焉，由耳生闻，由闻生诸方。
皮遂现焉，由皮生毛发，由毛发生草木。
心遂出焉，由心生意，由意生月。

[1]　亦有说法，视为天地由混沌而出，故仍归一元，此论不确，一则混沌可开七窍，何则必二？二来混沌无面目，是讲一元之本，本无玄寂，是直觉到宇宙发生的本体，至于二元，是讲对“生”之理的感悟，是在观察经验上类比思维的结果。两者后来可以相合，但原生性的意味和本体论是不同的。

脐遂露焉，由脐生下气，由下气生死亡。

肾遂分焉，由肾生精，由精生水。[1]

“水”又归于洪洋，“无生”“生”“空”由是而立。对于性别，也如此而视，认为“三曼，即语言也。‘三’（sa）与‘阿曼’（ama）合，故称曰‘三曼’（Saman）”。徐梵澄注：“‘三’（sa）指女子。‘阿曼’（ama）指男子。阴阳之谓也。二元说即有其端。”[2]徐梵澄说“二元说即有其端”，应系理解有问题，《原人歌》已经广泛存在“三性说”，《三曼吠陀》系婆罗门贵族所造之书，已为独尊大梵之时代，“二元说”发端不能成立，倒是将男女二性合为一词，说明了一种第三性——即阴即阳、非阴非阳的存在，符合印度三元本体的思维发展。

印度的三元本体美学维度，丰富了世界美学本体论的元构成。在印度美学发展史中，中道观念主要是三元维度美学本体论的延续，它最集中地体现了印度美学，特别是大乘佛教美学的精华。中国美学在中古时期对印度的三元本体论汲取颇多，特别是唐宋时期，三元美学本体论曾推动中国美学发生思维上根本的转换，创造了当时居于世界巅峰的美学理论形态。

（三）宾谓涵摄与多元本体

美学存在境遇的宾谓涵摄，既可以形成超本体的，达到美、审美、美感和美学的复数性极限表达，也可以以存在境遇之当下特性体现、衍射一元、二元、三元之美学本体论维度。犹如一片森林，当其葳蕤茂密之时，森然严整，绿海苍茫，可独持、可观照、可拔其韵，势而为诗或赋诸文字符号以极尽抒写妙章之能事。在“树”的场域，“‘Y’在哪里？‘Y’可以变成一种能量输入高层建筑的设计图，也可如垂挂的项链显示美好寄托的凝缩，还可以将其密码分解为‘V’和‘I’乃至‘X’和‘T’，变形的存在都包含着‘Y’的信息”[3]。凡此种种，皆在宾谓涵摄的呈现、拓展、延伸之列；但同时，所有这一切，与森林之内一株、两株或丛株之存在，与不同姿形、树性、长势之树木的存在并不矛盾，也就是说，美学的宾谓涵摄意味着特定本体论维度与超具象的复数性本体论可以共存不悖。

栖居于整体态势中的一元、二元或三元本体论，在思维上因其与特定历史情势的相应，而成为独特美学意涵的表达者和伸张者。当代中国美学汲取历史上已有的

[1] 徐梵澄：《五十奥义书》，中国社会科学出版社 1995 年版，第 21 页。

[2] 徐梵澄：《五十奥义书》，中国社会科学出版社 1995 年版，第 521 页。

[3] 赵建军：《知识论与价值论美学》，苏州大学出版社 2003 年版，第 158 页。

美学本体论资源，努力从切合当下美学存在论场域之境遇来涵溶美学本体论意蕴，使美学本体论意蕴实现当下存在、价值之超越。但需坚持一个基本原则，即历史上曾有本体论维度，多从“思”而及“诗”，当代美学更注重因“诗”而“思”，并在此基础上使“思”与“诗”相谐。

由诗而思的本体论思维转换，触及一个最大的难题，那就是多元本体论维度汇入存在论场域的问题。多元本体论，是就从现象学意义而言的，既是现象，此现象又是主词性的，非由“我”所决定之审美现象，而是具体存在之多元现象；存在境遇之美学本体，即是依于存在之本境而敞亮为多维度境遇之美学本体。它们作为存在之本体，只有在存在论场域中，才能得到存在意义的有效诠释，并使存在的价值意义得到托举，这是美学思维由客观自明到主体明证的转换，是美学境界由必然性向自由性的转换，对于此种美学思维转换的本体论依据，我们将在第二章第二节给予进一步的阐述，它将被概括为幻象本体的美学或美学的幻象本体论。

第二节　美是幻象

“幻象”一词可以发掘和阐释中国美学史的逻辑本质，深入到美的摇曳流动的基质中阐释美的本质及相关问题。美学幻象也是最具有中国本土性的、向现代理论开放的阐释性概念，它在世界其他美学理论系统中也能找到对应概念，是最切合于当代美学本体论的阐释与整合的美学范畴。

一、命题本质

“幻象”一词由“幻”与“象”组合而成，“象”可作为宾词，它可指具象性的一切，表象、形象、意象、图像、形状、形式等。幻与象之相合，便是一种宾谓涵摄。具体说，凡是存在的象，都是在呈现和变化中的，貌似虚幻不真，唯其形貌、状态、图形、形式真切鲜明。在这里，“象”是特别适宜于描述视觉对象的“象”，但在审美和美学研究中，“象”的所指是极其宽泛的，包括听觉、嗅觉、味觉、触觉等，类似佛教所谓“色声香味触法”皆可以有象，当然“法”是轨持性的，可以包括意念、情感等恒持性的存在，但它们也是可以有象的。而“幻”一词，本身表现的是一种动态性的状态，但这一词的含义非常微妙，一是它仿佛在动态前后瞬间切入，非此非彼，显得很不真实，没有自体性；二是它有相对的隐义，这个隐义就是“不幻”“真”“实象”之类，它与“幻”相对而对幻象是否真的存在起否定、解构作用；三是它具有色彩感，这种色彩仿佛是七彩的融合，赤橙黄绿青蓝紫，没有一种色彩可以在“幻”之中不被青睐或舍弃的，唯其色彩之丰富，称为“幻”才更显存在的过程、动态与形态的充满张力。因此，“幻象”最大限度地发挥了宾谓涵摄的美学思维，使“幻象”不仅作为物象、心象可以极呈其幻现流动之美，而且幻象在其自身作为主词呈现时，其幻化、幻变、幻如的“谓词性”存在也使其与异常丰富的意义场域相衍摄和关联，使“像”“如”“仿佛”“似”这一类拟状词作为幻象的特殊“标记”，召唤着美的内在质蕴的幻现，从而在幻象的美、审美、美感和美学意义上，都能够发掘某种共通的质性。这种共通的质性通过“像”“如”“仿佛”“似”这一类词语获得本体论意义最为基础也最为普泛的确认，那便是“空”“有”“无”“中”等，每一种本体论维度都能得到所期望的表达方式，当然这种表达最终一定落实到某种语句范式。但不管怎样，幻象毕竟是幻象，任何谓词性关联或衍射，无非是“像”“如”“仿佛”“似”的幻现而已，美的存在依然是幻象，审美的对象地域也依然是幻象，美感的蓬勃葱郁依然是幻象，美学的繁复诠释也终究是幻象。幻象是美的，它无始无终，确定和不确定，既为对象又自主呈现，既显现共通的与自在的美学之质性与含义，又将这一切都幻化于非实体性的美的自由、超越与愉悦。总之，幻象是美的根本存在方式，是人和宇宙、世界的生命本质的存在、交流、转换和投放方式，通过这种方式，人与世界排除来自任何一方面对“自我”“他者”设置的烦恼与遮障，让人在宇宙中获得无须寄托身心而身心俱得其所的自由感与幸福感。

二、幻象因何而美

幻象为什么是美的？它与世界美学已有的资源，特别是与已有的本体论美学维度有何内在的关系？这是我们应该进一步厘清的问题。

（一）幻象的美学资源

幻象的美学资源极其丰富。以欧洲大陆为代表的西方文化，注重幻象的理性分解和语言诠释系统的“逻各斯”完善，在史前神话时期即体现出鲜明的幻象理性色彩。但也因此缘故，僵化的分解模式限制了西方美学的幻象理论，使美学的本体论维度从古到今一直都具有强烈的独断论和形而上色彩。当代西方美学尽管在存在主义、现象学和符号阐释学的推动下，美学幻象愈来愈倾向于对差异化审美场域的意义呈现，但文化的总体性格并不因为这种人为的自觉努力而有根本的改变。

美学的幻象理论资源在中国和印度积累最为深厚。中国的巫术文化是士人文化和官方文化的母体，中国巫术的一大特点就是对“象”的操作，从而由很早的模拟性象思维发展到商末周初时期，形成了系统的卦象理论。卦象理论初步建立起幻象逻辑。汉代的“易学”是幻象理论高度知识化的发展形态，周易的“象数学”和“义理学”都达到很高的发展水平。东汉谶纬炽热，“谶”指预言、卜兆，“纬”是与“经”相对之纬，指在“六经”之外的书籍，包括伪托为圣人所造的经书，也在此列。谶纬的一大特点是要观“象”，把自然和现实中各种正常的和怪异的现象，当作可以预兆重大事理的征篡，用非常正统的官方学说，包括儒道易学，以及阴阳五行学说等加以改纂，便形成了关于“观兆验迹”的丰富美学资料。现在有关汉代的画像石、画像砖都保存了当时人们的观察录刻和丰富想象。魏晋南北朝时期，中国文化的重心向南迁移，少数民族纷纷入主中原，极大地刺激了中国人对于“幻象”的理解。“幻象”概念也就是在这个时期吸收了佛教思想转身出来，与中国原有的“幻化”概念凝合为一。但是在美学上，这个时期关于幻象的意义发掘成为理论关注的重点，关于幻象的呈现及其存在论场域的关联性研究，因为佛教文化的进入而暂时缓下脚步，使得有关幻象的美学本体论推进反而不及关于幻象的意义诠释的进展大。这也不足为怪，当时属于文化变革的动荡时期，本土文化和外来文化碰撞、交锋乃至融合，首要关切的是整个文化系统的核心价值理念的冲突与融合问题，“幻象”本应是这个问题的核心构成，但因为美学上还没有把“象”与“幻”这两方面作为一体性的存在来对待，因而理论上不可能形成关于幻象的系统美学理论。隋唐时期，是中国关于幻象的美学理论发展的鼎盛时期，一方面，佛教美学关于“幻象”的独特理论构成被中国化了，它们被融化在以天台宗、华严宗和禅宗为代表的中国佛教流派体系中；另一方面，儒学和道学也在幻象本体观念方面汲取了佛教思想，使自身原有的幻象美学观念有了新的发展。例如，儒家的“比德”说以“德”和“象”相对应，强调内在品德的象征性具化，在唐代与佛教观念结合后，“以象喻德”说与“德象和合”说互为表里，融入更宽容、博大的意境，呈现更为开放、旷达的胸怀和气度；道家则在原有的重视自然之“象”，以朴拙为至理的观念基础上，也吸收了佛教的“假名”、“相”（象）为方便说的观念，使道家的“象”理论更系统化了。唐以降，宋代复兴易理的“象数学”，并以理学巩固关于幻象意义的价值系统性，使中国美学关于幻象的理论在以后被贯彻到各个方面，发展为既重视内化于人格、心理的陶冶，又重视幻象的理性底蕴的严谨而深邃的理论体系。

印度的幻象美学资源主要存在于般若范畴及般若学之中。般若学是研究般若范畴之学，在印度文化发展史上并没有形成明确的般若之学，但从原始宗教后期奥义书哲学时代算起，到13世纪佛教衰落为止，无论哪一个学术派别，都围绕着对般若范畴的不同理解而产生不同的体系学说。因此，可以说存在着一种事实上的“般若学”。然而般若范畴最鲜明的一个特征是，它具有突出的美学特性，这个美学特性主要通过般若幻相显示出来。“般若”，汉译为“智慧”，指超常的、特殊的智慧。“般若幻相”包括实相和假相二种，它们都由智慧而衍生，“实相”指虚妄之相，义同实义，其实是“无相”；“假相”借名言而存，可以有四万八千种法门变现，也就是说方便之相是无限的。那么从“实相”到“假相”是否有一个中间的过渡之相，在佛教看来，任何确定的、执著的意图都是危险的，因此，确定实相和假相之分别本身就是虚妄的，这样便无所谓实相与假相之分，般若幻相也走向了现象学存在论美学，只不过是归结于智慧本体论维度的幻相论美学。

“幻相”一词与“幻象”基本可以等同来看。“象”重视整体的由内到外的圆成，“相”则侧重依于内而达外的显现，但两者都是某种呈现或澄明，其意义存在某种一致性。印度原始宗教，原始佛教之小乘佛教、部派佛教和大乘佛教都涉及般若理论，自然也涉及“幻相”范畴。大体说来，原始宗教以幻相为本体的变现，可以从中幻现，亦可以幻化为本体。本体与幻相的存在场域，在智慧根义上是一体的，但在变现上是有分离的。小乘佛教重视对人生现象的观察，幻象主要是指对各种世俗以为是实相的“幻象”本质的认识。如女性之美，年轻时容颜姣好，体态窈窕，韵味魅人，但年纪大时再美的女性也要发秃齿豁，皮肤干瘪，眼神呆滞，再无丝毫诱人之处，可见女性之美是一种幻相，是不真实的。小乘佛教因此而主张由人生之苦谛、集谛的寂灭而入道谛。道谛注重实相，于变现之相甚少论到。部派佛教关于般若幻相的认识，主要是相信人的灵魂有三世轮回之实体，那么从“幻相”自般若智慧而出讲，可以使人生诸相也成为一个轮回，十二因缘其实就是人生的幻相。这个解释更具体了，但根本的问题是，人生的价值意义与幻相本身其实是分离的，并不是在每一个人生幻相阶段，都能够呈现美和美的智慧。大乘佛教则不同，专门创造了一个菩萨概念，让它居于不变的、终极性的佛与世谛的众生相之间，使幻相理论又归复了“三性”之论。而菩萨是可以成佛，通常又下居在众生之间的，这样菩萨就成为人的理想和情志的一种施设。依菩萨道，有关幻相（象）的中道观念便渗透到大乘佛教的各种理论系统当中，发展成美学境界、场域和其表现的价值意义都能够变幻无穷，又始终能明确所向的一种特别精致、完善、全面的佛教理论体系。在这个体系中，般若作为核心范畴筑就了坚实的理论基础，并因其鲜明的美学特性而成为世界美学最重要的资源之一。

（二）幻象与美学本体观

1. 幻象与中国美学本体观

幻象与中国美学本体观的关系：首先，在于二元本体论维度里的“幻”和“象”是互化的。《周易》“卦象”以“天象”（天文）、“地象”（地文）幻化而成为“人象”（人文）。无幻则不化，“幻”的原始含义即是变易。《易传·系辞上》有“立象以尽意”之说，估计成于汉代，在象的背后隐藏有“情志”，此说直道象与意的联系，与《尚书》“诗言志”的命题似出一格，都强调“言”表达出的东西，在于其后面有内在的“志”的驱动，“情”和“意”都属此类。若从此来看，则“立象尽意”命题似乎具有文化原生性，应该很早就有了，因为它强调了由内而外的“化”意，那么，这个由内而外的“化”和天地和合之“化”是否为同一种“化”呢？显然不是。天地和合，人文化成，是由天地造化而生成人文之美；“立象尽意”或“以诗言志”则是由人文之教而化成其“人”其“物”。美的人格都是教化的产物。这种美的源始性力量是自然所赋予人的阴阳（道家）心性（儒家），这是一种根本。后续历代美学都本着这样的原则，将美的象幻化到人的方面和器物的方面。

需要注意的是“气”在二元美学本体论当中的作用。“气”是中国民间文化最根本的驱动力量，属于美学存在论的本体。巫术之象固然模拟天地造化，以导出人文之意，但巫术操作的过程，始终被认为是有神的气息贯注于所施行的对象当中的，因此，才有不可解释和不能不相信的神秘力量仿佛控制和主导着、操弄着情感意志的发动。但是，“气”在中国美学中，即便是在魏晋南北朝时期，也没有能够依照气本体形成系统的理论，《淮南子》用“阴阳”二元论把“气”分解了。魏晋玄学确定的“气”是玄游之气，生命真实的气韵被抽空了。汉末至南北朝以前的气论，将“气”范畴从抽象本体含义向具体的物理之气、人的性格秉赋等靠拢，并以气为促成人文形式的重要构因，在思想上有大的推进，但对“气”的构成、机理始终未能形成系统、清晰的认识，因而在气与象的结合方面，也似不能完全与道、性、心等范畴很好地结合。所以，有关二元本体维度应当理解为不是源于同一种本体之气衍生、运行的结果，而是二元之气辩证运动，讲究相反相成、顺逆相应的一种美学本体理论。

二元美学本体维度在宋代得到周密而详尽的理论解说。周易的“象数”学在宋代复活，通过象的演绎变化，把性、情、理这些注重伦理或生命价值意义的概念统合起来，构建起古代最为庞大严密的体系。在这个体系中，“理”被推崇为至高无上的本体，但“气”的概念在这个体系里仍然存在，属于机制性的驱动性概念，从而有关二元论的美学本体观，在宋代理学一元的遮罩下，仍然有其具体的场域，这种不同元构成本体维度的美学交融、交叉，自魏晋南北朝以来是经常出现的情况。因而，在宋代理学体系被推崇的时代，也存在同样的情况是毫不令人意外的，只是理学总体上对美学的幻化采取抑制态度，从而宾谓涵摄的情形在宋代并不平衡，作为存在论的美学场域，只是在理学的局部领域有其发挥的天地，至于整个思想体系的核心价值和本体观念，仍然是理性支配直觉的本体论形态。

2. 幻象与西方美学本体观

西方的“幻象”一词英语写为illusion，其同类或近义词还有：image（影像、镜像），imagery（意象），eidolon（梦中幻象），apparition（异象），phantom（幻影、错觉），vision（幻影、想象），phantasm（幻觉、幻象）等，这些近义词都与影像、印象、假象、意象等有一定联系，对此，在西方美学理论中也早有发见。阿多诺就说，西方“幻象之见可追溯至柏拉图和亚里士多德的古老学说，它将幻象与经验世界归为一方，把实质或作为真实存在的纯粹精神划为另一方”[1]。而柏拉图在《理想国》中提出的“洞穴幻象”，更是具有美学本体意义的一个比喻。他设想人类在黑暗的洞穴里，看到由火光造成的木偶影像（figures），这些木偶和影像都不是真实的存在物，但人们看到它们的幻影（images）误以为都是真实的。柏拉图在这里拟设的“木偶”和“影像”都是“假象”，也就是“幻象”，它们都由真实的“理念世界”发光映射出来。因此，在实存世界，人们只能借助“模仿”和“想象”的幻象来接近“真实”，而在“模仿”和“想象”过程中，幻象也成为理念的影子或影子的影子，就是说“幻象”也在其“好像”“仿佛”之中接近了真实，“幻象”本身就是一种祛除“虚幻”的方式，那么，“幻象”（images）就构成一种“模仿”之美。柏拉图的“幻象”说在西方属于古希腊哲学理论之一种，虽然西方在柏拉图之外，还有德谟克利特、亚里士多德等重视现实美或对现实美模仿的理论，但总体上，西方古典美学有着这样一种理论传统，它们把美视为非真实的观念实体的模仿，这种模仿对于观念实体只是近似性的呈现，或者把幻象理解为不真实的、本质上并不美的感性现象。

近现代工业美学发展时期，“幻象”概念在美学中几无立足之地。哲学家、美学家们宁愿把幻象与幻想、假想的妄想等联系起来，认为幻象是认识的一种偏差或误置。而正确的经验性表象或想象只是处于低级的知识阶段而已，与作为假象的幻

[1]　[德]阿多诺：《美学理论》，王柯平译，四川人民出版社1998年版，第191页。

象是根本不同的。例如，培根就用“幻象”（idols）来确指不良的思维，提出“四假象说”包括：族类的假象（指根源于人性，以人的尺度反映一切，从而歪曲了事物的原貌）、洞穴的假象（指单个人的假象，由于个人的天性、教养、社交经验等的限制，而扭曲了个人的科学追求）、市场的假象（人们相互之间的交往和联系形成“市场”，交流借助谈话和约定俗成的文字实现，因文字理解力造成的错乱假象）和剧场的假象（指各种哲学教条和一些错误论证的上演，如同在舞台戏剧依照布景式样创造出公理世界一样）。[1] 培根的幻象概念显然带有贬义，但他所指的“幻象”其实仍然是理性判断的产物，凡是能够正确应用或体现理性智力的状况、景象，就不是幻象，而反对或阻碍理性理解力获得真理的错误认识和思维习惯就都是“幻象”。把“幻象”从其特有的美学场域中抽取出来，单论它的逻辑效用，并以此确定它的价值，使培根的思维方式流于极度简单化。但问题在于培根的这种认识，在西方启蒙主义乃至后工业美学的批判时期，都产生了很深的影响，如帕斯卡尔就深刻地看到了“幻象”的双面性，他说：

> 想象——它是人生中最有欺骗性的那部分，是谬误与虚妄的主人；而它又并不总是在欺骗人，这就越发能欺骗人了；因为假如它真是谎言的永远可靠的尺度的话，那么它也就会成为真理的永远可靠的尺度。可是，它虽则最常常都是虚妄的，却并没有显示出它的品质的任何标志，它对于真和假都赋予了同样的特征。[2]

帕斯卡尔的观点非常有意思，他一方面指出想象的幻象具有欺骗性，也就是说是不真实的；另一方面，又指出虚妄的幻象与真和假都相交涉，用我们的话来说，幻象与真和假都同样涵摄，真和假都可以有它们的幻象。其实，帕斯卡尔想要有所揭示的是，那种被真实性和品质观念所干扰而未能真正洞察的“幻象”的本质，它们与柏拉图强调的“好像”“仿佛”的意义非常类同，洞穴影像似真非真，可它们真真切切地存在着，这些影像“好像”“仿佛”性质的存在，犹如在水火、锋刃之间一样，既关乎利害又具有自身的存在特征。康德似乎对这个问题有更深入的思考。处在古典美学的末期、现当代文学开端的康德，他提出了“先验的幻相”和“超验的幻相”这样的概念。他说：“吾人所欲论究者仅在先验的幻相，此乃影响于‘绝

[1]　[英]培根：《新工具：让科学的认识方法启迪智慧人生》，陈伟功编译，北京出版社2008年版，第16—17页。

[2]　[法]帕斯卡尔：《思想录：论宗教和其他主题的思想》，何兆武译，上海人民出版社2007年版，第40页。

无在经验中行使意向之原理’……此种先验的幻相遂引吾人完全越出范畴之经验的使用之外，而以纯粹悟性之纯然虚伪扩大，蒙蔽吾人。吾人今名‘其应用全然限于可能的经验限界内’之原理为内在的，而名宣称超越此等限界者为超验的。”[1]“先验的幻相”是一种在经验性想象之前的幻象，是一种priori，那么，它的谓词性覆盖力必然超过经验的限定性，因此，先验的幻相不仅超越经验性的悟性（知性），也超越经验性的理性（确定的认知）。康德本来是想揭示纯粹理性“辩证推论的欺骗”，以呈明一种“自然的而不可避免之幻相”[2]，但他无意中触及了幻象的美学本质：一是先验判断在价值上内在于任何确定的判断，自然也内在于真与假的任何一方，它以先验的幻相方式覆盖了经验性的理性认知；二是先验理性具有鲜明的主体性，它与主体的经验后的超验性自由概念，存在着归结于主体境界的一致；三是先验的幻相既然具有覆盖真与假的两面可能性，那么，可建立起与经验界限之悟性相对的超验的幻相世界，而这个世界是充满主体性的。康德对于幻象概念的界定，从主体性的确立上给予了深刻的立法，但是他把幻象的世界与经验的世界对立起来，把理性与悟性（知性）对立起来，人为地制造了审美存在场域的沟壑，这是应该特别指出的。

“幻象”的“诗性之思”，在爱尔兰诗人叶芝的《幻象：生命的阐释》中，被给予了本体论的系统阐释。叶芝采取类似于中国古代卦象系统的神秘隐喻关系指称月相系统，称“二十八月相”构成了关于历史、人类心理及死亡的象征性认识，“代表不同的历史时期、生命阶段、主观程度和性格类型”[3]。叶芝的所谓“幻象”不具有客观实体性，但却是依据“月相”衍生的一种幻象场域，月缺月满等所成二十八月相之美展示的是生命幻象之美。叶芝的幻象理论显然具有象征主义色彩，但将隐含的、抽象的、规律性的、宏大的价值意义赋予了月相之幻象形态，等于肯定了幻象形式的美学独立存在意义。

总之，西方古典美学对于“幻象”的美学本体意义多有发现和阐述。但着眼点不尽一致，对幻象的美学本体含义揭示也不同。进入20世纪以来，西方现代艺术使审美幻象由目的性的呈现转向工具性的，日渐凸显了美学幻象的虚假与无意义。这种情况就如同席勒早就指出的艺术的审美假象本质，“鄙视审美假象，就等于鄙视一切美的艺术，因为美的艺术的本质就是假象”[4]，似乎不合理的一切因其存在都成

[1] ［德］康德：《纯粹理性批判》，蓝公武译，商务印书馆1960年版，第243页。

[2] ［德］康德：《纯粹理性批判》，蓝公武译，商务印书馆1960年版，第246页。

[3] ［英］叶芝：《幻象：生命的阐释》，西蒙译，上海文化出版社2005年版，第245页。

[4] ［德］弗里德里希·席勒：《审美教育书简》，冯至、范大灿译，北京大学出版社1985年版，第139页

其为合理的了。为此，有的艺术家索性便将幻象视为美学的研究对象，如阿多诺就将艺术作品的虚幻性及其幻象视为与艺术作品本身的存在合法性、真实性相对立的东西，他指出，在现代艺术中，真正的艺术越来越被幻象所主宰，使得艺术“作品本身就是审美幻象（当然有别于它们在人们心目中唤起的幻象）。其幻象性围绕着成为整体的要求旋转”，“因为作品的目的性要求无目的的东西，那就是幻象（illusion）。这样，幻象便是目的的必然结果”，“幻象不是形式上的而是实质性的艺术作品的特性”。[1] 在这里，“艺术幻象”似乎成为绝对性的存在，它成了本体，反而是艺术所借以利用的物质材料成了现象，这显然是本末倒置的。因此，阿多诺批判现代艺术利用幻象进行艺术救赎的虚伪性，指出表面上看，“幻象的救赎对于美学来说至关重要……审美幻象意在救赎由导致人工制品或幻象载体的主动精神还原成受精神主宰的物质材料的那些东西”[2]，但实际上幻象本身根本没有力量把艺术作品从被主宰的境遇里拯救出来，即艺术作品在现代的幻象里无法成为其自身。从阿多诺的美学理论看，“幻象”已经获得另外一种审美意义的表述，即它是脱离哲学、伦理、宗教等外在性价值基础的，标志着艺术之独立存在的一个本体概念。这个本体概念对于艺术本身十分重要，但是，在当代社会，它根本无法，又无力从现代文化的历史、哲学、美学场域中挣脱出来，因而，幻象在本质上是一个不可能成立的概念，正像它本身的不真实一样，对艺术幻象的追求，意味着一种现代的荒诞与堕落的确立。

3. 幻象与印度美学本体观

印度文化中“幻象”用“幻相”一词表示，“幻”，梵语称“摩耶”（māyā），指将不可见实体化为可见的幻术；“相”，梵语称“乞尖拏”（lakṣaṇa），意指相状，表示由外而想象于心者，此“外”指宇宙。“幻相”即借助幻术（magic）产生的幻觉想象与感知。印度文化中的“幻相”受到多种宗教文化的影响。黑格尔曾经说过：“印度文化是很发达、很宏大的，但是它的哲学是和它的宗教合一的。”[3] 印度文化中的“幻象”概念也是如此，它虽然与人们的生活经验密切相关，但主要是在印度宗教思维的发展中成熟、完善起来的。

“幻象”与美学本体论的关系，最早要追溯到婆罗门教关于“梵天”和“幻”的哲学思考。佛教学者巫白慧认为，婆罗门教以“梵天”为最高主，具有宇宙本体

[1]　[德]阿多诺：《美学理论》，王柯平译，四川人民出版社1998年版，第181、180、190页。

[2]　[德]阿多诺：《美学理论》，王柯平译，四川人民出版社1998年版，第189—190页。

[3]　[德]黑格尔：《哲学史讲演录》（第一卷），贺麟、王太庆译，商务印书馆2009年版，第145页。

的终极含义。“梵天”与“个我”（梵我）的同一，是“‘梵’在人世间的显现”[1]，“梵天”和“梵我”之间的转化关系，确定了精神与世界形成“幻化”与“幻归”的转化关系。当“梵”成为“个我”的入主之神时，“梵我”与宇宙是等至齐一的，这给人带来无限膨胀的自信。印度美学家帕德玛·苏蒂说：“在印度，审美鉴赏相似于梵天的经验。”[2]黑格尔说：“梵天大体上是一个绝对不可感觉的最高本质，亦称理智。当印度人在虔敬时，他回返到他自己的思想中，精神凝聚，这种纯粹的精神集中的契机名为‘梵’（brahma），（在这种集中里，在这种虔敬地沉浸在自身里，在这种意识的单纯化和无知里，只作为无意识的境界而存在时，）于是他就是‘梵’。”[3]对于梵的审美鉴赏或审美经验，倾向于精神冥想于某一特定对象，在纯粹的精神想象场域中让自我和宇宙凝合同一。在这种状态中，精神的运动被描述为像呼吸使灵魂住体，呼吸终止则灵魂离体，似乎精神与肉体二分，但奥义书哲学的“呼吸”恰是“生命气息”通向宇宙的体现，从而肉体生命与宇宙存在的合一，只是反映着梵我结合的不同境界程度，本质上，所有的生命物体，包括人的生命机体都是梵天本体的幻化形式。对此，有学者认为，“有时梵天一词颇为哲学化、抽象化地被理解为非人格的绝对存在，可是仍然具有生命（因为全宇宙的生命都是从它的身体里面流出，而且被它维持着的）”[4]，这个理解基本正确，生命寂静状态与生命在俗世的修为是生命与梵天相合的不同存在方式。人越是精神上趋近大梵，在本质上就越是幻归本体；反之，越是在世间释放宇宙的生命气息，则梵天本体越是得到充分的幻现。在婆罗门教的美学本体论中，宇宙中心与人类中心被巧妙地合一，反映出宗教信仰与政教统一的特点。但“幻象”作为梵天思想的核心观念，却是真实而生动地表达了审美精神与经验的一个深度概念。

佛教汲取了婆罗门教的梵天本体美学思想，将幻象的幻现与幻归形式，从中道空慧观念给予发展和转化，发展为“真实知”“观相”的经验性认知方式。“法相”是佛教中由“八正道”而来的一个概念，它与对人生幻相的“如实知”既有相通，又有所别。“如实知”乃以人生及一切存在的相状为对象，感其幻变万状，如瀑布流湍，绵绵不断，知其非实，人生受五阴聚焦，生老病死，苦集无常，知此苦患为常，则能淡然对待一切事象。法相乃佛法真知之相状，因佛法为空，故无实相，或实相为空，

[1] 刘建、朱明忠、葛维钧：《印度美学》，中国社会科学出版社 2004 年版，第 126 页。

[2] ［印］帕德玛·苏蒂：《印度美学理论》，欧建平译，中国人民大学出版社 1992 年版，第 26 页。

[3] ［德］黑格尔：《哲学史讲演录》（第一卷），贺麟、王太庆译，商务印书馆 1959 年版，第 136 页。

[4] ［英］渥德尔：《印度佛教史》，王世安译，商务印书馆 1987 年版，第 27 页。

则人生苦谛皆因执所生，以所视幻相为真，没有洞察真相的智慧，从而被烦恼缠绕。这是原始佛教的幻象观，它的基本含义是建立在人生非真实的否定本体论意蕴上的。但从四谛观的结构来看，苦集灭道四谛，前二谛说明对世间的“如实知”，后二谛是对出世间的意志所求。如果在前二谛中，幻相是指一种无常之瀑流，那么，在后二谛中，道有所止，心有所依，幻相可谓幻而不空了。小乘佛教以阿罗汉境界为寂灭之空，而对世间之修为，如主张“以净信心修无上梵行，现法中自身作证，生死已尽，梵行已立，所作已办，不受后有”[1]，是谓以佛法为法相之本体，则空而不空，不空而空，幻象超然于空、不空义，归结为一种人生解脱的最高智慧。

大乘佛教的“幻象”观念，是印度原始宗教的“幻化”思想与原始佛教的中道本体思想结合的产物。大乘佛教本体论，注重般若智慧的神奇修为效果，从而以菩萨为佛性具足的智慧化身，承担弘扬拔苦与乐的慈悲精神。在菩萨道修为里，最高本体无任何确指，因而无相无法，是为幻空的本义；但大乘空性本体，以名言施设为其方便，认为无相无法无得，是为法趣，佛法实相本旨，乃在度他利人，故不执无相，亦不执于法或有所得，而以幻象为方便，极尽演绎，喻说于众生，是为佛法传导由菩萨接引而众生得以觉悟的真蕴。将“幻象”置于空（本体实相），名言（现象、过程），解脱（涅槃）等层面理解，等于把幻象分解在不同的佛法理蕴上给予充分发挥，因而大乘佛教美学的幻象意蕴特别丰富，其所借以形成的美学思想系统也特别丰富，关联度十分广大，可以说，在大乘佛教理论中，处处渗现着幻象概念及其思想，因而，大乘佛教的美学意味十分浓郁，且因幻象与本体的紧密联系而具有十分精致、充分的观念、价值体系。

（三）幻象之美

文艺复兴时期的达·芬奇所作的《蒙娜丽莎》，历来被解读者赞誉，称该画具有世上“最美、最神秘的微笑”，这个赞誉可理解为对《蒙娜丽莎》画像的一种诠释。在美的幻象意义上，“微笑”可以理解为是一种幻象，而此画又不必仅仅产生这一种幻象，从其他方面也能得到对这幅画像的“美感”，那么，幻象因何而美？或者，“幻象”之美的特质为何呢？

首先，幻象是对生命力的流动呈现。世界的一切存在都有其一定的质量，凡是有质量的存在物也必然有其力的呈现。气体的上升，重物的下降，湿润的水使所沾濡者鲜活，干燥的火将物化为无形，物质的力的存在是客观的，也是有生命的存在

[1]　《长阿含经》，载《大正藏》第1册，第104页。

物的基础。有生命的世界，在自然力的基础之上，别具思想、情感和想象之力，它们既可在脑海里独立运行，以自身之观念、影像折射对外部世界的反应，也可以将自身的思想、情感和想象之力借助外部的媒介、条件，转化为外部世界真实存在的生命之力。幻象的存在，正是展现了生命力的流动与呈现。与物质世界的物理的力或其他文化形态如哲学、宗教等的思想、信仰之力不同，能够属于美的宾谓涵摄性对象体的幻象，它并不是单向的或机械性定位的力所发射的呈象，而是其本身的存在就属于生命个体的“感觉和器官”“精神和意志”。当生命欲要有所作为时，便自然而然将自身的生命力释放出来，而释放的形式、过程正是“幻”的流动、变化的过程，释放所呈现的一切正是“象”本身，幻象在本质上是生命力的一种流动性释放，而且唯有在流动中，生命力的幻象才呈现出美轮美奂的色彩。

生命力流动的幻象之美是生命存在体自身美的特质的一种闪光和跃动。从存在论意义上讲，生命力的流动是一种客观的活力。在活动过程中，其幻与否，在自身并没有这种刻意而为的意向，但因其在流动的每一刹那的鲜明生动，都给人以它似在“消逝”之感，而不是像静止的物那样，呈现出静谧、永恒、从容之在，因而人们宁愿相信这是一种“幻象”。于是，从静止与运动的关系，空间与时间的违和，我们不难发现幻象激发美感的特殊机制：幻象是感性生命力以通达无限之境的方式所进行的表达。诗人马拉美在一首题为《天籁》的诗作中，这样写道：

那树丛的奇异天籁，
任何音乐也难以模仿，
如春鸟的娇啼幽啭，
此生再难有幸谛听欣赏，
…………
这呜咽如绵绵细雨汇成的小溪，
沿幽径潺潺流淌！

大自然一切最美妙的景致和声响，在诗里都呈现为一种传达天籁的绝美韵致！对于人而言，具有生机活力或始终追求这种活力的人是美的。马克思说：“富有的人同时就是需要有完整的人的生命表现的人，在这样的人的身上，他自己的实现表现为内在的必然性、表现为需要。”[1]人的生命活力是人的生命存在的本质呈现。一个病入膏肓又厌世弃医的人，美对他而言根本无从谈起，因为生命于他已经没有了

[1] [德]马克思：《1844年经济学哲学手稿》，人民出版社1985年版，第86页。

流动的本质力量；对于身体健康却精神麻木的人而言，他的美因为生命力在主观上被放弃而陷入一种僵止状态，也失去了美的本质的生命力流动。因此重要的是生命力的流动性。然而，在古典的哲学、宗教学和其他形而上学学术形态中，封闭静止的概念模式，规定了自然与现实社会中具体存在物的静止性和有限性。因而，传统思维相信美的形式凝定于静止而恒久的物象、图像中，有限性只属于模糊的、不确定的、处在运动中的影像，只有理想的、绝对的观念是美的。古典美学用封闭的形而上学框定了事物的存在变化，限制了人们关于世界的感受和想象，让美或者成为对感性运动的瞬间截留，如绘画理论中所说的“富有包孕性的片刻”，而将此生命力和蕴涵高度凝聚的极微空间或刹那时间，视为对永恒与绝对的一种相对性占有，“美”成为对理想化之美的一种分享或典型性获取。根据幻象美的宾谓涵摄阐释，运动、变化、不确定等意味着向无限性的某种展开，静止、固定、明确等，意味着存在物有限性的展示，这也是宇宙万物真实存在的情形。虽然，在哲学上，运动与静止、变化与不变化、确定与不确定属于对立的、可辩证理解的关系，但在对美、审美理解，以及美感体验和美学对美的存在与意义的阐释之中，能够确定的或静止的总意味着有一定的界限，能够明确的事物或概念总是受到规定该事物存在本质的界限的限制，就因为我们过于相信自己的感官对存在世界的有限性把握，才将不确定的、发展的、通向无限的美学幻象误判为虚妄的存在。现在让我们真正面对流动的幻象时，表明审美的感受和体验已经超越了对事物个别存在的有限性把握，将它自由地提升到一种通达无限性的幻象迸射的场域，来给予完整的理解和把握，自然所把握的生命力也成为一种活力具足的，充满生命有机性的存在之美，“它所表现的是生命的内核，是生命内部最深的动，是至动而有条理的生命情调”[1]。美的本质不在静止，不在一个永恒的点，而在于生机蓬勃的生命力的流淌中。

其次，幻象在摇曳流动中生成。“幻象”的核心在于涵指一切的“象”，天地山川、鸟木虫鱼等自然实体存在的东西是“象”，情感、意志、想象等依赖于人脑无实体存在的东西也是“象”，但当我们意识到它们的存在时，无论是实体的物象还是虚幻的心象都不可能是幻象，因为意识到的“存在”是一种单一的、静止的状态，只有当我们也进入到“存在”的场域，使存在活生生地呈现于前，具有了与我们的意识相衔接，并延展我们的生命的无限意味时，我们所面对的存在场域的一切才是幻象。这好比一棵枝繁叶茂的大树，它自在自为，常年生长在路边，作为自然的一部分的大树只是一种“存在的象”，人偶尔经过时通过视觉器官搜集到关于这棵大树的信息，

[1] 宗白华：《美学散步》，上海人民出版社 2012 年版，第 119 页。

如果这些信息只单单停留在脑神经的表层，那么大树依然只是“象”，只是客观实体性的“象”转化为信息集束的“象”。这里的“象”尽管也表达自然生命力，但由于在审美场域之外，它的宾词转化不成主词，也不能与大树之外的感性生命力或丰富的生命意涵形成相互涵摄的关系，因而它只是自然的有限生命力的一种象。如果这些象并不仅仅是个别的存在，而且能把个别的树的存在与整体的存在结合起来，把树可以表达的价值信息充分糅合为让人感受到树的繁茂的生命力与存在之美的象，那么，它就映现、折射出更为丰富、广博的生命意涵，这颗大树就因其体现“生命存在”的本质而成为美的幻象。这种由静而动，再由动而静，由客观而主观，再由主观而客观的对象“景象”“景观”和“图像”“形式”的摇曳流动状况，便是幻象具足美的转化机制，并以此超越局部存在的意义，使之与生命的普遍性意涵相关涉的美学幻象。幻象在自身的类存在场域和关联性场域中的摇曳生成，使美的构成得以空前拓展，可以随着时代的发展凝合自然、社会、人文和艺术美的各类意蕴，造就出幻象特具的既体现时代要求，又呈现自在自为的价值目的，使美不断摇曳流动于主体、客体之间，摇曳于实际的社会功利与非功利之间，造就美学蕴涵和感性特质丰富呈现的奇特景观。

再次，人（主体）的观照解读赋予“幻象”以价值基质。幻象的价值内蕴在人的观照解读中被赋予。李白《望庐山瀑布》一诗，眼前景致摇曳流动于奔放不绝之想象，他写“瀑布”同时也是对瀑布的美学阐释，赋予了瀑布以生命力迸射的价值基质。任何一个事物的客观存在，都会有相应的客观呈象存在，除了充分表现其内在的理蕴、情致和韵味外，还必须使其在一定的场域中，实践美的真正价值目的，即实现存在论场域的超越与转换，而这也是幻象摇曳流动的终极境界。在审美中，场域存在于主客关系之间，在美感范畴场域主要限于主体的审美经验和体验，在美的判断中则主要涉及与对象判断相关的事、象、意义等场域，而在美学中场域则与美学的丰富资源密切相关，往往传达特定语境的对话与意义交流。总之，对于幻象的价值，必是人首先从审美中发现的。这种发现固然可以理解为幻象本身就有，不过现在被指明而已，但实际上幻象的存在，是不能够将丰富的价值蕴涵呈现无遗的，它必须辅以美感的体验或美学的诠释，以把它放到更大的存在论场域中来凸现其存在意义，才使其幻象的多侧面美的基质充分绽现出来。

在当代美学中，美的生命力与其内在的价值基质，通过幻象所能传达的，是一种渐渐拓开的场域与幻象基质展开的相应性。从来没有这样一种情况，说一定对象的美的价值蕴涵是自始就给定的；也没有这样一种情况，说一定对象的美的存在意义和价值，就是属于该对象的，亦即美的蕴涵和特质与该对象的特殊存在和呈象相关。表面上看，这似乎很有道理，其实是讲不通的。譬如，谈一个太阳的美的特性，你如何来确定只属于太阳而不属于其他对象的独特价值意义？显然，你无法真正进入太阳，只能从一定角度来观照或阐释它，而这种可能是存在无限性的，就是说可以有千万种可能性对太阳的存在及其意义进行判定，于是最终太阳的价值意义取决于我们观照或阐释它时，将它放入何种场域进行解读。在当代社会，一切审美经验或美的理解，必然产生的一个情形是将对象的关联性与社会和时代的内在需要联结起来。这似乎是一种具有潜在功利目的限制的场域，但美的幻象要从中跳脱出来。例如，20 世纪 80 年代，童庆炳对文学审美特征的强调，就是在政治意识形态的话语场域中凸显文学审美性的特殊存在意义的。同样，关于美的幻象的娱乐价值，也是持这种主张的人竭力从审美场域中突出出来的。可以说，任何一种关乎美、审美、美感和美学的场域，都具有存在性、有限性和对可能性的培植性。说一条河流很美，这河流是从陆地或山地奔涌而来的；说鸟儿在天空很自由，这天空和风以及阳光等都是鸟儿飞翔的场域。当一种介入场域的对象能够自主地进行其生命力的流动，并穿插于特定的场域，甚至是穿插于不同的场域中时，它作为宾词的对象性质其实早已转换为主词性的主体。因而，当其一旦成为美的存在论主体时，它必然能够使自己从场域中升腾、跳脱出来。美的幻象便是在这种场域中质性的凸显或不同场域中质性的变异中得到阐明的。“水中月，镜中花”，皆以外在为所面对而又不以其为实，进而使“月”“花”被烘托出来。这些自然景致的幻象之美，单纯观照的场域可能很单纯，但若是置于社会性蕴涵的复杂场域中，它们就象征非常复杂的意义，进而“月非月”“花非花”了。由于摇曳流动作为幻象生成的一个动态性背景或语境，在一般情况下，对于处于一定场域中的存在论之对象，都不能先行决定其意蕴价值，也不能凭空对其存在的美感基质进行判定，它的存在场域一如它的幻象生成，也是在不确定中逐渐显现出来的。这样，在对美的本体进行判定时，人类历史上以往所提供的任何解答，都是一种美学背景性因素。选择什么，判定什么，在美学阐释者却是可以在建立阐释场域后自主抉择的。说“美是自由的形象”是如此，说“美是本质力量的对象化”也是如此，乃至说“美是情感的图像或形式”也是这样。对美下一个定义，确定一个本体，不过是选择了某一种场域而已，其本身的理论产生过程并不玄奥，包括我们现在说“美是一种幻象”，也是如此，在强调美从变幻、流动的场域中生成其“象”，这便是阐释赋予幻象以美的价值的奥秘。

值得一提的是，当代美学对于美的本质、本体的阐释，有一个普遍的倾向是将美的场域与社会意识形态关联起来。包括前面所述童庆炳对审美意识形态的强调，以及生命美学、后实践美学试图以主体的精神超越从这种语境中跳脱出来，都是这样一种主张。对此，我们的理解是：马克思主义美学在当代的幻象场域，已然不同于资本主义由财富积累而造成拥有资本者和产业劳动者两大对立阶级的时期，也不同于按照政治经济学理论，处于社会底层的劳动者在掌握了生产关系的主导权之后，努力将政治性的权利有效应用于经济和文化，乃至生活领域，从而造成其他场域美学基质的缺失这样一种情形；马克思主义美学的现实主义场域正在进入信息化和技术机制决定社会发展规程的新世纪，这种场域是一种发展中的新场域，对于它而言，由信息化造成的价值理解的互联网渗透和技术带来的规范而统一的秩序流程，对于意识形态的总体权力操控和价值观的平衡性自我把持，都带来非常大的冲击，从而再以意识形态为美、审美、美感乃至美学的总体性场域，已经不是一个可直接确定的价值判断了。在变化的机制与变化的意识形态场域之间，幻象具有更宽广的摇曳流动性，从而催生更多的相似性幻象和变异性幻象，使美的理解，和对审美、美感、美学的价值阐释，也变得不那么容易了。这正如有的学者已经提到的观点，比如“普世价值的利益表达通常会以价值幻象的形式呈现”[1]，这里的“价值幻象”其实是对“意识形态的内在结构中留下的虚幻性与真实性对立运动的印痕”[2]这一矛盾性态的跳脱性表达。再譬如曾繁仁提出生态美学要反对人类中心主义带来的弊端，也是从更宏大的话语建立与狭隘的功利价值场域或审美意识形态相对立的美学立场。学者们思考的角度不一，使得“幻象”的“幻化”意味有浓有淡，有的强烈，有的和缓，但“幻象”使价值由场域中存在进而从中超越跳脱出来，却使一切与旧的场域建立有相似性关联的美学诠解，都在一定程度上暴露了其理论立场和美学的阐释重点。例如，王杰在《审美幻象研究》一书中对“审美幻象”这样下定义，说它是“一种意识形态的情感性话语”[3]，认为“艺术表达形式以及艺术表达的对象和原形，即现实生活关系”[4]，“在现代社会，特别是在当代中国的社会和文化条件下，艺术和审美问题在本质上是一个意识形态问题……现代美学体系的核心概念是审美幻象，它的基础理论内涵不是由个体心理活动所界定的，而是由社会性的、物质性的和符号性的文化活动所界定的。审美幻象问题是一个意识形态问题”[5]。从这段话可以明确

[1] 汤荣光：《普世价值论辩缘起与走向》，中央编译出版社 2013 年版，第 190 页。

[2] 汤荣光：《普世价值论辩缘起与走向》，中央编译出版社 2013 年版，第 190 页。

[3] 王杰：《审美幻象研究：现代美学导论》，北京大学出版社 2012 年版，第 17 页。

[4] 王杰：《审美幻象研究：现代美学导论》，北京大学出版社 2012 年版，第 19 页。

[5] 王杰：《审美幻象研究：现代美学导论》，北京大学出版社 2012 年版，第 16 页。

看出王杰借鉴了伊格尔顿的审美意识形态理论，从马克思主义美学视野对现代性进行了特别的诠释和强调。王杰的美学诠释，从社会的时代场域上讲，也没有大的问题，因为现代性至今仍为我们没有超越的一个总体性场域，但有关信息化和技术化对精神世界和人文创造的机制性支配，一旦进入实际的社会运作流程，就远远不是意识形态权利和话语场域所能限制和解决的，这无疑应该引起我们充分的警觉。

三、幻象美的特征

"幻象"作为美、审美、美感和美学的一种存在性境遇、景观、生命力或价值蕴涵的投射，都可以形成其学术概括，从而，有关幻象的美的存在，尽管它处于幻化的不确定可能性之中，也可以从美学的学术诠释角度做出某种明确的概括，以突出幻象的美的基质、特征的共通性和在不同场域的摇曳流动特性。下面，试就此一问题，从以下方面进行概括性阐释：

（一）非实体性

非实体性，简言之即"虚幻性"，它是幻象的本质特性。世界不同文化类型对幻象的虚幻性都有符合其文化类型特性的描述，总体上，中国、西方和印度文化的幻象是美的幻象最具代表性的类型。

中国美学中幻象的虚幻性、非实体性表现为"呈象非实"，即是说，幻象不具备整体性和实体性，在最早的幻象型态——"卦象"——中就有典型的表征。每一种卦象本身并非一个真实存在的事物，它虽然可以指涉任何实存意义的存在对象，但卦象本身并非实体。"卦象非实"的虚幻性存在，其可以自由与其他事物发生粘连，从而形成一定场域的外在性元素向卦象存在向度的聚合，于是幻象因以形成。那么，既然是非实性的虚幻性存在，何以幻象又能够具有存在的向度？这是因为幻想的虚幻性指其并非实体，却并没有否定其虚幻性的存在性，虚幻性的存在也是一种存在。例如，从一个封闭空间抽出空气使之成为真空，并不意味着该"空"不存在了，只不过它是没有空气存在的空间而已。幻象的虚幻性与真空、虚空的虚幻性还不同，它并非真无，而是指它的存在没有美学性，是一种孤立的、有限的、不能衍生价值意义的存在。譬如，一只苍蝇从空中飞过，它唤不起关于苍蝇的美、审美、美感和美学的感受、联想和诠释，因而苍蝇虽然存在，也等于不存在，因为它不产生美感，不具备价值蕴涵。在千万年如斯、人迹罕至的深山，娇艳的花朵开放在悬崖峭壁上异常美丽，但是，它仅仅是一种自然现象，而不是一个美的幻象。除非有一天，有

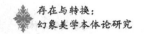

人来到这里赞赏它、解读它，用它来象征各种意涵丰富的事物和现象，或者用其他意涵丰富的事物和现象来比拟它、烘托它，使之成为一个实体场域呈象的存在，这时它才是真正的幻象。正如诗人们所写：

心惆怅，望龙山。
云之际，鸟独还。
悬崖绝壁几千丈，
绿萝袅袅不可攀。
——刘长卿：《望龙山怀道士许法棱》

风雨送春归，
飞雪迎春到。
已是悬崖百丈冰，
犹有花枝俏。
——毛泽东：《卜算子·咏梅》

“幻象”的虚幻性，是非美、非审美、非美学的非实体性，因为不能确定其为美，其存在不具备美的定性。幻象的虚幻性，也是美、审美、美感、美学所指称的虚幻性，其存在具备美的定性，即由存在论场域中的虚幻性征聚合“他者”，转化为与其他意涵相溶融、黏合的非实体性存在。对此，中国古代美学习惯于用悬浮不实，“羚羊挂角，无迹可求”，水月镜花等一类朦胧、似而不似或不似而似的意象、意境来形容，朦胧而难求，缥缈而不确定，这些恍恍惚惚、玄妙莫测的状态，反映了对特定审美对象散发的独到韵味的美感体验和审美意识，并非说美感体验或审美意识所指的那些美的存在、审美对象，都真的是虚幻朦胧，缥缈无踪的，相反，“池塘生春草，园柳变鸣禽”“采菊东篱下，悠然见南山”，都是真真切切的景致，有深厚的美学意涵，并不虚幻缥缈。

在西方，非实体性主要体现为“表象非实”。虚幻性强调的是“表象非实”向非存在之观念实体的衍射。在西方传统美学看来，“象”是表面的、模糊不清的，它对应于感官，因而人们无法摆脱对“象”的感知。那么，在表面的模糊不清与对背后真实的苛求之间，就存在一个“祛幻”的问题。对此，美国当代美学家苏珊·朗格这样指出，“每一事物都有一个方面的外表，以及一个方面的因果价值，即使像一件事或一种可能性这样非感官察觉之物，也似乎是对这个人这样，对那个人那样。这就是事物的‘表象’……如果我们了解到一个‘对象’完全由表象组成，即除了表象之外它无法聚合，无法统一，如彩虹、影子，我们就说它是纯粹虚幻的对象，或者幻象。在这种精确的意义上，一幅画就是一种幻象”，“这里就包含着艺术的‘非真实性’，它甚至给完全真实的物体如罐子、织物、庙宇也染上了非真实的色彩”。[1]苏珊·朗格所说的“虚幻的对象”或“幻象”，与我们所说的静止的、孤立的，不在存在场域中的幻象的含义是相同的。在幻象之外，建立起与宾词可能产生谓词性涵摄的，具有奇异性或他者性的对象则是美的创造者、感受者、体验者或诠释者所具有的美学特质。王尔德所著《道连·格雷的画像》中画家霍尔沃德为道连画像，在画像定格以后画中人物的形象本来应该是确定的，然而艺术家赋予了内在美德对画像呈现的阐释性限定：具有美德的少年青春永葆，光彩照人，美德变恶则沧桑岁月赋予画像以邪恶的外貌变化，皱纹满脸，面目狰狞而恐怖。这说明，幻象的虚幻性、非实体性恰恰是幻象之美学价值对于关联和能为存在性场域所赋予的一种现实可能性。

印度美学对虚幻性的理解，比中西文化更为到位。《金刚经》云，“凡所有相，皆是虚妄”，“一切有为法，如梦幻泡影，如露亦如电，应作如是观”。印度美学的幻象，以“法相非实”表现真如（精神涅槃）的超本体真实。印度著名诗剧《沙恭达罗》表现国王豆扇陀和沙恭达罗的恋爱，是以爱情抵达超越世俗的仙界为终极理想的。感官触遇的虚妄不实，心念执著的虚幻不真，都是让人产生无尽烦恼、遮蔽智慧的根源。因此，印度美学的幻象，以真切而静寂的幻觉体验，来拟状实存世界不可能存在的特殊真实。佛的名号谓为“如来”“真如”皆喻示了空而不空、不真而真的美学境界的真实存在。

关于西方、中国和印度对幻象的非实体性，即虚幻性的不同的差异性理解，我们列简表如下（见表 2-1）：

表 2-1　西方、中国和印度对虚幻性的不同理解

西方	中国	印度
表象非实 （非实体性）	卦象非实 （非整体性 + 非实体性）	法相非实 （超跋之象 + 法为真如）
由表象非实 向非存在之在衍射	由卦象非实 向聚合性幻象衍射	由法象变现 向非实体真如世界衍射

总之，幻象的非实体性是幻象美学性的基本特质。古代美学关于这方面有充分的阐释，证明非实体性是美学真实性的另一种存在方式。当代美学的阐释语境发生了变化，但基本道理是一致的。当人们走进博物馆看到琳琅满目的精美器物和说明

[1]　[美] 苏珊·朗格：《情感与形式》，刘大基等译，中国社会科学出版社 1986 年版，第 60 页。

图片时，一种历史的真实感油然而生。但是，倘若没有将这一切纳入幻象的场域，则器物仍归为器物，图片仍然为图片。一旦将眼前之一切转化为美的存在场域中的幻象，则在器物的背后立刻打开深广的历史隧道，某些气韵生动的人文事件和美学阐释就自己走进来，为博物馆呈现的一切进行契合于相关征象的证明或解说，这时我们说博物馆的器物和图像具有了虚幻性，因为它不再是单纯的器物和图片，它变得玄妙莫测起来，有限与无限，真实与虚妄，细节与整体，形式与显象，一起汇聚为美妙和声的乐响。让人们走出博物馆，用一种美学的幻象的眼光来看所遇到的一切，会产生与感官所见往往颠倒的新异判断，会发现明暗交织投射于每一处空间，过去、现在、未来似乎聚焦于异常清晰的某一个点，当这个点尚未进入感受与体验的刹那之前，它不过是一片虚无。后现代的许多美学家非常别致而到位地描述了类似的感受与体验，它们都属于后现代消解性场域赋予一定存在对象以后现代美学意涵的境况。

（二）超越性

超越性，英语写作“transcendence”，指幻象所具有的一种潜在特质。超越有“胜出”“超出”之意，但美的幻象的超越性并非概念含义上的否定，如善对恶，优秀对低劣，高级对低级，等等，而是在美的趣味、韵味、境界上实现的价值超越。美的幻象的超越性，主要表现在：

1. 精神境界的象征性超越

幻象表现的精神境界，一方面是指事物的美学性意涵的精神本质；另一方面指美、审美、美感和美学的创造者、感受者、体验者、创世者等主体精神的超越境界。在现实生活中，人们面对严酷的事实，实现绝对“忘我”或“无我”的境界并不容易，因为现实性是人的存在性的一种表征。但在审美过程中，对现实存在性的超越，是因幻象本质的存在性实现的，它给予存在性的事物或存在者主体以极大的自由选择天地，让它们在精神世界的构成和存在场域相关涉的事件、场景、氛围和境界里，充分释放精神“无我”的自由感，因而，美的幻象所实现的超越性是一种真正彻底且归属于主体的超越境界。

2. 对客体对象、存在性场域的转换性超越

客体对象都具有存在性，但不一定处于存在性的场域。存在性的场域是美学幻象所特有的一种背景、条件、氛围或资源，美的幻象因其存在性的场域而得以成为

幻象，各种赋予幻象以美的基质、机制与特性的均属于存在论场域的资源。因此，从幻象的生成意义上讲，可以理解为客体对象及其存在性场域孕育了幻象之美。但这是问题的一个方面，反过来看，客体对象具有实体性、非审美性，存在性场域具有对自然、社会、艺术和其他性状的“存在场”的模拟性、复制性、虚构性、话语建构性等特点，这些存在性场域的存在性特质在于幻象的非实体性相聚合时，它们并没有以自身为存在之中心，而是竭尽所能将自身注入到非实体性的“幻象”之中，令其空而不空、虚而不浮，从而凸显出幻象自身的美学蕴涵与境相，这就是幻象对客体对象、存在性场域的美学超越。

从存在性场域对自然、社会、艺术等客体世界的拟仿、复制、虚构和建构，到幻象从这些“第二性”场域中挣脱出来，显示了幻象本身所具有的摇曳流动的生命力，这种生命力也是一种美学活力的转换性。在任何情况下，美的事实与存在，只要具备这种转换性，就能够实现对与其相关的或所面对的存在性场域的超越。

3. 创造性境界的体验化超越

在幻象生成过程中，主体能够体验到各种极致境界。幻象对生命本质的流动性表现，在具体的存在性场域中也是主体生命创造力的一种表达，因此幻象的生成过程也是主体对创造新境界的体验过程。当所体验的创造性境界，达到了主体生命体验的极致时，也往往意味着幻象境界的本质超越。

关于幻象的境界体验，要排除一种误解，即以为幻象的存在是一种心理的幻象，因而对幻象的体验也是心理性行为。诚然，幻象的非实体性肯定与心理的不确定体验相关，但幻象境界的体验并不等于幻象在存在性场域中的境界存在。首先，关于幻象的境界，它包括多个方面，有来自对审美对象的美学化境界的认知体验。王湾之诗《次北固山下》：“客路青山外，行舟绿水前。潮平两岸阔，风正一帆悬。海日生残夜，江春入旧年。乡书何处达？归雁洛阳边。” 这首诗主要抒发了一种思乡之情。北固山下绿水之前停泊的景致，在空间和时间上似乎离故乡越来越远，但在感觉上却依然伫留在故乡，不曾远行；一种难得的乡村记忆在山清水秀、风帆高悬的旅途，像划桨上黏稠的水和星夜下淡淡消逝的忧伤，给人以惆怅不已的体验。正是因为这首诗写出了特殊的存在性境遇，标举出特别浓郁的怀念故乡的美的境界，才让人获得如此特别、深邃而难以忘怀的幻象境界体验。此外，在审美中，对象与审美的距离，或在特定时刻所发生的审美场景，都会带来不一般的幻象体验的境界。而美感原本是从审美境遇中析出的一个概念，但美感主要伫留于主体心中，是美学意涵内化的有效方式，因而自古以来，人们特别重视美感的体验境界，经常拿它来比拟某种人格境界。这说明美感之于主体，可以成为人的人格高度和内涵深度的一种标尺。当人在一定的审美境域中，获得了超越自我的境界体验时，意味着他获得了不可重复的、可以触及生命深层本质的美感体验。最后，关于美学阐释的境界体验，不能认为学术化的，或理论表述性的境界，不属于一种关于美的创造性感受或体验。其实，美学理论所构筑的体系框架，无论在宏观布局还是细节设置上，都熔铸着阐释者对美的特殊体验。概念，从语言形式上说它是抽象的，但当概念、概念群被置入一个美学的存在性场域时，它们就会被激活为美学征象异常鲜明而生动的存在。阐释者未必要将所有这些征象都诉诸于理论话语的记述，但如果能够将所有这些渗入自己的生命深处，则自会在美学的理论诠释中，表达一样抵达生命真境的特殊美感体验。

（三）美悦性

美悦性即幻象带给人的愉悦感。由于幻象的摇曳流动，显示了宾谓涵摄的丰富动态过程，从而幻象的美悦性要远远较一般的美感——审美愉悦——要内涵丰富。幻象的美悦性包括四个方面的愉悦感：第一，是对于美的认知愉悦。它主要属于知性获得的愉悦，康德将此种知性称为悟性，中国没有与之对应的概念，但将知性等同于一般的获取常识之知性显然不妥。倒是“判断力”这个概念形容知性很不错，但我们以为对美的认知并非审美的鉴赏判断力，而是一种从感性对象中超离出来达到知性认定的判断，它与知识的获取有相通的方面，但性质不同，对于美的知性获得，可以使人得到恒久而幸福的感觉。英国美学家鲍桑葵曾指出，审美情感中恒久的、能够与人分享的，而且是非生理性的是属于美感的范畴。这里所说的知性获得的愉悦情感就是这种类型的情感。例如，在茫茫戈壁上看到黑色的砾石铺展到天边，你可能会感觉到生命的窒息，但透过黑色砾石的斑纹及其形状的凹凸不平，又在开阔的视野中呈有规律的起伏延伸，仿佛大海上的波浪一样，你又会感到它们是一种静默的存在。它们的生命力是通过与风雨的剥蚀和灼日的暴晒持久不息的抗争中表现出来的，它们没有被毁灭，就是最好的生命证明。这就是黑色戈壁的生命之美，以感受为基础，形成于知性的分析和判断，最后凝结为一种对对象美的存在与特性的认知把握。第二，是审美当中的愉悦性。关于这一方面的学术积累很多，我们就从略不谈。第三，是美感的愉悦性。美感也从审美而来，因此凡属审美的美悦感，也当为美感所具有。需要关注的其特别之处是，对于幻象的美感在心理经验中可能形成非常特别的印记，因为幻象标志一种特殊的美感实现方式，不是每个人都能够从一般的审美活动当中获得幻象的美感体验的，从而如何造就生成幻象美感的心理形式，也就在一定意义上，代表着幻象美感的愉悦内容的形成。第四，美学阐释带来的愉悦性是一种深层次的美学理性的愉悦。它以学术的方式解放生命，释放生命的缠缚来获得很少深沉的愉悦。在美学阐释的学术理性的开掘中，积淀在生命深处的愉悦感，是人的精神理想、存在现实和生命超越意识得到统一的那种快乐和愉悦！以往的美学理论，承认审美过程带来的美感愉悦，却对美学理论认知及阐述对象所带来的生命解放和美感愉悦，大多不予置评，这是错误的。因为美学终究是一种学问，而学术活动主要还是一种理性活动。理性不同于知性，它具有反省力、判断力、自知力、自觉力和与生命状态契合的智慧能力等质性。如果学术理性能够提升到与生命存在相同的程度，那么，对美学的研究、阐释就能够在学术理性所衍射的场域中充分释放生命理性的自由意志，由此带来的生命愉悦是一种直抵生命本根的愉悦，它对人的存在的价值意义是任何由外在对象的感受、体验所带来的愉悦都不能比拟的，因为它来得更为深沉、博大、持久，彻底让人身心震撼！

无论上述哪一种美悦性，都依托于对幻象的感受、识别、体验和对其价值阐释的场域关联。所有对幻象能做的事情，都要求具备与感受或识别、发现幻象之能力相符的能力。幻象给人带来的美悦绝对是一种非常的愉悦，因此，对于某一特定的对象，如果能够做到用幻象审美的方式把捉它，则意味着该对象被识别为美的幻象，并以一定的符号形式为之表征。这就像画家进入风景地写生一样，他在画板上所记下的一切，都是对风景幻象的一种符号化转述。而通常人们对于幻象的形式，并不容易抽象化为有规律性的标记或记号，这是因为如果简单地以虚幻朦胧为幻象之存在，见模糊则玄测，寻缥缈则臆构，以为幻境神秘，天人相隔，水月两空，一切关于幻象的美的蕴涵都在于是否具有如此之类的镜像，那么这显然是荒谬的！不论对象是否虚玄缥缈，只要是对象，它就具备幻象生成的可能性，而把这个对象从存在性场域中识别出来，知其所有存在的有限性、虚幻性、非实性和所有存在在场域中的无限性、可转换性、真实性，就能够从此对象的转换之中发现“妙似”“似与不似”的幻象真性，进而得到美感的莫大愉悦。而作为对幻象的符号化记述的艺术或学术文本，它们可以在符号媒介所能粘连的广泛学科领域，为幻象美学蕴涵的发现和阐释提供更丰富的场域。在这个时候，凤鸟之鸣，其和于林，从幻象解读所带来的美悦感，可以成为学术研究深层体验的一种交托，在幻象与宗教学、伦理学、政治学、法学、历史学、语言学等学科交流的场域中，使幻象的美学认知获得生命价值感的更大体认。

四、中国美学的幻象逻辑

幻象的美学阐释是幻象之美以学术形态获得的存在。一般对于美的本体论探讨，并不追问美的学术存在方式，但这本来是问中之问的问题，即追问美的本体，不正是一种学术意识吗？对它的解答不正是一种学术性的解答吗？所以，避开美的学术性存在方式，不从美学的存在论角度解决这一问题，美的理解终究是一个漂浮性的疑问，对它的解答也还会是众说纷纭、莫衷一是的。

幻象逻辑作为美学对美的存在论解答，也是对幻象作为美的本体和呈现的解答，在揭示幻象之美的存在论逻辑根基意义上，或许对幻象的学术性解答是对幻象作为美学问题的根本解答。

在逻辑发生学意义上，幻象不仅是中国美学，也是中国文化和中国文化生成的根基和元码。“幻象”在中国古代典籍中出现很晚，大约在宋元以后也只是在书法、绘画等评点文字中才出现，使用的频率也不是很高。那么，这样一个不被经常使用的词语，怎么能够和中国美学、文化具有元发生学意义的联系呢？这是因为一直以来，中国古籍中以单音词为主，故“幻象”有深厚的文化积淀。其中“象”是原始巫文化到农业美学形成期最具有代表性的一种创造符号，“卦象”的诞生则标志着中国美学自觉运用符号逻辑系统的开始。之后“象”概念就成为中国各种文化类型的一个符号基础和思维基础，因此，“象”仿佛一个产生辐射的能量内核，可以成为表征中国美学的核心概念。而“幻”作为动词，与中国古籍中的“化”的涵意内在相通，佛教传入以后，“幻化”形成自然组合，“幻”字与“化”字常通用。因而，用“幻”与“象”组合为词能够表达中国美学的历史衍生与持续绵延的本质。另一个原因是，在西方及印度美学中均有“幻象”的对应词语，它们与中国固有的象思维及“幻化”“幻象”的涵意存在截然不同的美学特征，从而在逻辑上将中国美学的“幻象”思维及其创造方式提炼和概括出来，有助于从更大的学理范围识别中国美学的独特性。在这个意义上，幻象逻辑能够体现对中国美学生成与传承的历史独特性的现代概括，也能够体现现代人文社会科学对中国传统美学及其绵延到当代的独特内涵与意蕴的系统解读。

（一）幻象逻辑作为美学的生产方式

1. 幻象概念与巫性思维

中国美学孕育于原始初民的巫文化。巫文化是以神灵主宰自然并借助神灵实现人与自然沟通的一种文化系统，它的文化根基是非理性的、非逻辑的肉体想象思维。中国人在进入文明以前，经过漫长的旧石器文化的积累，不断地通过巫性神灵这一媒介，让肉体生命在迁徙辗转的命运中逐步接受天地造化的熏陶，形成了原始的以模拟自然物象为主的象思维传统。最古的巫书《山海经》所记《五藏山经》部分，笔法非常朴实，一般是先叙所见何物，然后说明属于何种神灵，或具有怎样的神性。如《南山经》中首先记述了招摇山之位置及山上的草木矿产为“多桂多金玉”，然后便述及自然神灵，“有草焉，其状如韭而青华，其名曰祝馀，食之不饥。有木焉，其状如穀而黑理，其华四照。其名曰迷穀，佩之不迷。有兽焉，其状如禺而白耳，伏行人走，其名曰狌狌，食之善走”[1]。这段文字涉及的自然神灵有草神、木神和兽神，神灵拥有超自然的功力，人食了有神灵的草木或兽类，就具有了神灵所特具的超自然的功能。《五藏山经》的记述方式古朴可信，把自然物象对原始人生命欲望的激发，及通过肉体想象膨胀而生的自然神灵拟象化，并且有一个十分全面且生动的表述。《山海经》的其余部分神灵的神性在生长，自然界草木，尤其是兽类的拟象开始任由肉体想象的组合，并且有了由植物到动物、由动物到植物的“死亡—再生”阐释性象喻系统，这表明巫性思维在旧石器文化后期已经发展到某种极致，它已经能够具体而精致地传达原始初民的生命欲望和本能期待，成为原始人生存的生命活动与思维的真实写照。但是，这种发达的巫性思维是建立在拟象自然的基础上的，它可以成为一种具有价值阐释意义的文化类型，甚至可以成为人类学具有“胚胎期”和“原型意象”含蕴的特殊考察对象，但在美学史意义上，它并没有进入人类精神自觉与独立的时期。巫性思维使原始人缠裹在自然的高压之下，粗放的肉体生命驱动着精神上的感觉和想象，从而纵使生命得到无所节制的释放与投射。所有的自然物都成为巫性主宰的对象和内容，它也仍然没有走出自然，仍然在自然意志被客体化的神灵的控制之下，其奔放、超越的主体想象因为归属于肉体生命的直觉，更多的是懵懂无知的冲动、蛮力、恐惧、迷信和程式化的动物记忆，因而一般将它描述为“史前”时期，即强调了这种原始文化的源始性活力特质。

---

[1] 袁珂：《山海经校注》，上海古籍出版社 1980 年版，第 1 页。

2. 卦象系统的逻辑生成意义

商周时期“卦象”模型的建立，标志着中国美学从原始的自然蒙昧状态中走出，进入以象符号系统自主创造美学的纪元。“卦象”是易学之始。易学家潘雨廷说：“易学的基本文献，必须以《易经十二篇》为主。其间分三部分，（一）十翼，（二）二篇，（三）卦象……十翼的形成可能在春秋末至东汉初，二篇的形成可能在西周至春秋末或及战国中期。二篇的内容尚多记录商代的史迹，然最早存在的《易》是卦象。”[1]他又说：“历代有认为卦象本于数的观点，今已得到证实。其时间在前 11 世纪，与殷墟甲骨的时间相近。且在全国各地此种符号皆有发现，可见以阴阳为基础的‘卦象’，已属于吾国各民族共有的文化。此为今日所得卦象的原始资料。”[2]卦象模型是用表示阴阳（宇宙性质）、奇偶（数字属性）的“⚊”、“⚋”符号组合为象征变化规律的阐释系统。李申在《易图考》一书中认为，宋代易学极其重视卦象，用移花接木手法解释汉代《易传》的“河出图，洛出书，圣人则之”，认为河图、洛书为卦象之源。他指出，汉代的河图、洛书有文有图，与宋人所讲的不是一回事，真正的卦象之源应为《易传》的另一种说法，“是故天生神物，圣人则之；天地变化，圣人效之；天垂象，见吉凶，圣人象之”，此说法亦为清代易学家惠栋所取，概言之，即“《易》象，是圣人据‘天垂象’‘象之’而来”[3]。历代易学、道学对卦象、易图的解释，不论见解上有多大出入，都是卦象逻辑演变的一部分，可以相信，在卦象符号系统形成阴阳八卦乃至六十四卦共三百八十四爻之前，卦象经历了漫长的自然积累：最初用以涵盖天地万物的生命动力本源——阴阳属性，而后涵盖了空间和时间，使方位和天干、地支都纳入其中。这些都属于对自然界万物生成奥妙的一种解释系统，在自然力控制着人的生存的野蛮时代，这种卦象即便是后人寓予太极、动静等意义的太极图，及标明八卦、九畴的河图、洛书，也都不属于中国美学发生意义的卦象系统。只有在卦象符号超离了自然，并以卦爻符号推衍宇宙万物的创生变化，显示人作为美学的创造主体，自觉地以文化符号系统把握人生、宇宙运数的时候，卦象模型才真正具有了美学创造的本质，而也正是在这个意义上，我们说，卦象模型的建立是中国美学发生之始。

转换为卦象系统的象思维，实现了驱逐神灵的美学祛魅，并延续巫性思维的操作性和经验性体悟，把它提升为理性的省思推衍。八卦及六十四卦中的每一爻位，

---

[1] 潘雨廷：《读易提要》，上海古籍出版社 2003 年版，第 3 页。

[2] 潘雨廷：《读易提要》，上海古籍出版社 2003 年版，第 8 页。

[3] 李申：《易图考》，北京大学出版社 2001 年版，第 124 页。

都是美学“生产力”的结构因子，通过爻位的上下照应和次第进位，显示出整体的卦象特征，将高度抽象的数术逻辑隐含其中。在由自然状态进化到美学状态时，中国人将蒙昧状态的原始思维中最具活力的生命想象力保存在了兼具感性与理性的象符号体中，“象”摆脱了对自然物象的直观模拟，但又抽离自然之象用以喻说更复杂的体悟。卦象不同于西方的逻各斯，在语言命名和使用中隐含了知识上对自然对象和人事变化的定位、指代，如希腊神话中的十四位神灵谱系，包孕了天地自然和人事生活的知识分类和形象客体的定位。同时，“卦象”也不同于印度吠陀书与奥义书中的精神玄想，在那种玄想中，生命气息被转化为大梵的“他性”存在，逻辑的本质被指认为肉体生命对宇宙梵天的纯净境界的等至同一，其逻辑构成中隐含的形上理性以消解世事为代价，成为可以不断将生命流向否定现世的异在世界输送的精神构体。而在“卦象”中，自然知识和社会知识都不以自身为逻辑整体的组成部分，八卦及六十四卦中涉及的卦象命名，都不具有语言上与现实直接对应的逻辑关系，它们都是一种“形上”意味的象喻单位，因而每一爻及每一卦象，单纯就其自身而言，尽可隐喻某种人事状态或人体悟的自然之“道”，但它们只能在其卦象所限定的范围内说明相关的意义，超出这个范围的则有别的卦象说明，这表明“卦象”的逻辑是不确定的，仅具范式的预设意义。真正的逻辑本义，欲要陈明的人事奥理都在卦象的错综比对和依据自身的体悟对外界的灵活阐释之中，这样“卦象”就具有了动态的逻辑生成的性质。通过卦象的结构存在、卦象的转换和人对卦象的主观取舍，人们自觉地制造和衍生出他们所需要的东西。在推衍性的生产形式下，中国美学的各种形态被一一推举出来，从极具诗意的天地自然精美图像的截取，到隐喻人事吉凶的顺逆境应对，以及人们内心所推崇的价值理念，都可以在卦象中一一得到表征。卦象成为中国美学的一种根本的生产方式，从它那里出发，美学的价值承载、人与社会的文化调解、生命欲望的物化投射和精神追求的理想建构，都可以形诸美学的历史选择，取得中国美学应有的丰富成果形态。

一方面，因为“卦象”模型的不确定性带来的形上特质，使卦象可以虚含万有，另一方面，也因为卦象毕竟是一个象喻系统，还不是理性具足的逻辑系统，具有可以向理性和知识系统充分延展的阐释可能性，从而卦象具有了自身结构状态的“变幻性”和由卦象向卦象之衍生、阐释系统转换延递的“变通性”“化生性”“幻生性”。从商周时期至今，中国美学在卦象模型的基础上，确定了美学的性质与特色，通过转换为幻象逻辑的生成机制，提升了系统创造的规模与质量。由于卦象模型为幻象逻辑母体，幻象逻辑为卦象模型的衍生性历史展开，从而象思维或幻象逻辑便始终处于中国美学的核心位置，我们确定不疑地认为，幻象逻辑是中国美学乃至中国文明的一种根本生产方式和存在方式。

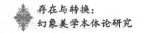

（二）幻象逻辑的美学特性

幻象逻辑的美学特性，由这种系统的逻辑特质所决定。如前所述，幻象逻辑的源始性母体——卦象系统——具有区别于西方逻各斯系统和印度玄思幻想系统的根本特质。这是就幻象作为美学的生成形式的总体方面而言的，就具体而论，幻象逻辑不仅包括美学生成初期的卦象模型，而且也包括后续的诸美学形态与成果，因此，有关幻象逻辑的美学特性，是对总体美学特性概括的一个问题。

1. 美学特性的历史发展

在幻象逻辑确立和发展的过程中，内在的逻辑推演逐步地整合由感性直观提供的新的资源，并不断激发主体的创造理性，使得幻象逻辑的内在机理和运行机制变得越来越强大，越来越呈现出蓬勃旺盛的生命活力。商周至两汉末，由幻象逻辑推演生成汉民族本土的，糅合巫性思维与士人理性思维于一体的宇宙论思维，幻象逻辑的主干是天人合一，融铸自然、社会的生生气韵，阴阳摩荡，激活感兴意志向宇宙大化境界跃升。魏晋南北朝时期，佛教文化与本土玄学化思潮融合，佛学的空性玄思对精神世界的精密而恢弘的创造，被幻象逻辑很好地吸收进来。在心性内化和空观、中观结合的实践方面，幻象逻辑的心象构成被转化为可以吞吐宇宙气象、世事纷纭和日常意趣、工艺创造的主体化精神源泉，喷涌巨大能量，为中国古代美学的繁荣发展奠定了坚定的基础。唐宋之后，幻象逻辑的心象构成偏重于精神意念的整合，高度成熟的逻辑心智在政治、伦理、哲学、艺术和农业、手工业、市民商业的美学设计和经营方面达到了极致；然而由于心象构成的主体设意偏重抽象人格和伦理境界的占位，导致幻象逻辑在感性认知与物化机制的激发上衰弱，从而自南宋以后，幻象逻辑对文化机制的协调功能衰弱，严重遏制了对代表工业美学的先进科学理念和思想资源的吸收。但美学作为一种人化的力量，有其历史精神和物质外化的传统惯性，虽然南宋以后，作为美学内在核心构成的幻象逻辑呈病态化弱势发展，但其所具有的巨大的内化和外化力量，仍然使中国美学延续了固有的推进节奏，明清的历史、文化和士农工商所呈现的势能，证明了这种幻象逻辑的强大生命力。

近代以来，特别是19世纪后半叶至20世纪，中国美学所据以强大和完善自身的幻象逻辑遭遇了西方科学美学的巨大冲击。作为精神、性格、人品等标志幻象逻辑主体内化的东西，在西方美学面前始终不肯退却，但在物化工程和科学、技术的外化推进方面，中国美学陷入了内在机制匮乏的重重危机，以致在相当长的一个时期，中国美学的外化实力急剧落后于西方美学。但幻象逻辑潜在的变通、幻生机制也开始新的酝酿。就在20世纪以来这100多年间，幻象逻辑逐渐地将西方科学美学的思想资源和物化技术，合理地纳入中国美学的发展进程，逐步地在历史的进程中调整、扭转过于偏重人事氛围的主体化硬性机制，适时造势，改造美学心性，终使近30年来的物质美学走上高速发展的通道。及至当下，幻象逻辑在异常复杂的美学系统中始终没有退场，但主体内化的美学机制愈来愈呈现出受制于美学外化势能的趋势，这是我们必须清醒认识到的一个现实问题。

2. 美学特性的总体概括

在历史发展中稳固并强化的幻象逻辑，所呈现的美学特性是逐渐绽现出来的，即是说，中国美学所拥有的一些独特性，或许在它最初生成的卦象系统中便有其萌芽，但作为美学的生成力量，有些在后来得到了强化，有些则在为其固有机制汲取新的资源后，以幻化生成的机制转型拓展了原有的构成，从而，考察幻象逻辑的美学特性，必须兼顾历史发展的后续性生成，这种美学特性总体体现在：

（1）中道经验性。卦象所内含的逻辑是“观变于阴阳”，阴阳各有象类、德性和意义。阳以乾为首卦，阴以坤为首卦，乾与坤的卦象各含刚柔爻变，所谓观象会通者，即从卦象所示择其中道而取者。因此，卦象以“二”“五”为中位，可察卦象之盛德。爻位之进，也依中道而解，凡处低位或高位者，必示以上下中位为其进向或成牵制，从而孤爻无解，刎卦无变，这是卦象象类的中道观义。“卦象”经后人配以卦辞、说传等，对中道深义进行深度发挥。《易传·系辞上》云，“圣人设卦观象，系辞焉而明吉凶，刚柔相推而生变化”，“夫象，圣人有以见天下之赜，而拟诸形容，象其物宜，是故谓之象”。卦象的德行是指某卦的操作所施行的力量或品格。《说卦传》解释说：“昔者，圣人之作易也，幽赞神明而生蓍。参天两地而倚数，观变于阴阳，而立卦；发挥于刚柔，而生爻；和顺于道德，而理于义；穷理尽性，以至于命。”阴阳施行或刚或柔的力量，刚柔相推，便通达德行道义层面，所谓“穷理尽性”，是由卦象所示而感悟为理义方面的德行品格，以体现天下的幽微玄机为其使命。在德行的施行中，错综诸义，以贞正为取，“不言而信，存乎德行”，是大道所归。这个精神，在后续的幻象逻辑生成中得到充分的继承。魏晋南北朝儒道释融合，便基于中观经验而实现。至于唐宋以降中国美学的品格、风范，也是愈来愈重视中道观念。所谓“以礼节情”，是儒家之中道大义；独乎玄冥，游玄而返相归真，以自然真性体现道家的中道追求；至于释家有精妙微义，在中国化的禅宗中发挥得淋漓尽致。因此，中道是卦象系统乃至幻象逻辑最为显明的一个特征。

这种体现于幻象逻辑中的中道蕴涵，一直保持了巫文化"数术"操作的经验性体悟方式，巫术文化在中国美学中始终是"生生之易"的重要源泉。在中国美学几次大的发展期中，均有巫术性质的经验体悟为其奠定坚实的基础，如汉代之谶纬。唐宋之民间宗教，明清之市民社会等，经验性的体悟巩固了幻象逻辑的现实性与操作性，很好地将"形上之道"与"形下之器"，中和于现实化的体悟和操作之中，进而得以内化或外化为美学的丰硕积累。

（2）伦理规范性。中国美学在贫瘠而恶劣的自然条件中生存，在原始宗教由祭拜自然神灵转向祖宗崇拜时，就已经在部落族群里形成严格的伦理规范。"图腾"与"禁忌"的普遍存在，显示了诸部族之间的规范差异及在部落实现统一后，依然保持着对神灵的敬畏，并从言语和行为中具体反映出来。而幻象逻辑作为根本的思维方式，便在人们面对自然和社会问题时毫无保留地凸显出来。如夏族以薏苡、石、熊、鱼、龙等作图腾，便反映了对自然界存在物的广泛直觉，而这些图腾并不是被同等对待的，"其中一个是氏族图腾，其余则是氏族部落或家族、个人图腾"[1]。家族和个人也有图腾，进一步表明通过对自然的巫性观照，个体的欲望、心理也渗透、融合到社会性的规范之中。而商、周、秦、楚等，则更进一步具有原始风范的部落规范，转化为宗族祭祀性的规程，形成了"庠序之教"的礼乐制度，其中礼制包括五礼：吉礼、凶礼、军礼、宾礼和嘉礼。"五礼"是卦象系统或谓之幻象逻辑将主体意志投射到宗祖祭祀规仪的表象，它以制度化的形式被保存下来，衡量这种新制度的最高法度就是伦理价值观念。至于乐制更是如此，古时的乐不像今天的艺术主要满足人们的娱乐功能，当时音乐是与生产活动和日常生活紧密结合的。《周语》载："及籍……王耕一坺，班三之，庶民终于千亩……是时也，王事唯农是务……若是，乃能媚于神而和于民矣，则享祀时至而布施优裕也。"[2]"籍"指行籍田礼，到那天，天子亲自用耒耜翻地，瞽率领乐官吹动律管，考察土气是否中和。而"乐"的作用，正是以律节声，"声"代表自然声气，与土气相通，故能媚神和民。在这个记述中，乐制与农事的结合，表现出王室制度借助音乐向农事的自然渗透，"以音律省土风，以土风和则土气养"，不违天，不违时，成为农事的最高规范。"乐"的功效尤其体现在对人的"乐教"上，《尚书·尧典》曰："夔！命汝典乐，教胄子，直而温，

---

[1] 何星亮：《中国图腾文化》，中国社会科学出版社 1992 年，第 44 页。

[2] 蔡仲德：《中国音乐美学史资料注释》，人民音乐出版社 2007 年，第 4 页。

宽而栗，刚而无虐，简而无傲。”《周礼·大司乐》对乐制的规定更加明确和全面：“以乐德教国子：中、和、祇、庸、孝、友；以乐语教国子：兴、道、讽、诵、言、语；以乐舞教国子：舞《云门大卷》、《大咸》、《大磬》、《大夏》、《大濩》、《大武》；以六律、六同、五声、八音、六舞大合乐，以致鬼神，以和邦国，以谐万民，以安宾客，以说远人，以作动物。”伦理规范通过乐教直达内心，成为幻象思维的逻辑内核。

伦理规范如此广泛而深入的渗透，在世界其他美学中是很少见的，诚然伦理规则在各种美学构成中都有原初性的生成，并且也都在某种意义上经过原始宗教的由多神向一神的膜拜转化，成为普遍的规则，但其他美学并没有将原始的巫性思维很好地保存和发展，在世界最有影响的西方美学、埃及美学和印度美学中，语言与文字的理性化使巫性因素与现实进程剥离开来，逐渐消亡。但在中国，通过卦象系统的有效过渡和幻象逻辑的美学强化，原始巫性思维得到了很好的保留，从而中国美学不仅在其原初的美学生活形态中全面渗透了伦理规范，而且在早期美学的学术形态中也很好地体现了伦理原则。对此，笔者曾在《中国学术的本原范型》一文中给予集中的讨论，认为“伦理性特征作为中国学术的本原范型，是中国美学本质特征的反映”。体现于学术范型中的伦理性特征主要表现在三个方面：其一为“巫与史的融合且互为表里”，其二为“数与术的结合且互为制约”，其三为“情与性的交织且互为牵制”[1]，这三个方面其实就是幻象思维的内在逻辑。在中国美学以后的发展中，这种伦理性特征不断被强化，从政治、哲学、宗教等文化形态到家事、族事、国事，无不以伦理为最高原则，善的观念最受推崇，善的实践被奉为最高的目的，正因此故，幻象逻辑塑造了中华民族忠贞进取、温柔敦厚的民族性格，使中国美学在表达人类的合目的性理想方面，成为世界美学的一种典范。

（3）智慧审美性。幻象逻辑的又一突出特征是智慧性与审美性并存。智慧指主体的心理取向和能量包含了对人的感受、情感、意志和理性等因素的全方位摄取，并通过智慧的方式发挥出创造效应来。“智慧”乃东方美学共有的特征，但印度人的智慧学建立在灵肉分离的基础上，倾向于纯精神的直觉理性化，其衡量智慧的价值尺度主要看精神直觉是否摆脱尘世欲望的束缚，因而这种智慧的逻辑本质是属于理性的，它以制御和否定感性的力量为存在的前提。但在中国的幻象逻辑中，智慧保持与活泼泼的生命本真同在的本质特征，它不仅不主张灵肉分离，而且特别强调用生命感性激发精神能量，特别强调精神品质向崇高的理想境界攀升，在人的终极存在中依然保持生命的本真气韵。中国美学因为有如此真切而完满的智慧性，致使

[1]　赵建军：《中国学术的本原范型》，载《河北学刊》2010年第3期“特稿”。

在它绽现的成果、形态和形式中，都潜在地遵循了幻象创造的智慧呈现逻辑，形成不同路径、不同风格的外化、物化产品。从对象存在的一般性质而言，它们有奇有正，有巨有细，有独有偶，有隐有显，有拙有巧；从对象存在的生成而言，又往往是奇正、巨细、独偶、隐显、拙巧兼具的。于是，以幻象为思维的触点，便可以任意驰骋，情动于山则意满于山，情动于海则意溢于海，幻想与想象的升腾，立足于形态、形式的七十二种风姿之变，慷慨赴刃之际，犹有风云舒卷，瞬间或生回天之响。中流有柱石，沧海驾蛟龙，凡人生、物事及农工兵商艺，无不深藏雕工，镌刻中国美学的奇珍异宝、璀璨人生与对象世界。

显然，这种智慧性的呈现是审美性的或美学化的。审美最核心的特征是在观照中生成身心的解放感与愉悦感。幻象逻辑体现了这一审美的核心要素，并把它们演绎到极致。“卦象”可谓中国人最早创造的审美“魔方”，只是它的呈现结果是不可逆料的，要靠主体意志的积极推演才能获得。卦象思维的深化是幻象逻辑的生成，生成过程中文化阐释的融入将具化状态的思维、操作、技艺赋予了美学化的布局，从而幻象逻辑的审美延伸，一是生活与大千世界的美学对象化实践，从人的品格、风度、神态仪止和言行风格，到日用器皿、生产工具和奇妙物件，都幻化百成地体现着中国美学特有的风采；二是情感、想象、意志等精神状态的美学“编码”和价值蕴涵的美学化精致设计。在这方面，也显示出中国美学的不同凡响。西方美学最初产生时，因缘于巫师的智慧和理智，对语言的逻各斯化，体现了他们将思维和外部的自然，以及人类社会的一切用知识结构统一起来的精妙构想结合起来，但这一步是怎么达到的？主要是通过巫师自立流派，有时不惜根绝一切来往，精研魔术（magic），基于理智对感性世界的抽象操作和人为剥离而实现的，因而西方美学的思维构造和智慧品格是以“形上”的逻各斯范式统御现实感性，原本缺乏生活基础的活泼生机，致使后来西方的美学逻辑愈来愈走向哲学、伦理学等遮蔽之下的片面生成。印度的美学也存在类似情形：早先赞颂自然神的梵歌，就凸显独崇灵魂脱离肉体的所谓“异在生命”的具足完满，当祭师获得制造语言和知识的权力后，他们便绞尽脑汁地设计脱离大众的语言和宗教，使得印度的美学从一开始就仿佛“孩童的身体上支着一个老人的脑袋”，表现出内在逻辑的身心分裂，这严重影响后续美学实践的价值平衡。然而，中国美学的幻象逻辑却不存在这个问题，在由审美转化为美学化的思想设计中，也内在地遵循了幻象逻辑推演生成的轨迹。首先，世俗审美为文人化的审美提供了丰富的现实资源，而学术上美学化的系统思考进一步将审美提升为表达民族美学理想与情趣的内容，那体现并贯穿于现实、伦理、政治和宗教情怀中的价值态度，都是“心象”幻化的产物，因而，即便拿相较而言显得属于“形上”领域的圣人之道、君子德行来说，都其实有其具体的、可以用“心象”把捉的东西，如儒家之“比德”观念，道家之“自然”观念。美学化的价值蕴涵构成幻象逻辑的深层内核，由内而外，逐渐地以幻象衍生的方式造生着系统的美学化的表象形态，这种保持了美学的世俗感性基质，又在美学进程中不断得以升华拓展的审美品格，使中华美学总是犹如奔流的泉水涌动着无尽的魅力。其次，中国幻象逻辑的审美化和美学化，在其“化”的过程中，确实存在有“大化万有”的一面，如宇宙论思维在自然物象的审美化方面，便是以宇宙之气的浑沦恍惚、品物流形、吞吐万方为运程的；玄学思想对人格审美和人生审美的统御，也是以“以本举末”的方式，“尽扫象数”，直取本根的，程朱理学、阳明心学和乾嘉实学对现实审美的规范也不无二致，都将整体观念内含于本体设计中，不免让人感觉心象观念的浮动飘散，但也就在这“化”的过程中，属于审美和美学自身的结构、造型，渐次明晰地凸显出来，挹涓滴如流注，标绝采于奂仑，蔚然形成中国美学的形式大观，在建筑、园林、书法、绘画及工艺及至饮食诸方面，均有精彩的荟萃，完美构筑了中国美学的美学体系。

（三）美学体系的逻辑内核

美学概念是对人类存在与价值选择方式的综合概括。人类存在与地理环境、族群、语言、物质资料和精神资料的占有、生产联系密切，美学所指称的存在，就是对人类生存方式的一个总体认识，它是就与一定的族群和相属的其他条件吻合的因素而言的，因此美学对人类存在的描述是立体的、综合的。至于对价值选择方式的概括，则是就人类平衡其存在态度和立场而言的，以凸显人类自身主体性，体现出主动创造性的生存最具精神能量的迸射价值。目前对于“美学”一词的解释，尚难形成统一说法，但较为达成共识的是都认为美学是比文化更为根本的概念，因而有关美学的逻辑，更深刻地关切到依循该种美学生存与发展的族群。

中国美学与幻象逻辑的关系，不仅因为幻象逻辑为中国美学的根本生产方式，它本源性地创生了中国美学的特性及其物化呈现，而且也因为中国美学逻辑更进一层的逻辑本质，也是由幻象逻辑的性质所规定的。中国语言的“美学”一词源自古词语“文”与“明”的同义或动态组合，《说文解字》释，“𠘨，错画也，象交文。凡文之属皆从文”“𡕘，古文从日”。段玉裁注“文”：“黄帝之史仓颉，见鸟兽蹄远之迹，知分理之可相别异也，初造书契。依类象形，故谓之文。”由拟象自然而及人为“卦象”系统，正是“象”思维的初始性质，幻象逻辑延伸并拓展了这种本质。

而“美学”一词的组合，恰内在地反映了“象”的错综映辉，借象发射生命力量的蕴含，因而中国语言的“美学”一词，所指称的主要是人类积极主动地实现和创生的生存及其物质的与精神的成果。这个蕴意与学界在文化更高层面上理解的“美学”本意是吻合的，但具体到美学的内在逻辑，则有的表述多语焉不详，或有明确就美学的逻辑特性下定义的。如陈炎先生认为，美学“指人类借助科学、技术等手段来改造客观世界，通过法律、道德等制度来协调群体关系，借助宗教、艺术等形式来调节自身情感，从而最大限度地满足基本需要、实现全面发展所达到的程度”，“所谓‘文化’，是指人在改造客观世界、在协调群体关系、在调节自身情感的过程中所表现出来的时代特征、地域风格和民族样式”，并且认为“美学是一元的，是以人类基本需求和全面发展的满足程度为共同尺度的；文化是多元的，是以不同民族、不同地域、不同时代的不同条件为依据的”。[1]我们认为“美学”与“文化”并非一般与特殊的关系，而且从人类的存在方式与平衡价值选择态度而言，是不可能存在绝对的普适的全球性一元化美学标准的，美学唯其依托于族群和共同的地缘条件、语言和心理等，才有美学的冲突与融合可言。而文化显然是“美学”规限下的具体存在形态，同一美学态势下可以有不同的文化实践方式和价值选择态度。文化无优劣之分，它是生存状况与现时价值的呈现，而美学不仅要涉及总体的关乎类的存在的态度与生产方式，而且关乎这种存在与选择的价值权衡的水准，因而美学确实是有超越自然的程度和生存的主体自觉程度如何、美学成果的享受感如何等的高低优劣的区别的。就中西方美学的比较而言，确实存在美学逻辑特性的文化、文明价值归属问题。陈炎先生指明文明价值规范下文化的区域性、民族性和时代性特征。这样的概括在逻辑上可谓别具深意。但我们注意的是，美学与文化是互相涵摄的，这种互涵性渗透于美学所依托的差异化情势，并通过审美情感实现对差异化情势超越的幻象逻辑本质。

幻象逻辑的“错画”“象交”“推衍”“映射”，决定了其美学内核是“多元构成的集合”。“多元”指美学生成的条件和构成元素。从恍惚之象，到凝定形式之象，象的思维和创造的流程体现为复杂性的综合性完成，从来都不是一元的。在幻象逻辑的胚胎——“卦象”系统中，“奇”“偶”的关系演变所表征的动静、进退、刚柔等性质，都以“象”的形式绽现出来。从而，每一种“象”，都具有自身的位态，但同时又是综合体的一个构成元素，幻象逻辑的本体和终极似乎有某种重合，但又永远都不在同一平面上，从而赋予了卦象推演的可能性以通达无限的价值平衡性假

[1] 陈炎：《“美学”与“文化”》，载《学术月刊》2002年第2期。

定，即是说，幻象的“生生之韵”便构成美学之果的现实效应。

（四）对世界美学的冲击和影响

多元基质纳入幻象逻辑的系统生成，是中国美学的独特发展本质。在创造实践中绽现出来的本质，总是不断扩张和强化自身的逻辑内核，久之便形成具有自身特色的“美学圈”。自古而今，这个“美学圈”不断在扩大，以至中国美学的逻辑基质的构成愈来愈复杂多元。先是远古旧石器文化时期，北方炎黄族在部族迁徙中实现合并，在自然方位和相关知识中有了象思维的确定。到新石器文化时期，拟象思维向符号化美学转化，中原与南方九黎族展开“战争”，经过这次美学战争，中国美学的“龙”图腾异常地辉煌起来，不仅实现了巩固自身生存的地域、语言、习俗与物产的“杂糅并举”，产生“万国美学”的整合态势，而且游山历海，致远通方，建立起周边世界的形象谱系。《山海经》所记“流沙”“赤水”“黑水”“弱水”“炎火之山”这些地名，有人认为是中国古人的足迹踏遍世界的证明，对此尚无充分证据，姑且作为猜测，但《海外经》里提到了“结匈国”“羽民国”“贯匈国”“一臂国”“长臂国”“深目国”“大人国”“君子国”“青丘国”“黑齿国”“玄股国”“毛民国”，谈到神的形象也是异域风格的“组合”，如“人面鸟身，珥两青蛇”的禺强、“视为昼，瞑为夜，吹为冬，呼为夏，不饮，不食，不息，息为风。身长千里”的钟山之神烛阴，还有很多形象怪异的图腾神，真实传达了初民对异域人种的感受，标志着“象”思维对周边国家怪异人形的形象缀合，而本土则形成“九州”概念，显示了中国美学诞生初期强大的疆域。商周至两汉，“卦象”系统拓展为幻象逻辑的美学生成，本土的美学特性愈趋显著。两汉至唐宋时期，幻象逻辑对东亚美学圈形成强烈冲击，大约在800年时间里，将西域和天竺的佛教文化吸收为本土美学资源，致使印度本土的美学复归婆罗门教统，而原来繁荣于印度北部和尼泊尔、缅甸等的佛教美学，其美学的精髓——佛教文化以汉传和藏传的脉系输入转移到中国内地。本来，印度美学由继承原始宗教的外道佛教奠定新的纪元，也讲究构成基质的多元性，只是多元因缘的“生”与“灭”都归结为“空”，与中国人的主“生”存在根本差别，在佛教文化本土化之后，中国美学也开始讲“空”讲“幻”，幻象逻辑的生成机制又有了新的推进。也是在这个时期，中国美学对东亚美学圈的朝鲜、日本等国，形成几乎是颠覆性的冲击。朝鲜完全被中国的儒家文化所征服，日本则依托于中国建立起自己的美学体系，其建立的方式也充分吸收了幻象逻辑的实质内容，如日本的净土宗对唐代善导在《观无量寿佛经疏》中记述的“二河白道图”，就特别从图像解读上有深入的体悟，而中国本土则一直保持着文字的幻象体悟。日本人的礼仪也来自中国，他们对悲情与死亡的欣赏体验似乎与中国美学形成区隔，但抛开这些，日本几乎找不到它的美学本源，表明中国幻象逻辑的璀璨绚丽足以使他们在某些方面，结合其特殊的地理、物候形成自己的美学特色。

幻象逻辑对世界其他地区的美学的冲击和影响，是一个复杂的问题。西方13世纪以后进入工业美学阶段，16世纪以来陆续有传教士进入中国。西方美学试图征服中国美学，他们采取的征服途径主要是文化征服和武力征服。前一方面并不成功，据《利马窦中国札记》的研究者考论，“传教事业始终发展不大，最后几近于全盘失败；他们在归化中国人的精神方面并没有获得多少成就。这一点从费赖之为耶稣会立传的467人之中华人仅占70人这一事实就可以看出来”[1]。但是在武力征服方面，西方美学在近代100多年间显示了优于中国美学的强大优势。那么，是中国美学的什么地方出了问题，以致在同一横向时间段上，中国人的精神状态、物质力量等均无法抵抗西方列国的侵扰？难道仅仅是因为列强结盟合围所致吗？显然有这方面的原因，但不是主要的，最根本的在于西方美学的逻各斯传统在发展到科技工业美学阶段，产生了总体美学非同以往的突变。这种突变彻底改变了西方人的存在方式和价值思维态度，就仿佛金庸的小说中武林大侠突然悟得秘笈，功力百倍于前，发口气就能摧毁一切似的，西方人在拥有坚船利炮之后，向仍然停滞在农业美学阶段的中国发动攻势，自然其势如鼎，非弱力所能支。日本人及早发现了这个问题，摒弃中国儒家道统，向西而学新法，也趁着在西方向东方、向中国大行攫取之时，侵略中国。至于俄罗斯趁火打劫掠夺大量土地资源，也与此有内在联系。这迫使我们必须从近现代美学发展的背景重新审视中国美学发展的内在逻辑。

严格地说，作为一种美学的根本生产方式，首先是幻象逻辑有其优势，也存在不足。这种优势主要体现在三个方面：一是它在结构的筹划上，更具有宏观性和灵动性；二是它更适于发挥人的主体意志和能量，更具有主观性和直觉性；三是它的智慧运作，对于非物质劳动及其美学生产，可以有超强的效果。但是它的不足在于所摄取的象因素，意味着结构性“点位”的萃取精华，在逐个的“点位”不够精致时，必然影响整个幻象逻辑的施行质量，而其中对于物质对象进行知觉分析和提升到科学高度进行客观认识，恰是幻象逻辑须筑好的基础，而在古代农业美学机制下，由于过分依赖于主体的人为设计和力量，对于科学的客观分析，明显地是被忽略了，或被置于次要的位置了。其次是幻象逻辑的整合性思维，并不排斥其他的思维方式，

[1] ［意］利马窦、［比］金尼阁：《利马窦中国札记》，中华书局1983年版，第23页。

如从单一的本体出发的逻辑分析，在工业美学和当今的知识化和信息化美学时代，幻象逻辑尤其需要把其他逻辑思维的优势结合为自身的有机构成，以使幻象逻辑产生适合于当今美学发展态势的跨越式突变效应。在中国农业美学背景下，由于自身美学圈已然形成强大的壁垒，已经形成的美学进展也过度催发了主体自信，未能够对其他美学有充分的正视和了解，才导致中国美学在近现代呈现出“落后挨打”的局面。

这种状况一旦被意识到了，就必然会发生急剧的变革。自20世纪以来，中国美学开始学习西方，输入科学技术和西方的人文社会科学，经过大约100年的不无矫枉过正的努力，目前中国的科学技术和用于管理和刺激社会美学赶上世界强国的“工具理性”，可谓有了惊人的进展。目前我们在物质美学方面已经赶上先行进入工业美学和后工业美学的国家，在社会政治意识、价值观念和生活态度方面，也与世界接轨，采用了同样的科学标准衡量GDP总值和环境、效益的美学生态平衡。但不可否认的是，幻象逻辑也开始日渐远离我们的生存基础和价值评判，在美学创造的方式上，我们越来越依赖于目标化的、竞争性的、科学量化的策略和手段。结果是，国家开始富起来，人民的生活开始有了根本的改善，但更高的、更深层的一些问题还需要调动更有效的资源来解决。这些存在的问题涉及的面是如此之广，包括政治、经济、文化、宗教、法律和生活态度、人文心理等，单纯依赖西方的科学化思维和基于逻各斯传统形成的意识形态和价值策略，根本不能解决这些问题，各种现实美学的发展状况表明，当前中国美学亟需弘扬幻象逻辑的优势，将其内在的优势用于调度和平衡全球化态势下输入的其他美学策略，以便可以使中国在继续巩固和发挥自身美学独特性方面，获得更加恢弘的发展。

在这个意义上，幻象逻辑对世界美学圈的冲击和影响，不但是过程性的，也是终极性的。因为从美学发展的机制上讲，现今没有任何一个地区、国家的美学具备中国美学的整合传统和潜在优势。这也就意味着没有任何一个国家和地区可以和中国美学将传统的幻象逻辑纳入现代轨迹相抗衡。西方人或许很早就意识到这个问题，所以20世纪中后叶以来，不断有西方的思想家提出用中国美学拯救西方美学的问题，西方的后现代思想家在解构“形而上”的理性独断和逻辑中心论，试图在打碎了西方美学的现实神话的同时，也开始瞩目东方，尤其是中国的美学，希望用中国的美学衔接、锔补西方美学的碎片，这些都属于西方学术建构的重要话题。那么，我们有理由说，中国美学的独特性，通过以幻象逻辑统一的创造性整合生成，可以对世界美学的未来产生更大的影响，在继续发扬幻象逻辑的美学优势的同时，我们需要保持清醒的是，必须更有效地使纳入幻象逻辑的一切细节更加完备，如此才能使幻象逻辑成为当代美学最有效、最能保持与传统美学相衔接且催生新变的力量。

（五）幻象逻辑的未来延伸

维特根斯坦曾经说过，“逻辑充满着世界，世界的界限也就是逻辑的界限”，“逻辑涉及每一种可能性，而一切可能性都是逻辑的事实”。[1] 中国美学的幻象逻辑也是具有无限可能性的逻辑内核。幻象逻辑对于中国传统美学的发展可谓起到了根本的作用，是其历史的生产与存在方式。在当代条件下，对幻象的理解与传统幻象逻辑对当今美学幻象所起的作用，也发生着很大的改变，在这种情况下，如何使幻象逻辑从传统延伸到当下，再由当下延伸到未来就成为当代美学不得不面对的重要问题。

1. 审美心理的逻辑改变需求

有一种观点认为，人类从古到今在物质生活方面发生了天翻地覆的变化，但是人类的心理变化则发展相对缓慢，古人思考的基本问题及其对待情感的处理方式，与当今人类基本上没有大的差别。这种观点在极其抽象的心理内容方面，似乎也没有错，如当代人和古代人都会产生爱与恨，恐惧与焦虑，但只要稍微涉及细微的心理，这种观点就无法站住脚了，主要原因是古今人类的观念、心理都已经产生了本质上的变化，这种变化不仅影响了他们具体的心理内容和心理方式，而且也改变了他们对待传统上绵延已久的心理内容和心理方式的接受方式。

幻象逻辑显然不是一种简单的心理方式，它是中国古代处理客观世界和主观世界的复杂信息，而用以表现主体情志愿求的一种美学化智慧处理方式。幻象逻辑摄取感性因素和理性因素的功能都是十分强大的，因而依照幻象逻辑生成和建立起来的美学形态和美学体系的存在性场域也是十分强大的。我们甚至可以做一个假设性的推理，但凡有存在性的事物或逻辑，只要被中国美学的幻象逻辑扫描到自己的思维格局里，则最终肯定会被中国文化与美学的体系、机制所消化。中国文明、文化的同化力之所以那么强，与幻象逻辑的超强吸摄力是分不开的。当然，在同化异质文化的过程中，幻象逻辑也摒弃或遗漏不少不为自己所需，却对原有文化构成来说可能是很重要的内容，可是这还是不能改变中国美学借助幻象逻辑增益自身的结构机体，以使之系统庞大、组织细化和学理上更为周致完善。

这时我们要思考的一个突出问题是，当代美学对于幻象逻辑在审美心理上当从什么方面产生具有逻辑基础意义的改变。如前面我们在分析传统幻象逻辑的美学特

[1] ［奥］路德维希·维特根斯坦：《逻辑哲学论》，贺绍甲译，商务印书馆1996年版，第14、26页。

性时，曾指出它存在对“象”的点位摄取不够精密的问题，这是原有逻辑的问题，当幻象逻辑延伸到当代美学之后，它要解决的核心问题是什么，是否还能够成为当代美学的逻辑核心？

幻象的审美心理与美学上对这种心理逻辑的概括是不同的，当代美学的幻象逻辑与传统美学的幻象逻辑最大的区别是，那种基于主体情志摄取的思维所表现的乌托邦理想和主观随意性，在当代要被客观性的真实存在所取代，这样，当代美学幻象逻辑欲要克服的非审美实体性与传统幻象逻辑要克服的非审美主观性便形成鲜明区别。例如，屈原的《离骚》用美人香草比喻美德，对这些物类的取象是十分随意的，它所存在的问题是并不在于是否真实的刻绘了这些物类的表征、特性，而在于其精神意象有相当一部分内容是属于政治学和伦理学的表达范畴，从而依照幻象逻辑解读此诗，就必须把这些非审美的伦理学、政治学内容，从其忧国伤民、抱志未酬、情思缠绕百转和浓郁的浪漫想象中辨识出来，让它们在审美的意象中转化、凝结为个人情志的美感体验，这是幻象逻辑给予这首诗的美学提炼。但这种情况在当代审美境遇中往往变得不大可能，一是客体对象比古代更为繁杂、密集和类别化，二是人们的审美心理通常情况下不是那么稳定、集中和单纯，人们更多地受到市场化、信息化的观念干扰，个体的审美心理容易陷入各种外在或自身暗示的氛围当中，也造成对“象”特征捕捉的干扰。因此，当代美学审美心理的逻辑改变必须综合这种审美现实，在幻象审美的心理衍射上具有更大的涵括力，并有效建构适于中国美学未来发展的幻象审美心理逻辑，使之具有更强的现实指导性和理论生命力。

2. 美学形态的幻象逻辑衍生

幻象逻辑的美学形态是现代美学幻象的衍生形态，由于是美学形态，它与幻象审美的形态应有明显的分界。一般说来，幻象的美学形态应该包括两个方面，一是幻象美学范畴，二是幻象美学学科形态。

幻象美学范畴是幻象逻辑契入幻象的核心构成所形成的美学概括。在我们对幻象界定的范围内，应该都有若干体现幻象美学特质的重要范畴，体现幻象的基础观念。譬如在美的判断、幻象审美、美感体验和美学的学科拓展方面，都可以提炼出既有当代性又有中国美学特质的系列范畴。但是，一方面，构筑并完成关于幻象所有系列的美学范畴，须就其每一方面都进行系统深入的研究，而这在幻象这一基础范畴的幻象逻辑之内，并不属于当下应该或能解决的问题；另一方面，应该回避那样一种范畴的建构模式，即以为提炼出若干核心范畴，便成立了关于该学科的基本形成，于是一种属于美学核心的幻象美学就成立了。就幻象美学所涉的对象及其涵摄的思维特点和学科趋向而言，我们并不认为幻象美学就属于这样一种学科核心的学科。倘若如此，则优美、崇高、悲剧、喜剧等为一般美学所探讨的范畴，就应当首先是幻象美学应该研究的对象，在第三章，我们将讨论的范畴对象主要是从中国美学传统资源的梳理出发，对那些最具有幻象美学特征的范畴进行分析和阐述，虽然具有这种特征的范畴数量非常多，但选取有代表性的若干范畴，还是可以窥见中国的幻象美学范畴的学理特质和理论风貌。而由传统到当代的幻象美学范畴，应该在幻象逻辑的衍生与推进中，逐渐地发现并阐释出来，这涉及幻象逻辑美学形态的第二个方面内容，即幻象逻辑的美学学科形态的建设问题。

就幻象美学学科形态的建设而言，当指幻象逻辑体现于一定的学科理论建设而对美学学理的推进与拓展。及至目前而言，关于美学的学科形态，虽然在跨学科研究思路的推动下，也形成了涉及各个对象领域的学科形态，但在美学核心逻辑的把握方面，通常仍作为哲学性质的学科形态来对待，似乎有一个处于圆心位置的美学原理，它能够在各种学科对象领域里应用其基本原理，从而形成关乎各个领域的美学学科形态。这种看法是错误的。首先，并不存在真正可以成为各学科核心的美学原理。如果确定具有某种关于美学的原理，那么，它一定不属于美学的核心构成本身，而是存在于美学学科之外，即解决美学学科核心原理问题的逻辑基础，不是美学学科本身所固有的，否则我们就不用总是对美学的原理探究不止了，只因核心问题解决的逻辑是从外在逻辑引入或启导下解决的，从而才推动了美学逻辑的不断深化和拓展。其次，也并不存在美学学科形态布局的由总而分态势。我们相信存在美学的存在性总体地域，是因为在一定意义上，美学的学科原理打破学科界限，进入某种似乎混杂却能综合考量的情况，但这不等于说就存在着某种可以居于美学学科核心位置的原理性学科。此外，按照“百科全书”性的分类，认为存在着相应的与不同知识类型相契合的学科形态，也是不妥的。诚然，我们相信美学随着时代的发展，不会固步自封，在美学的学科发展中会逐渐涉及不同的学科内容对象，从而把有关自然科学、社会科学领域的对象内容也作为美学探讨的对象，但这并不等于说就顺其自然地可成立“百科林立”的美学学科多门类，并把这种依知识对象类型而简单划分的美学类别，当作美学现代化的“多元本体”的呈现形态，这样理解显然也是十分荒谬的。

在美学学科形态的理解上，幻象逻辑并不追求与学科对象的知识特性或内容类别的契合，而是把外在征象的涵摄作为当代转变的新特征。合理的建设趋向是，幻象逻辑的当代美学学科形态，更重视与各种美学“主义”的学科融合。我们反对那种认为一谈主义就离开了实际，离开了对象，进而斥之为玄虚，斥之为发射“地对空”导弹、毫无实际应用价值等偏见和论调，现在的问题是谈论实际过多，抓住对象不放，而这个对象又是毫无美学意义的对象，对它们进行所谓的操作性美学设计，使关乎应用的美学如雨后杂草一般蓬蓬茸茸，这是非常可怕的一种境况。科学的量化思维和注重实际功利的应用意识，在日常生活、工作甚至政府、企业的管理工作，人的行为和人格教育，创新工作的美学设计等方面，被十分庸俗、低能和人格低下的膨胀所笼罩，使当代美学日渐趋向简单工序应用化、浅薄情境娱乐化、快餐设计抄袭化、审美情趣恶俗化的不堪局面，面对如此境况，竟然在政府、教育行业、生产领域还是不乏高调地强调应用意识，鼓励美学的生活化和日常化的声音，这是十分危险的！美学的发展离不开“思想”“主义”的深层创新，只有产生了多种多样的与中国当代社会和人文发展现实相适应的“价值”“主义”，当代美学的幻象逻辑才能够真正深入到所谓的“百科全书”式的学科形态领域。在本书中，我们将尝试探讨后儒学美学幻象的学科原理，当然这仅仅是可以探讨的“价值”或“主义”之一种，目前我们可以用于美学幻象宾谓涵摄的有价值的“主义”性质的学理资源不是太多，而是太少，这反过来证明幻象逻辑可开发的学科形态具有十分广阔的诱人前景。

第三章　中国幻象审美范畴

在“美是幻象”的逻辑命题基础上讨论幻象审美范畴，属于美学幻象理论基础中的基础问题。“范畴”一词，希腊文写作κατηγορια，英文为category，含义均为类型、种类、部门。在汉语中，“范”有模型、模子之意，引申为规范、范围；畴为田亩，指已耕作、管理的土地。《礼记·月令》曰：“田畴……谓耕熟而其田有疆界者。”因此，“范畴”本意为有规则、有规矩的范围，是有限制、有归类之物。当人类对事物的本质达到一定的认识高度之后才会产生范畴，范畴是对人们已成型的思维形态和认识形态的语言描述，体现了事物的内在本质和属性，美学范畴体现人们对美学的深入认识，是对美学理论的尝试概括。幻象审美范畴是幻象作为美的本质，体现于审美情境与形态中的美学意涵。

以中西印三种文明作为学科背景考察幻象美学理论，要着重把握的是以中国古典美学为基准，糅合西方及印度美学关于幻象的阐释逻辑，而对中国美学资源中具有民族美学特质对象的幻象审美范畴进行认知、分析。在总体特性上，中国古代审美以浑融如一的宇宙观为哲学基础，整体性、主观性、圆融性是中国美学鲜明的个性。这种个性反映了道家和佛教思想的历史交融，道家的“生于有无之间”的“道”作为宇宙本体，给万物以整一而气韵活泼的自在本体。同时，道家和佛教都强调内化于心、外感于自然的审美状态，在主体对象化中达到审美的终极理想，以至气韵、虚实等审美范畴无不包含整体、圆融的哲学理念。更进一层说，中国古代美学非常注重追求和谐的审美直觉经验，强调直觉经验的审美系统性及其与各种人文、学术思想的交融。西方现代美学也有胡塞尔、海德格尔等提出“直觉”“直观”“澄明”等美学主张，“但由于西方逻各斯传统的限制，西方思想家所表达的直觉观念主要体现为与理性相对立的经验系统”[1]，并非真正的审美直觉。因此，中国古代美学中的审美范畴大多呈现出直觉感性与深度理性互相渗透的特点。基于这样的总体理解，我们将从历史和逻辑两个角度来阐明意象、兴味、即、妙悟和境界这五个审美范畴的美学意涵。

第一节 意　　象

胡适先生在《先秦名学史》中说，“‘意象’是古代圣人设想并且试图用各种活动、器物和制度来表现理想的形式”[2]，“是事物和制度的‘形相因’……看到大雨从天上落下，就想到普及博施这个意象”。意象，作为一个美学范畴一般是指主观情志和外在物境的结合，审美主体必须以主观情意去感受外物，借助特有的思维和想象将外物摄取成为具有主观情感和客观形态的形象，我们所说的艺术作品形象也就是创作主体脑中“审美意象”的物化表现。这一范畴的内涵也是随着美学思想史的发展而具有自身的历史性，由最初的单音词“意”“象”分别表达两种事物，到后来的双音词“意象”表达这两者之间的关联性含义，“意象”范畴就在理论逻辑中逐步发展丰富。

一、“意象”范畴的美学阐释

（一）“窥意象而运斤”

刘勰在《文心雕龙·神思》中说：“然后使元解之宰，寻声律而定墨；独照之匠，窥意象而运斤：此盖驭文之首术，谋篇之大端。”意思是说深得文章大道之人，也要依据声律来规范语言表达，按照心中的形象来创作文章，这可以称得上是“我国美学史上首先将‘意’与‘象’合成‘意象’一词，开创了审美‘意象’说”[3]。刘勰的审美意象说基于其整体的文艺美学思想体系，以“神思”为创作文章之关键。创作中要很好地体现出“文思”的“神韵”，就必须把握住“意象”。在这里，刘勰所谓的“意象”指能够传达出心中之“思”并契合所写之物的“神”的艺术形象。“意”不是单纯的心中之思，“象”也不是纯然的眼见之物，两者在创作者的审美

[1] 赵建军：《知识论与价值论美学》，苏州大学出版社 2003 年版，第 13 页。

[2] 胡适：《先秦名学史》，安徽教育出版社 2006 年版，第 49 页。

[3] 胡雪冈：《意象范畴的流变》，百花洲文艺出版社 2002 年版，第 66 页。

思维中达到相融互渗。刘勰追求心中之意与外物之象结合的审美意象观，与他关于“虚静”的审美心胸论，主张“情变所孕”的审美情感论和强调“刻镂声律”的审美表达论等形成有机的文艺创作理论系统，这几个方面也是“意象”论最关键的环节。

刘勰的意象论并不是凭空设想的，而是在充分继承前人的理论基础上，结合所处时代的文艺现状所做的创造性发挥：

1.《周易》“卦象”美学智慧的体现

唐代易学家孔颖达在《周易正义》中说：“凡易者象也，以物象而明人事，若《诗》之比喻也。”作为远古中国人文明智慧结晶的《周易》是用符号拟象的方式阐明万物的深刻理蕴的，所谓“八卦成列，象在其中矣”，就突出了“象”在卦象思维中的作用。《周易》关于“卦象”的美学智慧，首先体现在对“象”的认识上。《易传·系辞上》曰，“圣人有以见天下之赜，而拟诸其形容，象其物宜，是故谓之象”，“是故易者，象也，象也者，像也”，“在天成象，在地成形，变化见矣”，在这里，象中拟物，可传达“天下之赜”。“象”既是文本中的卦象符号，也是象征万物之不可捉摸的微妙理蕴的“呈象”，这些阐述都对“象”概念发展为美学范畴“意象”做出了重要的阐发。其次，《周易》还提出“立象以尽意”的著名命题，将“意”与“象”的关系明确地强调出来，所谓“圣人立象以尽意，设卦以尽情伪，系辞焉以尽其言”，说的就是“象”可以充分传达隐幽的“意”，“卦象”可以充分地模拟并不能真实触碰、感知的情思，对“象”进行诠释的系辞可以充分表达的见解，让这些见解伫存在语言里。因此，我们“固然不能将《周易》的爻象、卦象等同于艺术审美意象，然而在艺术审美意象中却深蕴着易象的文化基因”[1]，《周易》关于“象”与“意”的命题不仅是其审美意象论的重要思想来源，同时也是整个中国美学史关于审美意象论的重要来源。

2.先秦诸子关于“意”和“象”的思考

《周易》之后，先秦诸子中的道家学派对“意象”做出了有贡献的讨论，自然，他们的观点也在很大程度上影响了刘勰的审美意象论。道家创始人老子以“道”为本体，深入讨论了“象”与“道”的关系，“道之为物，惟恍惟惚。惚兮恍兮，其中有象；恍兮惚兮，其中有物”（《老子·二十一章》），“是谓无状之状，无物之象，是谓恍惚”（《老子·十四章》），此处之“象”，词面上指“物象”，实际上指“道象”。“道象”呈现似有似无的状态，它不再是单纯的物之表象或符号

[1] 王振复：《周易的美学智慧》，湖南出版社1991年版，第178页。

性拟状之象，而是本体的显现，这对于审美意象的“象”的内涵就有了根本性的推进。此外，老子还提出“大音希声”“大象无形”等著名论题，这些论题后来成为中国古典美学非常重要的思想命题，其把范畴内蕴作为“意象”根本的审美追求，并要求达到“象”的缥缈无形与内心情思的无限绵远的深度统一。

老子的继承者庄子，对“意象”之“象”调动主观想象，突出诠释其“意”的内涵，他说，“语之所贵者意也，意有所随。意之所随者，不可以言传也”（《庄子·天道》），“荃者所以在鱼，得鱼而忘荃；蹄者所以在兔，得兔而忘蹄；言者所以在意，得意而忘言”（《庄子·外物》）。“庄子关于‘意’的论说，从重‘意’方面与‘意象’论的形成具有渊源关系，并直接影响了魏晋玄学的一个重要论题‘言意之辨’。”[1]在庄子的哲学体系中，人的主观能动性一直是受到重视的，面对变化万千的物象世界，人的思想纵然也许能够随心遨游、随物所思，但心中之意要想通过语言表达出来却是困难的，所以“言”与“意”之间存在着得此失彼的矛盾。

在先秦诸子的其他派别中，也有一些关于意象的重要论说，比如法家，《韩非子·解老》中有“人希见生象也，而得死象之骨，案其图以想其生也，故诸人之所以意想者皆谓之‘象’也”的论说；儒家的《乐记》中有《乐象篇》，主张“乐者，心之动也。声者，乐之象也……君子动其本，乐其象，然后治其饰，是故先鼓以警戒，三步以见方，再始以著往，复乱以饬归”，不仅说明了音乐中情感与“乐之象”的辩证关系，而且扩展了艺术意象论仅限于文学的局面，使审美意象走出文论，走向乐论。

3. 魏晋玄学的“言意之辩”

东汉时期，“意象”一词首次作为复合词使用，王充的《论衡·乱龙篇》中说“礼贵意象”，这个“意象”并不是一个审美概念。魏晋时期，玄学的“言意之辨”对使意象论有了实质性的发展。汤用彤先生称“言意之辨”为“玄学家所发现之新眼光新方法”[2]，这在玄学家王弼的“得意忘言”命题中有十分精到的表述。他说：“夫象也，出意者也；言者，明象者也。尽意莫若象，尽象莫若言。言生于象，故可寻言以观象；象生于意，故可寻象以观意。意以象尽，象以言著，故言者所以明象，得象而忘言；象者所以存意，得意而忘象。”[3]王弼在这段话里，强调玄远的“意”

[1]　胡雪冈：《意象范畴的流变》，百花洲文艺出版社2002年版，第16页。

[2]　汤用彤：《魏晋玄学论稿》，汤一介等导读，上海古籍出版社2001年版，第24页。

[3]　（魏）王弼，（晋）韩康伯注，（唐）孔颖达疏，陆德明音义：《周易注疏》，上海古籍出版社1989年版，第311页。

为哲学本体、宇宙本体，其解释完全不同于前人，特别是改造了庄子关于言意关系的说法，。在王弼的命题里，“言”“象”无法等同于本体的“意”，然而，它们却是本体呈现或者澄明的环节或工具，“言”“象”是有限的，但在合理的契机中它们可以通达“意”的无限。王弼的“言意”思想作为魏晋时期玄学美学的代表性思想，对其后南北朝时期的文学、艺术和美学思想产生重大影响。“魏晋南北朝文学理论之重要问题实以‘得意忘言’为基础。言象为意之代表，而非意之本身，故不能以言象为意；然言象虽非意之本身，而尽意莫若象，故言象不可废；而‘得意’（宇宙之本体，自然之造化）须忘言忘象，以求‘弦外之音’、‘言外之意’。”[1]，刘勰《文心雕龙》形成追求象内之形与象外之意（心内之意）相结合的审美意象观，与王弼的“意象”理论也具有非常内在的联系。

（二）意象的超越性

“意象欲出，造化已奇”是唐代文艺理论家司空图在《二十四诗品》中提出的主张，它代表了继魏晋南北朝之后意象论在唐宋时期（特别是在唐代）的含义新变，也是“意象”这一美学范畴在唐宋时期的发展体现。司空图《二十四诗品·缜密》全品为：“是有真迹，如不可知。意象欲出，造化已奇。水流花开，清露未晞。要路愈远，幽行为迟。语不欲犯，思不欲痴。犹春于绿，明月雪时。”[2]这一品主要是强调诗歌的构思创作，既要体现出作者深思熟虑的思维结构，同时又应当让这种思维结构隐含于字词与内蕴的表达关系之中，即“缜现而密隐”[3]。所谓的“意象欲出，造化已奇”，有学者解释说：“有意斯有象，意不可知，象则可知，当意象欲出未出之际，笔端已有造化。”[4]这一说法较为贴切地阐释了原文的意思，即“意象”指的是创作主体完成艺术创作之前，就已经在心中形成的与对象相关的形象概念，犹如“胸中之竹”。很显然，作为范畴的“意象”在这里与之前的“意”作为本体、作为“象”所显现的本体，或“意”与“象”作为统一而不可分的形态，在美学蕴含的表达上已经大不相同，它突出地体现在如下三个方面：

---

[1] 汤用彤：《魏晋玄学论稿》，汤一介等导读，上海古籍出版社 2001 年版，第 209 页。

[2] （唐）司空图：《司空表圣诗文集笺校》，祖保泉、陶礼天笺校，安徽大学出版社 2002 年版，第 166 页。

[3] （清）孙联奎、杨廷芝：《司空图〈诗品〉解说二种》，孙昌熙、刘淦校点，齐鲁书社 1980 年版，第 107 页。

[4] （清）孙联奎、杨廷芝：《司空图〈诗品〉解说二种》，孙昌熙、刘淦校点，齐鲁书社 1980 年版，第 31 页。

1.“意象”不仅是创作论范畴，同时也是审美鉴赏的风格论范畴

在唐以前的美学思想中，“意象”更多地是作为艺术创作论的范畴，而到了唐以后，“意象”已经成为创作和鉴赏兼备的审美范畴。唐代繁盛的诗歌艺术潮流和杰出成就为诗歌鉴赏理论的发展提供了很好的契机，诗歌艺术的鼎盛不仅要求诗人和理论家们从创作的角度总结，同时更需要从鉴赏的角度分析。司空图所作的《诗品》从其书目名称来看，本身就是对诗歌的一种品评（亦即审美鉴赏），在这之中虽然也包含了本体论、创作论的思想，但根本上还是风格论的思想。关于诗歌的品格分析，唐宋时期出现了众多的以“诗格”“诗品”“诗式”等为题的著作，可见在这一时期诗歌风格的品评达到了一个高潮。在这些著作中，涉及到诗歌意象论的也不在少数。比如王昌龄在《诗格》中说，“久用精思，未契意象。力疲智竭，放安神思。心偶照境，率然而生”，“诗有天然物色，以五彩比之而不及。由是言之，假物不如真象，假色不如天然”，[1]意在表明诗歌之自然浑真的风格美，他还举了谢灵运的诗句“池塘生春草，园柳变鸣禽”来具体说明这种风格；皎然在《诗议》中也说：“语近而意远，情浮于语，偶象则发，不以力制，故皆合于语，而生自然。”[2]因此可知，意象范畴在这一时期的审美内蕴，包含了诗歌的自然醇美之风格。

2.熔铸了儒释道三家思想的美学结晶

唐代是一个社会开放、激情昂扬的盛世王朝，多元的文化融合促进了这一时期艺术形式和艺术风格的多样化，同时也影响着艺术理论的建构。意象论在这一时期的典型发展特征也表现为进一步熔铸了儒释道三家的思想，特别是吸收了逐渐适应中国国情的佛教思想，这种范畴特征也一直延续到宋代。意象范畴内蕴中的道家自然无为思想和儒家内外和谐的思想在前面已多有涉及，这里不再赘述，只重点强调这一时期对佛教思想的吸收。

佛教自汉魏时期传入中国，到唐代时已经流传发展了几百年，在保留了原有宗教理念的基础上，更多表现出中国本土化的倾向，唐宋时期出现的禅宗就是最好的证明。而佛教思想的这种本土融合的性质，使它能够为许多中国美学范畴注入新鲜的思想血液。“意象”范畴即是如此。佛教的基本思想精神凝结在“解脱”观中，即认为世俗世界的存在本质是“苦”，众生只有断灭世俗诸苦，让精神从苦厄轮回中解脱出来，达到“涅槃”才是美的。在佛教宗派林立的隋唐时期，大乘解脱思想

---

[1]　张伯伟：《全唐五代诗格汇考》，江苏古籍出版社2002年版，第173、166页。

[2]　张伯伟：《全唐五代诗格汇考》，江苏古籍出版社2002年版，第203页。

被中国人普遍接受，不仅成为中国哲学文化的重要部分，也使中国美学更加注重生命的自由和超越。就“意象”而言，受到佛教唯识学的“八识”意识分析理论，以及禅宗“不立文字、直指人心”思想的渗透，在唐代发展出追求“象外之象”的美学超越精神，司空图的《与极浦书》中说“‘诗家之景，如蓝田日暖，良玉生烟，可望而不可置于眉睫之前也’。象外之象，景外之景，岂容易可谈哉”[1]，《诗品》中说“超以象外，得其环中”（雄浑），“真力弥满，万象在旁”（豪放），“不着一字，尽得风流”（含蓄），[2]说的都是审美创造和审美鉴赏中超脱于有形的事物形象和有限的语言表达，追求无形、无限的生命之流和心之领悟，达到“以全美为工，即知味外之旨矣”[3]的超越境界。

3. 表达诗情与诗理的核心

“诗缘情”是中国美学的重要主张，主体情感是所有艺术作品最富生命力的要素所在，但在唐宋时期，诗歌中情与理的融合逐渐成为趋势，并且这种融合乃是以艺术“意象”为核心。唐代崔融的《唐朝新定诗格》中即有“诗歌十体”之“情理体”：“情理体者，谓抒情以入理者是。诗曰：‘游禽暮知返，行人独未归。’又云：‘四邻不相识，自然成掩扉。’”[4]王昌龄的《诗格》中也有所谓“景入理势”：“景入理势者，诗一向言意，则不清及无味；一向言景，亦无味。事须景与意相兼始好。凡景语入理语，皆须相惬，当收意紧，不可正言。景语势收之，便论理语，无相管摄。”[5]贾岛在《二南密旨》中说：“诗有三格，一曰情，二曰意，三曰事……耿介曰情。外感于中而形于言，动天地，感鬼神，无出于情……意格二。取诗中之意，不形于物象。”[6]他们都在强调品格高的诗歌不仅需要有细腻感人的情，也要有合乎情意的事理，即借助于形象又“不形于物象”的情理表达才是高手之作。这种情与理融合的艺术表达的核心就在于“意象”的创造，因为意象作为融主体之意（泛指情、理在内的主体思想）与物象之形于一体的概念，正契合了情理交融的诗歌美学要求。

[1] （唐）司空图：《司空表圣诗文集笺校》，祖保泉、陶礼天笺校，安徽大学出版社 2002 年版，第 215 页。

[2] （唐）司空图：《司空表圣诗文集笺校》，祖保泉、陶礼天笺校，安徽大学出版社 2002 年版，第 162、166、165 页。

[3] （唐）司空图：《司空表圣诗文集笺校》，祖保泉，陶礼天笺校，安徽大学出版社 2002 年版，第 194 页。

[4] 张伯伟：《全唐五代诗格汇考》，江苏古籍出版社 2002 年版，第 130 页。

[5] 张伯伟：《全唐五代诗格汇考》，江苏古籍出版社 2002 年版，第 158 页。

[6] 张伯伟：《全唐五代诗格汇考》，江苏古籍出版社 2002 年版，第 376—377 页。

情理统一意象之表现的诗歌审美追求自唐代达到自觉，至宋元而大为兴盛，其中，意象中之情与理或偏重于一方，如宋代就发展有“义理”之诗。“从宋诗发展的角度看，哲理化和以禅喻诗是宋诗的两大特征”[1]，这意味着魏晋隋唐以来的诗歌情采和翩翩风貌在宋代理学兴盛的大背景下有了转折，诗歌或文学作品中“理”的加强，也意味着作者主观小我的感情减少，寄托于普遍大道的义理增加，比如欧阳修所推崇的“文以载道”思想就是典型代表。宋初理学家中首先由周敦颐在《通书·文辞》中明确提出“文所有载道也”的思想，其后的苏轼、欧阳修进一步指出“我所谓文，必与道俱”[2]，共同主张文学艺术要以体现思想大道为内容，或言忧国忧民之志，或言人生世事之哲理，总之以理入文是宋代文学最显著的特征之一。但同时，作为宋代文学瑰宝的宋词却充分体现出抒情的特性，因此在许多理学家强调阐发义理而主张诗歌哲理化的同时，也有更多的文学家从审美角度强调诗歌的情理合一。严羽的《沧浪诗话·诗辨》对这一点说得非常清楚：

> 夫诗有别材，非关书也；诗有别趣，非关理也。而古人未尝不读书，不穷理。所谓不涉理路、不落言筌者，上也。诗者，吟咏情性也。盛唐诸人惟在兴趣，羚羊挂角，无迹可求，故其妙处莹彻玲珑，不可凑泊，如空中之音，相中之色，水中之月，镜中之象，言有尽而意无穷。[3]

严羽在这里就是主张诗歌（艺术）应当以“言有尽而意无穷”的玲珑意象将主体感性的情感一面与深刻的理蕴层面完美结合，看似仅是抒情其实暗含理路，即使是抒情也是与描写紧密贴合，毫无刻意为之的痕迹可寻。因此，无论是宋诗宋文的义理之道还是宋词的靡情之路，都离不开艺术“意象”的关键作用，具有生动形象性和深刻理念性的艺术意象，总是能够将情与理的美在艺术作品中表达得淋漓尽致。

（三）虚实相通之意象

明代“前七子”之一的文学家王廷相，在《与郭价夫学士论诗书》中提出“夫诗贵意象透莹，不喜事实黏着”[4]一说，更加明确了“意象”作为一个复合词范畴的美学意蕴，并且概括出意象“以实显虚”的重要范畴特征，这一提法可以说代表了明清时期“意象”趋于成熟的审美范畴理论体系。紧接着，王廷相进一步以“水中

[1]　张文利：《理禅融会与宋诗研究》，中国社会科学出版社 2004 年版，第 107 页。

[2]　（宋）苏轼：《祭欧阳文忠公夫人文（颍州）》述欧阳修语，载《苏轼文集·卷六三》，中华书局 1968 年版。

[3]　（宋）严羽：《沧浪诗话校释》，郭绍虞校释，人民文学出版社 1961 年版，第 26 页。

[4]　（明）王廷相：《王廷相集》（2），王孝鱼点校，中华书局 1989 年版，第 502 页。

之月，镜中之影，可以目睹，难以实求是也”来说明“意象透莹”的美感特征，并以《诗经》和《离骚》为具体例子，说道：“《三百篇》比兴杂出，意在辞表；《离骚》引喻借论，不露本情……斯皆包韫本根，标显色相，鸿才之妙拟，哲匠之冥造也。”[1]无论是诗之兴还是骚之喻，都在于“包韫本根，标显色相”，也就是以有实体形象的事物（色相）来包含创作者所根本想要表达的无形之情怀（本根）。因此，王廷相认为“言征实而寡余味也，情直致而难动物也。故示以意象，使人思而咀之，感而契之，邈哉深矣，此诗之大致也”[2]，在诗歌中使用虚实结合、耐人寻味的审美意象，是其艺术魅力得以彰显的关键。

明清时期是中国各类古典艺术的繁荣和总结阶段，不仅出现了为数众多的艺术创作者，同时也出现了许多自成体系的理论家，他们都在各自的体系中对审美意象有所论及，此处无法一一说明。概而言之，这一时期的审美意象论有两大显著发展特征：第一，在继续探讨“意”与“象”之间的关系基础上广泛使用“意象”这一复合词，并阐明其以实写虚、情景结合的美学特征；第二，审美意象论更全面地运用于诗文、书法、绘画、戏曲等各种艺术门类的创作理论和鉴赏理论中。关于第一个特点，明代的胡应麟在《诗薮》中明确提出“古诗之妙，专求意象”[3]，确立了诗歌意象的重要美学地位；何景明在《与李空同论诗书》中说，“夫意象应曰合，意象乖曰离，是故乾坤之卦，体天地之撰，意象尽矣”[4]，将意象的契合与疏离看成能否尽意的关键；王世贞进一步将“合离”思想解释为“故法合者，必穷力而自运；法离者，必凝神而并归。合而离，离而合，有悟存焉”[5]。意象的运用必须在意与象的合融中更加追求其作为一个整体的“法合”，以达到“工出意表，意寓法外”[6]的艺术神境。清代的王夫之则提出“以意为主”，“意在象外”的审美意象观，即所谓“无论诗歌与长行文字，俱以意为主。意犹帅也。无帅之兵，谓之乌合”[7]，并且他以这样的审美意象观进行诗歌评选，故而有“意抱渊永”的曹操之《碣石篇》（《古诗评选》），有“意起笔起，意止笔止”的杜审言之《和晋陵陆丞早春游望》（《唐诗评选》），有“一意不乱，亦不穷尽”的袁宏道之《紫骝马》（《明诗评选》）……

[1] （明）王廷相：《王廷相集》（2），王孝鱼点校，中华书局1989年版，第502页。

[2] （明）王廷相：《王廷相集》（2），王孝鱼点校，中华书局1989年版，第503页。

[3] （明）胡应麟：《诗薮·古体》，中华书局1962年版，第1页。

[4] （明）何景明：《何大复集》，李淑毅等编校，中州古籍出版社1989年版，第575页。

[5] （明）王世贞：《艺苑卮言校注》，罗仲鼎校注，齐鲁书社1992年版，第41页。

[6] （明）王世贞：《艺苑卮言校注》，罗仲鼎校注，齐鲁书社1992年版，第90页。

[7] （清）王夫之：《姜斋诗话笺注》，戴鸿森笺注，人民文学出版社1981年版，第44页。

关于上面所说的第二个特点，我们可以认为是意象范畴发展到成熟阶段的必然趋势，同时也是中国古典艺术百花齐放时期艺术理论发展的必然趋势。虽然在诗文之外的其他艺术理论中涉及“意象”并不是从明清时期才开始，比如唐代的张怀瓘在《法书要录》中就有关于书法意象的著名论说，“灵变无常，务于飞动……探彼意象，如此规模。忽若电飞，或疑星坠，气势生乎流变，精魄出于锋芒”[1]，但是明清时期无疑是审美意象在更深入、更广泛的层面上被论及的发展时期，这与作为中国古典艺术的总结期的社会文化大背景息息相关。比如清代艺术理论的集大成之作——刘熙载的《艺概》中就分多种艺术门类论述，并且在诗文之外的《书概》《词曲概》和《画概》中都涉及意象论，“《说文》解‘词’字曰：‘意内而言外也’。徐锴《通论》曰：‘音内而言外，在音之内，在言之外也。’故知词也者，言有尽而音意无穷也”，“圣人作易，立象以尽意。意，先天，书之本也；象，后天，书之用也”，“画之意象变化，不可胜穷，约之，不出神、能、逸、妙四品而已”。[2] 由此可知，意象论发展到这一时期已经成为中国美学重要的范畴理论之一，涉及范围之广、意蕴层面之多都属空前，为这之前的古典意象理论做了总结，同时也启发了之后中国美学的审美意象论。

（四）美在意象

“美在意象”是中国当代美学家叶朗提出的美学主张，他不仅将“意象”作为一个审美范畴，而且将它作为美之本体以及美学体系的核心。这里以这一代表性观点作为审美意象论在现当代发展情况的概言，具体内容在其他章节有所涉及，此处简要论之。在叶朗教授看来，审美意象以其情景交融的美学特征概括了美是一种“灿烂的感性”的本质特征，并且强调了美不是静态的既成而是动态的生成，一个发展着的、完整的充满意蕴的感性世界便是所谓“美的世界”。此外，现代美学家朱光潜和宗白华也在自己的美学体系中突出了审美意象的重要性：朱光潜先生认为“美感的世界纯粹是意象世界”[3]，“凡是文艺都是根据现实世界而铸成另一超现实的意象世界”[4]；宗白华先生认为“中国画是一种建筑的形线美、音乐的节奏美、舞蹈的姿态美。其要素不在机械地写实，而在创作意象”[5]，融“笔墨之气势和胸中之逸气”于一体的“意象”是构成中国艺术魅力的关键所在。

---

[1]　华东师范大学古籍整理研究室：《历代书法论文选》，上海书画出版社1981年版，第210—211页。

[2]　（清）刘熙载：《艺概笺注》，王气中笺注，贵州人民出版社1980年版，第306、328、437页。

[3]　朱光潜：《朱光潜美学文集》（第1卷），上海文艺出版社1982年版，第446页。

[4]　朱光潜：《朱光潜美学文集》（第2卷），上海文艺出版社1982年版，第243页。

[5]　宗白华：《论中西画法的渊源于基础》，载《艺境》，北京大学出版社1987年版，第111页。

发展到现当代以后的审美意象论在吸收中国古典美学思想精华的基础上，也融合了西方美学中关于“意象”的一些思想，比如宗白华的艺术意象论，就是在充分分析了西方文艺美学关于艺术形象之“模仿自然”和“形式美”两大重要问题之后，与中国艺术的本质及特点进行对比而得出的理论。他认为“‘模仿自然’及‘形式美’系占据西洋美学思想发展之中心的二大中心问题”，“西洋文化的主要基础在希腊……以‘和谐、秩序、比例、平衡’为美的最高标准与理想，几乎是一班希腊哲学家与艺术家共同的论调，而这些也是希腊艺术美的特殊征象”，[1] 而与西方不同，中国艺术文化“可以说是根基于中国民族的基本哲学，即《易经》的宇宙观：阴阳二气化生万物，万物皆禀天地之气以生”，所以“运用笔法墨气以外取物的骨相神态，内表人格心灵”[2] 表现“生命的节奏”是中国艺术的美学特征。此外，康德关于审美意象的论述，即“我所说的审美的意象是指想象力所形成的一种形象显现，它能引人想到很多东西，却又不可能由任何明确的思想或概念把它充分表达出来，因此也没有语言能完全适合它，把它变成可以理解的”[3]，鲍桑葵的“审美表象”说（“所谓对象，是指通过感受或想象而呈现在我们面前的表象。凡是不能呈现为表象的东西，对审美态度来说是无用的”[4]），以及克罗齐的“意象整体”论（“直觉当然产生意象，但并不是由回忆先前的意象而得来的一大堆支离破碎的意象，并不是随心所欲的方式把一个意象同另一个意象结合在一起……杂多的意象将要找到它们共同的中心并融汇成一个综合的意象整体”[5]）等西方美学中关于意象的理论都对中国当代美学的意象论产生了重大影响，也是我们今天建构幻象美学理论体系可以借鉴吸收的重要资源。

二、融情取象的幻象美

在梳理了审美意象论在中国美学史上的范畴发展轨迹之后，我们再对意象进一步进行美学幻象的逻辑分析。审美意象，突出地表现在艺术领域。艺术作品中的“意象”体现出幻象美学的逻辑特征，从摄物取象到情思超然于物外，不仅是幻象美学理论的基础理念，同时也显现出幻象美学的本体论特征。

---

[1] 宗白华：《论中西画法的渊源于基础》，载《艺境》，北京大学出版社 1987 年版，第 114、115 页。

[2] 宗白华：《论中西画法的渊源于基础》，载《艺境》，北京大学出版社 1987 年版，第 118、117 页。

[3] 朱光潜：《西方美学史》（下卷），人民文学出版社 1964 年版，第 51 页。

[4] [英] 鲍桑葵：《美学三讲》，周煦良译，人民文学出版社 1965 年版，第 6 页。

[5] [意] 克罗齐：《美学原理 美学纲要》，朱光潜等译，外国文学出版社 1983 年版，第 222 页。

（一）摄物取象

所谓“摄物取象”是就审美意象的生成而言的，即审美意象是通过摄取“物”的某些性质而成为有形象的、可以用语言符号传达的审美经验形态的。这个“物”既包括我们感官器官直接感触到的有形实体，同时也包括感觉所不能察知的超现实的虚构的事物。审美意象的生成就在于从思想逻辑的层面，将对象性的物取其某一契合当下心境的性质或特征，构成为主体化的“象”，当这种“象”用艺术语言表达出来，就成了艺术形象。比如诗歌中的“月”意象，就是诗人摄取了实际存在着的星球——月亮的一些特点而放入诗境中，成为表现整首诗意蕴和余味的审美意象。李白的“举杯邀明月，对影成三人”（《月下独酌》），苏轼的“缺月挂疏桐，漏断人初静”（《卜算子·缺月挂疏桐》），宗白华的“今夜明月的流光，映在我的心花上”（《流云小诗·东海滨》）都在诗歌中使用了“月”的意象，但却分别取了月亮单一、形状残缺和光亮璀璨三个不同的特点而构成三个不同的“意象”。诗歌中的另一意象——“魂”则是摄取无形无声的虚构之物，《说文解字》中曰：“魂，阳气也”，《左传·昭公七年》中记有：“人生始化为魄，既生魄，阳曰魂”，“魂”是人们根据云、气等自然实存之物的形象虚构出来，以解释人死后身体和精神的归依的事物，诗人在自己的审美创造中摄取“魂”这一虚幻之物，化为有形象的（相对于思想来说）诗歌意象，便成为了诗歌的审美意象。唐代有“诗鬼”之称的李贺写到这样一些意象，“楚魂寻梦风飔然，晓风飞雨生苔钱”（《巫山高》），“思牵今夜肠应直，雨冷香魂吊书客”（《秋来》），“古壁生凝尘，羁魂梦中语”（《伤心行》），“我有迷魂招不得，雄鸡一声天下白”（《致酒行》），[1]将物象摄取引入到阴森、凄冷而不失恐怖的境界。

（二）情思超然于物外

这一点前面也论过，这里重在从“审美”角度谈其作为“意象”的根本逻辑特征。融情于景，写无形之情思于有形之物象中，并且情意与象是在生命力量的流动中交融幻化的关系。刘勰所谓“流连万象之际，沉吟视听之区。写气图貌，既随物以宛转；属采附声，亦与心而徘徊”（物色篇），陆时雍所谓“古人善于言情，转意象于虚圆之中，故觉其味之长而言之美也”[2]，王夫之所谓“情景虽有在心在物之分，而景

[1]（唐）李贺：《李贺诗集译注》，徐传武译注，山东教育出版社1992年版，第362、74、147、177页。

[2]（明）陆时雍：《诗镜总论》，载丁福保编：《历代诗话续编》，中华书局1983年版，第1403页。

生情，情生景，哀乐之触，荣悴之迎，互藏其宅”[1]，说的都是审美意象这种情思与具象相交融的特点。在这里，“‘意’作为审美本体，是人的精神家园，人的生命存在状态及其活动追求，一方面要归根守本；另一方面，要以象明意，以言明意，借助象和言的存在，使‘意’贯通万事万物，真正实现本体的至全至美之妙用”[2]，也就是说，意（情思）是审美意象的根本。“有象无意”的意象只能是毫无生气的“死象”；同时作为意的载体的“象”也要传达巧妙，“有意无象”的意象就只能是抽象空洞的“空象”。比如齐白石画中的动物意象，有时简单的黑白笔墨勾勒出活泼的形象，有时也着一些重彩突出动物的华美，同样是画鸳鸯，《荷花鸳鸯图》与《荷花鸳鸯》中的意象就很不相同，作者在两幅作品中渗透了不一样的情意，所以笔下之意象也就各有所美。但齐白石笔下的动物无一不是生动活泼的，他笔下的花鸟虫鱼“表现的却不仅仅是题材本身，而是通过艺术形象的再造，表现了他对人生、对社会现实的感受和评价”，他“赋予物象以某种主观意志，运用巧妙的构思立意来进行创作，使其笔下的形象都呈现出一种有生命的活泼意趣”[3]。因此，作为审美范畴的意象必须是生命内涵之流动力量，外摄活色生香之物象，在两者的转化幻变中成为表现美之特质的完美整体。

第二节 兴 味

“兴”是中国古代的一个传统概念，作为审美范畴与审美感动、审美激动、审美愉悦、审美狂欢等联结起来，主要是指主体因缘于外在诱因而进入审美状态。但“兴”并非审美的目的，而是审美的开端。审美一旦建立，不仅意味着意象、图像和形式交织起来，而且也意味着要表达某种主体的观念和精神，使之和意象、图像内在地融为一体，也就是形成有意之“味”，因而“兴味”是对审美过程的肇始和目的的有效概括。《说文解字》释“美”为“甘也，从羊从大，羊在六畜主给膳也”[4]，也就意味着“美”在中国最初与口食之味密切相关，“味”作为美学概念是由食物之味发展为理论抽象概念的“味”。在“兴”和“味”各自的范畴意义发展过程中，

---

[1] （清）王夫之：《姜斋诗话笺注》，戴鸿森笺注，人民文学出版社 1981 年版，第 33 页。

[2] 赵建军：《魏晋南北朝美学范畴史》，齐鲁书社 2011 年版，第 163 页。

[3] 虢筱非：《一代精神属花鸟》，载齐白石：《齐白石花鸟》，湖南美术出版社 2008 年版，“前言”第 2 页。

[4] （汉）许慎：《说文解字》，天津古籍出版社 1991 年版，第 78 页。

它们互相融摄，在心与物的审美关系中形成独特的幻象美学逻辑。“兴味”是关于审美过程的一个重要美学范畴。

一、“兴味”的历史阐释

（一）六义之兴与物感之味

“兴味”作为中国古典美学的范畴并不是一开始就呈现为具有完整审美内涵的概念，而是与诸多古典范畴一样，首先是作为蕴含实义的单音节词，然后随着中国思想史的发展而进入美学思想领域，并深化为复合词。“兴味”之“兴”和“味”在魏晋以前更多地是作为诗歌创作手法和哲学概念而存在，其中内蕴的美学思想因子是后来“兴味”得以成为美学范畴的重要思想基础，它们的具体内涵包括：

1.《诗经》“六义”与儒家“兴观群怨”思想

“兴”最早出现在中国思想史上是与诗歌，也即文学创作密切相关的，《周礼·春官》中说：“大师……教六诗：曰风；曰赋；曰比；曰兴；曰雅；曰颂”，将诗歌创作时使用的艺术手法概括成“风、赋、比、兴”等六种，并且强调“掌六律、六同以合阴阳之声”“以六德为之本，以六律为之音”。作为记录中国古代礼乐文化的典籍，《周礼》的思想无疑契合“以人法天，和谐周正”的儒家正统思想，因此诗歌也是作为一种使社会更加和谐的文教手段，而风、赋、比、兴等是为了使诗歌更好地发挥文教作用而需要学习的艺术知识。汉代的《诗大序》进一步明确提出诗歌“六义”：“故诗有六义焉：一曰风，二曰赋，三曰比，四曰兴，五曰雅，六曰颂”，其中郑众注，“比者，比方于物也。兴者，托事于物”，郑玄注，“比，见今之失，不敢斥言，取比类以言之。兴，见今之美，嫌于媚谀，取善事以喻劝之”，将“兴”作为一种诗歌艺术的具体手段赋予独立意涵，明确指出：“托事于物”即通过写某一物而言另一事。此外，孔子提出“兴观群怨”说，使“兴”作为一种艺术手法的独立内涵及其美学意味更加明确，《论语·阳货》记载：“子曰：‘小子，何莫学夫《诗》？《诗》可以兴，可以观，可以群，可以怨；迩之事父，远之事君；多识于鸟兽草木之名。’”其中“兴”，孔安国注，“兴，引譬连类”，朱熹则认为“兴”为“感发意志”，就是说诗歌通过援引与思想类似的事物来抒发感情，并且激发欣赏者的阅读情感。这是对诗歌“比兴”手法的解释，同时也是对诗歌社会功用和审美作用的阐述：诗歌借助比兴手法成为具有强烈情感色彩的艺术作品，通过学习《诗经》便可以在感情激荡中获得审美感受，可以进一步了解作品中的思想感情和社会政治风貌，诗歌情感可以作为一个社会群体互相交流的媒介，还可以通过诗歌表达对社会弊端的讽刺与批判，总之，诗歌的社会作用首先需要借助“兴”来引发审美心理活动。在孔子这里，“兴”作为艺术批评理论和艺术美学思想正式被提出，后来的中国美学思想中关于艺术的社会审美特征和艺术的社会审美心理的分析大都渊源于此。

2. 感官味觉与体物方式

许慎在《说文解字》中释“味”为“滋味也，从口未声”[1]，因此，作为形声字的“味”，由感官味觉所体会到的各种滋味是这个词的本义，由这一本义才衍生出其他非感官的或直觉性的品味和滋味。《礼记·礼运》云，“五味，六和，十二食，还相为质也”“故人者，天地之心也，五行之端也。食味、别声、被色，而生者也”，酸、苦、辛、咸、甘五种人所能体味到的味道，和调和这些味道的“六和”之法，以及承载这些味道的食物，都是合阴阳之道、天地之运的，人懂得了这些事物的本质之后，遵天地之礼运、五行之大道才成为真正的人（圣人）。这便将生活中的味觉感受与思想上的哲学思辨联系起来，“味”就不仅仅是指食物所带来的酸、苦、辛、咸、甘诸滋味，也指人对世界体会和感受的认识方式，以及感万物必本于天的哲学思考。《左传·昭公元年》有言“天有六气，降生五味，发为五声，徵为五声”，以眼所见之色、口所尝之味、耳所听之声为衡量和把握物质世界的参照，直接感性地把握世界，成为中国人审美的一种基本把握方式。

先秦诸子的哲学论述和汉代思想家、文学家的理论分析，使“味”这一范畴从直接的生理性体验发展成为思想领域具有抽象意义的哲学概念，比如《老子》中提到“乐与饵，过客止。道之出口，淡乎其无味，视之不足见，听之不足闻，用之不足既”（《老子·三十五章》），“为无为，事无事，味无味”（《老子·六十三章》），将“无味”视为对道之无为玄妙的体验，此“无味”不仅仅是生理味觉上的寡淡，更是哲学思想上的以淡泊超脱为美。而汉代的贾谊、王充等从论述文学的“言意关系”出发，以类比思维对“味”进行了更为接近审美意义层面的分析。贾谊《新书·修政语上》中说“故使人味食然后得食者，其得味也多：若使人味言然后闻言者，其得言也少”[2]，从品味食物类推到品味语言，突出品味语言之意的重要性；王充《论衡·自纪》中说“或曰……文必丽以好，言必辩以巧，言瞭于耳，则事味于心”[3]，

[1] （汉）许慎：《说文解字》，天津古籍出版社 1991 年版，第 31 页。

[2] （汉）贾谊：《贾谊集》，上海人民出版社 1976 年版，第 163 页。

[3] （汉）王充：《论衡》，上海人民出版社 1974 年版，第 452 页。

这样，“味”便具有了感性体验和理性思索相结合的含义，“味”进入文学理论领域，便成为了一个独具中国思想特色的美学范畴。

（二）兴不尽意之味

魏晋南北朝时期是中国文学艺术走向自觉的时期，同时这一时期的文艺理论和文艺美学也呈现出高度自觉的发展态势，使“兴味”这一美学范畴真正发展成为一个意义连绵的复合词概念。正是得益于这一时期的文艺美学思想，钟嵘在《诗品序》中明确了“兴”与“味”的内在联系。

钟嵘说：“五言居文词之要，是众作之有滋味者也……诗有三义焉：一曰兴，二曰比，三曰赋。文已尽而意有余，兴也。因物喻志，比也。直书其事，寓言写物，赋也。宏斯三义，酌而用之，干之以风力，润之以丹彩，使味之者无极，闻之者动心，是诗之至也。”[1] 传统理论分析都将这一说法概括为“滋味说”，诗歌的“滋味”亦即它的审美价值和美感作用，钟嵘论五言诗除去了以往把诗歌只作为教化工具的观点，更加强调“指事造形，穷情写物”的审美创作目的。钟嵘的“滋味说”其实也是在强调“兴味”，即以兴、比、赋为创作五言诗的艺术手法，运用这些手法的同时也注重“干之以风力，润之以丹彩”的审美处理，如此创作出来的诗歌才能有“滋味”。而且钟嵘把“兴”放在“赋比兴”三者中的首位，与传统的“六义”之说有所区别，可见他已经注意到了“兴”对诗歌“滋味”的重要作用，或者说是注意到了“兴”与“味”之间的重要关系。如果说在此之前，“兴”和“味”还只是作为两个相对独立的诗歌艺术的理论概念，那么从钟嵘开始，“兴”与“味”便作为诗歌审美过程中前后相继、密切相关的一组概念，“兴味”作为一个整体的意义内涵已经形成。

除了钟嵘之外，这一时期的其他文艺理论家也对“兴味”有所阐述，虽然没有像钟嵘那样明确提出“兴”“味”之间的审美联系，但为这个范畴的内涵发展提供了非常重要的理论资源。嵇康在《声无哀乐论》中有“五味万殊，而大同于美”之说，认为“曲用每殊，而情之处变，犹滋味异美，而口辄识之”“美有甘，和有乐”，音乐带来的享受与食物带来的味觉感受都千差万别，但“融差异于和谐”的共同特点使得它们都体现出和美的境界；陆机在《文赋》中说“或托言于短韵，对穷迹而孤兴。俯寂寞而无友，仰寥廓而莫承。譬偏弦之独张，含清唱而靡应……或清虚以婉约，每除烦而去滥，阙大羹之遗味，同朱弦之清汜。虽一唱而三叹，固既雅而不

[1]　（南朝·梁）钟嵘：《诗品》，古直笺，曹旭导读，上海古籍出版社 2009 年版，第 2 页。

艳”[1]，将文章内容之意蕴称之为“大羹之遗味”，认为内容单薄的文章使人“孤兴”，不能引起很好的欣赏兴致，观文之“兴”同文章之“味”是相关的；刘勰在《文心雕龙·比兴》中说，“‘比’者，附也；‘兴’者，起也。附理者，切类以指事；起情者，依微以拟议”，在《物色》篇中说，“春日迟迟，秋风飒飒；情往似赠，兴来如答”，在《隐秀》篇中说，“深文隐蔚，余味曲包”，在《声律》篇中说，“吟咏滋味，流于字句，字句气力，穷于和韵”等，不仅对艺术“比兴”手法有了更系统的论述，将托物之“兴”扩展为艺术创作中的情起之兴，而且也对艺术作品的“滋味”创作和品鉴提出了规律性的认识；宗炳的《画山水序》开篇便说“圣人含道暎物，贤者澄怀味像”[2]，将道家澄心清净、涤除玄览的追求与佛教冥照神无、虚心玄鉴的思想相结合，此“味”非味觉感受之“味”，而是主体身心寄托于自然客体中时所获得的精神享受和审美愉悦感，这为中国美学范畴“味”的独特内涵注入了新的活力。总之，以上各家之言都是魏晋南北朝时期文论家们在艺术理论方面对“兴”“味”内涵做出的诠释，同时也是构成“兴味”这一概念丰富的美学内涵的理论因子。

（三）兴在象外的“余味”美

“兴味”范畴自唐宋以后进入更深、更广的艺术美学领域，其基本的范畴内涵一直延续到明清理论总结阶段。清代方东树的一个观点很能代表这一漫长的理论时期中“兴味”的美学内涵。方东树在《昭昧詹言·卷十八》中说“诗重比兴：比但以物相比；兴则因物感触，言在于此而义寄于彼，如关雎、桃夭、兔罝、樛木。解此则言外有余味而不尽于句中。又有兴而兼比者，亦终取兴不取比也。若夫兴在象外，则虽比而亦兴。然则，兴最诗之要用也”，“言外无余味，取象而无兴也”。[3]他把诗歌的比兴手法与诗歌的韵味联系在一起，认为“兴”乃诗歌最重要的艺术手法，并且“兴”与“味”是两相助成的诗歌审美过程，因物感触而借物起兴是为了更好地在诗歌中借助意象来表达心内的余味，而获得无穷的诗歌审美余味则必离不开象外之兴。方东树的“兴在象外”而“言外有余味”实则是在强调“兴”不仅仅只是因物有所感触，更重要的是在“物外”有情思，言不尽情则诗有余味，这种观点将自唐代司空图等开始就十分推崇的“兴味”所包含的“象外之旨、言外之味”和“感物情兴”联结在一起，成为“兴味”范畴进一步发展的重要内涵。对于“兴在象外”“味

[1]（西晋）陆士衡：《文赋》，载萧统选，李善注：《文选》（卷十七），商务印书馆1936年版，第354页。

[2]（南朝·宋）宗炳、王微：《画山水序》，陈传席译解，人民美术出版社1985年版，第1页。

[3]（清）方东树：《昭昧詹言》，汪绍楹校点，人民文学出版社1961年版，第419、420页。

而无穷”的丰富理论意涵，下面我们来做进一步的专门讨论：

1. 感物情起，兴在象外

方东树是在品评中唐诸家中刘文房（刘长卿）之诗时提出“兴在象外”一说的，在分析了“兴在象外”与“言外之味”的关系和重要性之后，他进一步结合刘文房的诗歌作品来解释何谓“兴在象外”，“（《登余干古县城》）以情有余而味不尽，所谓兴在象外也”，“（《将赴岭外，留题萧寺远公院》）因内史想南朝，因南朝即其木亦古，所谓兴在象外也”，“（《献淮宁军节度李相公》）言外多少余味不尽，所谓言在此而意寄于彼，兴在象外”。[1] 由此可见，“兴味”中的“兴在象外”指的是写物不仅写眼前之物，也写由物而引发的情思流动，并且这种情思必须是真切的诗人的“真性情”，才能达到诗言精美、诗有余味的审美境界。就比如方东树所推崇的刘长卿之诗《将赴岭外，留题萧寺远公院》（《全唐诗·卷 151》）：

竹房遥闭上方幽，
苔径苍苍访昔游。
内史旧山空日暮，
南朝古木向人秋。
天香月色同僧室，
叶落猿啼傍客舟。
此去播迁明主意，
白云何事欲相留。

诗歌所写的景物，“竹房”“苔径”“山”“古木”“月色”“落叶”等都不是单纯只为写景或简单地摹写由这些景物而联想的事，而是“一切景语皆情语”，所有的景物都是为表达诗人遭到贬谪、将要远行时的凄楚之情服务的；并且所兴起的情感不仅仅由眼前之物而引起，同时也由眼前之物所联想到的事物而引起。也就是说，过去谈论诗歌“起兴”时往往只是阐述“由 A 物引起甲情”，而这里更加强调在此之外的“由 A 物联想到的 B 物所引起的乙情”，这对于“兴”的审美内涵有了很大的拓深。

关于这一点，唐宋以来的文论家、美学家也多有论及，唐代皎然所著《诗式》中有“取象曰比，取义曰兴，义即象下之意。凡禽鱼草木人物名数，万象之中义类

[1] （清）方东树：《昭昧詹言》，汪绍楹校点，人民文学出版社 1961 年版，第 420、421 页。

同者，尽入比兴，《关雎》即其义也”[1]的说法，即是明确论述“兴”不拘于实象而在于“象外之义”，此“义”乃是“禽鱼草木人物名数”等具体物象所引起的审美主体的情感，以及由联想所赋予这些物象自身意义之外的情感含义。宋代罗大经在《鹤林玉露》一书中说，“盖兴者，因物感触，言在于此，而意寄于彼，玩味乃可识。非若赋、比之直言其事也”[2]，强调诗歌中的“兴”是由物而感，但不是直接写物或抒情，而是通过言此物寄彼情的间接方式来增加诗歌的艺术趣味。明代的袁黄说：“感事触情，缘情生境，物类易陈，衷肠莫罄，可以起愚顽，可以发聪听，飘然若羚羊之挂角，悠然若天马之行径，寻之无踪，斯谓之兴”（《古今图书集成·卷201》），将诗歌之“兴”缘于物、起于情的那种非实体、虚幻真空的审美感受特征比喻为无迹可寻的“羚羊挂角”“天马行空”，可谓是切中精要、思之极深。另外，清代的王夫之也说，“兴在有意无意之间，比亦不容雕刻。关情者景，自与情相为珀芥也。情景虽有在心在物之分，而景生情，情生景，哀乐之触，荣悴之迎，互藏其宅”[3]，进一步指明“兴”所体现的实与虚、有意与无意之相互融合的美学特征，“兴”不仅要求情景交融，同时也要求这种融合的自然而然。

因此，“兴味”作为审美范畴所包含的艺术“起兴”既包括直接对眼前所见之物的感性把握，也包括对这种感性把握更进一步的丰富联想，并借助这所有的一切来表达当下最真切的情感体验。

2. 情有真、言不尽，则有兴有味

在强调分析“兴在象外”的同时，方东树还提出“所谓魂者，皆用我为主，则自然有兴有味。否则有诗无人，如应试之作……不见有我真性情面目”，“若李义山多使故事，装贴藻饰，掩其性情面目，则但见魄气而无魂气。魂气多则成生活相，魄气多则为死滞”，[4]着重强调诗歌语言字面意思之外所包含的“真我”。这个“真我”一方面指物中有我，景中有情；另一方面指情之真、意之切，不滞于物和言，玲珑空转，将当下之景与当时之我和谐融摄于作品中，才是具有极高审美价值和艺术魅力的作品，亦即陆时雍所谓的“古人善于言情，转意象于虚圆之中，故觉其味之长而言之美也”。

作为审美感兴、审美激动的“起兴”，当起之时，也就意味着审美主体在思维

[1] 张伯伟：《全唐五代诗格汇考》，江苏古籍出版社2002年版，第230页。

[2] （宋）罗大经：《鹤林玉露》，上海书店出版社1990年版，第222页。

[3] （清）王夫之：《姜斋诗话笺注》，戴鸿森笺注，人民文学出版社1981年版，第33页。

[4] （清）方东树：《昭昧詹言》，汪绍楹校点，人民文学出版社1961年版，第421页。

中将物象、情感、意象等各种因素交织起来，而当文字（艺术符号）呈现出这一结果时，“兴”也就转化成了“味”，而且是一种“言外之味”，正如“兴在象外”一样。司空图所说的“倘复以全美为工，即知味外之旨”[1]，即是主张“言外之味”的代表性观点。司空图作诗取景强调“象外之象，景外之景”，读诗品诗强调“超以象外，得其环中”，都是要以有形有限之笔写无形无穷之情，追求所见之外的所思。“味”在作为艺术作品审美价值的概括基础上，也发展成为评鉴作品的重要美学标准，有味无味、味深味浅所造成的艺术美感不同，所代表的作品高度也不同。司空图有“辨于味而后可以言诗”的著名论断，品评诗歌正如品尝食物之咸酸甘苦之味，因而诗歌有“雄浑”“冲淡”“纤秾”“飘逸”“旷达”等各种不同品格。所以，王世贞品评诗歌时说“本词‘使君自有妇，罗敷自有夫’，于意已足，绰有余味”，“‘问君何能尔，心远地自偏。此中有真意，欲辨已忘言。’清悠淡永，有自然之味”，[2]叶燮说“夫诗纯淡则无味，纯朴则近俚，势不能如画家之有不设色”[3]，方东树最后也归结刘长卿之诗为“圆警精美，气味沉厚……文房言近而意皆深，耐人吟咏”[4]，他们都是在强调“诗味”或者说是“以味品诗”。

为了达到诗歌含有这不尽余味的美感，除了兴在象外、情真意切之外，还需要语言表达上的不落言筌、言尽意不尽。叶燮的《原诗》中关于这一整个审美过程阐述得非常明了，“原夫作诗者之肇端而有事乎此也，必先有所触以兴起其意，而后措诸辞、属为句、敷之而成章。当其有所触而兴起也，其意、其辞、其句劈空而起，皆自无而有，随在取之于心……故言者与闻其言者，诚可悦而永也”[5]，既指出了诗歌创作的发端——兴，也指明了文字表达（艺术符号使情感物化）和审美欣赏（品味）的作用，这些都不分主次、相融互摄地发生在审美过程中，也就是“兴味”这一美学范畴的内涵所指。

当然，虽然我们在分析时把“兴”作为发端和手段，“味”作为终端和目的，但这毕竟是理论分析的必要，而不是完全实际发生的审美过程，汤用彤先生说得好，“（文以寄兴）‘寄兴’本为喻情，故是情趣的，它是从文艺活动本身引出之自满自足，

---

[1]　（唐）司空图：《司空表圣诗文集笺校》，祖保泉、陶礼天笺校，安徽大学出版社 2002 年版，第 194 页。

[2]　（明）王世贞：《艺苑卮言校注》，罗仲鼎校注，齐鲁书社 1992 年版，第 118、130 页。

[3]　（清）叶燮：《原诗》，孙之梅、周芳批注，凤凰出版社 2010 年版，第 23 页。

[4]　（清）方东树：《昭昧詹言》，汪绍楹校点，人民文学出版社 1961 年版，第 422 页。

[5]　（清）叶燮：《原诗》，孙之梅、周芳批注，凤凰出版社 2010 年版，第 13 页。

而非为达到某种目的之手段，故曰‘心生而言立，言立而文明，自然之道也’”[1]，无目的、无功利之情兴余味才是“兴味”范畴的最高审美层次。

二、兴味的幻象美特征

“兴味”作为对有中国特色的审美范畴的理论概括，其美学基质依然是一种幻象，是对审美过程中主体思维幻象的阐明，这种幻象的内在逻辑具体而言，主要体现在以下两方面：

（一）美在象外之真

正如前面关于“兴味”范畴的历史阐发中所强调的那样，“兴味”审美在直观感性地把握外在物象，引起审美冲动的基础上更加注重对“象外之真”的追求，这一方面是强调艺术作品要表现物形之外的物神，另一方面是强调要体现事物背后的主体之真性情。关于这两个方面，中国美学自古以来便有“传神”“畅神”之说，“神”既指客观对象的内在精神本质，也指主体的精神、心灵和创造思维，以及主客体之神的统一。《庄子·在宥》里说，“抱神以静，形将自正”，“神将守形，形乃长生”，在哲学领域将物之形与神的问题明确提出，并着重强调神的重要性；汉代的《淮南子》则进一步结合文艺作品明确提出“神贵于形”的观点，《淮南子·说山训》中说，“画西施之面，美而不可悦……大而不可畏，君形者亡焉”；刘勰在《文心雕龙·神思》中也多次提到“神与物游”“神用象通”，不仅将物之神拓展到主体的神思，而且强调主客体之间的神会相融；宗炳在《画山水序》开篇中便说“圣人含道暎物，贤者澄怀味象……圣人以神法道，而贤者通；山水以形媚道，而仁者乐”[2]，主体之神思与物象之形神的契合可以达到审美之“味”的愉悦，是“畅神”说之肇始；宋代严羽在《沧浪诗话·诗辨》中也说“诗之极致有一：曰入神。诗而入神，至矣，尽矣，蔑以加矣”[3]，能写出物之内在精神和主体情感神思，并且无穿凿造作之痕迹的诗歌才能达到美之极致；现代美学大家宗白华在分析中国绘画美学精神时也指出“笔法之妙用为中国画之特色，传神写形，流露个性，皆系于此”[4]，中国艺术美学的精髓在于以简练的笔法藏巧若拙、返璞归真，体现万物之生气灵迹。西方美学传统中虽

[1] 汤用彤：《魏晋玄学论稿》，汤一介等导读，上海古籍出版社 2001 年版，第 201 页。
[2] （南朝·宋）宗炳、王微：《画山水序》，陈传席译解，人民美术出版社 1985 年版，第 1 页。
[3] （宋）严羽：《沧浪诗话校释》，郭绍虞校释，人民文学出版社 1961 年版，第 8 页。
[4] 宗白华：《艺概》，北京大学出版社 1987 年版，第 33 页。

然没有“传神”说或者“兴味”说，但对于相同的美学体验和美学现象也是有内涵相通的一些理论学说的，比如自古希腊就开始探讨的“艺术模仿论”和盛行于19世纪的“移情论”，都涉及对自然实存之物态的摹写和主体情感借助物的形象来表现等艺术美学现象。只不过西方美学偏重于理性，将物之实体形象之外的物的精神或人的情感概括为“理念”“意识”等，而不是中国美学中的“神”，抛开其哲学的形而上意义，从感性的艺术审美层面来看，这二者所说的美感实质是有相通之处的，即都是指具体可观的艺术形象所寄寓的“象外之真”。

总之，寻求象外、形外的神之真就是“兴味”审美的重要幻象内涵之一，以实体外物为缘起之因而又不拘泥于物象，求虚幻无形之神而又不离真实之象，以真心去把握物之真精神和人之真性情，如此便能在审美刺激、审美兴奋和审美愉悦中完成创造和欣赏。刘勰论文时所主张的“情深而不诡”（与真相对）、“事信而不诞”，荆浩论画时所说的“度物象而取其真”[1]，李贽论文理时所说的“若失却童心，便失却真心；失却真心，便失却真人”[2]，以及王国维论词之境界时所说的“能写真景物真感情者，谓之有境界”[3]，都是在艺术美学领域突出“真”之重要性，而这也是“兴味”范畴的幻象逻辑内涵。譬如中国艺术作品中的山水，谢灵运以诗歌写之为：

登庐山绝顶望诸峤

山行非有期，弥远不能辍。
但欲掩昏旦，遂复经圆缺。
扪壁窥龙池，攀枝瞰乳穴。
积峡忽复启，平途俄已绝。
峦垅有合沓，往来无踪辙。
昼夜蔽日月，冬夏共霜雪。

荆浩以绘画作品《高山流水》表现音乐之“初志在乎高山，言仁者乐山之意。后志在乎流水，言智者乐水之意”，“高山之巍巍，流水之洋洋”。诗画或者音乐，它们写的都是不同形态的自然山水，但这各异的山水之形却都包含着“远阔坦荡，生流不息”的山水之真精神，同时每一件作品都表达了作者当时寄情山水的真感情，因而这些作品具有高度的审美价值，其“韵味”流传千百年而不衰。

[1]　（五代）荆浩：《笔法记》，王伯敏标点注译，邓以蛰校阅，人民美术出版社1963年版，第3页。

[2]　（明）李贽：《焚书·童心说》，中华书局1961年版，第97页。

[3]　王国维：《王国维文集》，线装书局2009年版，第4页。

（二）兴、味之间以情转化

“兴味”的幻象美学逻辑除了体现在关于“美存在于象外之真”这一本质认识上，还体现在其范畴内涵之间存在意义的转化，亦即关联性的幻化。“兴味”之“兴”和“味”分别作为审美缘起和审美愉悦的精确概括，能够统一为一个具有重要美学内涵的整体，除了它们共同作为审美过程之外，更重要的是它们的内涵意义之间以“情”为纽带相联结，并且互相转化。

关于“兴”转化为“味”的过程，我们在前面已有所涉及，其实就是在艺术创作中因物起兴，触类起情，由眼前所见之外物或此物所引起的联想带来主体内心情感的激荡，将这种体验用能写“象外之思”的艺术符号表达出来，“兴”便由情感的物化而转变为作品所蕴含的“味”，正如刘勰在《文心雕龙》中所说：“盖风雅之兴，志思蓄愤，而吟咏情性，以讽其上，此为情而造文也。”而“味”转化为“兴”则又是在另一审美阶段中存在，即我们通常所说的艺术欣赏中的“兴味”。在艺术欣赏时，首先有一件现存的艺术作品，这件作品就是包含着创作者情感之“味”的载体，此“味”被欣赏者所接受，并与欣赏者的情感达到共鸣，促使其产生审美的冲动，也就是美感之“兴起”了。司空图所谓的“辨于味而后可以言诗”[1]，说的就是诗歌作品中包含的韵味，可以作为鉴赏品评不同诗人和不同创作风格的诗歌的关键，此“味”能够刺激欣赏之“兴”。其实，审美所面对的客体（不仅仅指艺术作品）都可以看作包含着自身韵味的对象，主体情感与对象的韵味之间产生共鸣便是审美的“兴起”，这样，“味”也就转化为“兴”。由此我们可以看出，“兴”“味”之间的转化需要一定的条件，存在于不同的审美阶段，但毕竟这所有的阶段都是审美过程的一部分，而“情感”则是这其中最关键的条件。“情”作为美学概念，在中国美学史上也是具有极其重要的理论地位的。《礼记·乐记》曰，“凡音者，生人心者也。情动于中，故形于声，声成文，谓之音”，陆机的《文赋》中则说“诗缘情而绮靡”，刘勰在《文心雕龙》中专列《情采篇》指出，“情者，文之经；辞者，理之纬……昔诗人什篇，为情而造文；辞人赋颂，为文而造情”，宋代严羽也说“诗者，吟咏性情也”。而明代的徐渭关于写情之真有一段著名论述，非常能够概括我们这里所说的“情”之重要性，他说“人生堕地，便为情使。聚沙作戏，拈叶止啼，情昉此已。迨终身涉境触事，夷拂悲愉，发为诗文骚赋，璀璨伟丽，令人读之，喜而颐解，愤而眦裂，哀而鼻酸，恍若与人即席挥尘，嬉笑悼唁于数千百载之上者，

[1]　（唐）司空图：《司空表圣诗文集笺校》，祖保泉、陶礼天笺校，安徽大学出版社 2002 年版，第 193 页。

无他，摹情弥真，则动人弥易，传世亦弥远”[1]，情不仅是艺术作品所要表现的主要内容，它本身便是人生的一部分，真性情、真感情是一切美好韵味的来源。

第三节　即

幻象作为本体，其逻辑展开是一个充沛、丰满的过程，这个过程以“兴味”为起始，“兴”者，起也。审美活动由此进入一种更深入的发展状态，幻象审美体验愈加深刻。这种幻象审美更深入的进行状态，我们用“即”来概括。

在中国美学史上，作为单字的“即”并没有成为一个固定的美学范畴，可以说它是没有美学历史可言的，但这并不代表“即”没有成为美学范畴的“潜能”。从文字学的角度讲，“即”的甲骨文写法为“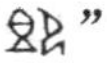”，左边的是盛满食物的高脚食盘，而右边的是面向食盘的一个人，他走近食盘将要吃饭。许慎在《说文解字》中解释：“即，就食也。”[2]“即”就是对一个进行动作的描述，这个义项就符合描述审美活动进行状态的基本要求。“即”还引申为“靠近、接近”，与“离”对举，佛家有“不即不离”的中道意识，因此，“即”实际上也可以视为对审美距离的要求。同时，作为动词，它还与“是”字相同，“知识即力量”“存在即真理”，就是此种用法，表示主语和宾语之间同一或从属的关系，与英文的“be”有所关联。在发展过程中，“即”又引申出多种意义。它可以作名词，如即日、即刻，也可以作副词、连词、介词等辅助性句子成分，在词语、句子之中使用广泛。由于词义及用法的多样性，“即”体现出一种动态的、敞开的精神状态。而在幻象美学中，我们希望能够准确描绘幻象审美这一过程，但又不愿使描绘本身成为一种僵死的、完全静态的定性、定型，不能落入“言筌”而失其本意，那么就需要一个既可以表现审美活动正在进行的词语，又要求这一词语必须是开放的。所以，“即”就成为我们非常理想的选择。在幻象美学中，“即”具有三个方面的意蕴：一是本义，正在进行某项活动，表达幻象审美正在进行；二是指判断动词“是”，表示主语与宾语的同一性，表现审美即意义、即根本；三是指靠近、接近，表示审美距离，审美不是沉溺、偏执，它需要如佛家一样持守中道。

---

[1]　（明）徐渭：《选古今南北剧·序》，载《中国古典戏曲序跋集》，中国戏剧出版社 1990 年版，第 1 页。

[2]　（汉）许慎：《说文解字》，天津古籍出版社 1991 年版，第 106 页。

一、“不即不离”的审美距离意识

“不即不离”中的“即”意为“接近、靠近”，与“离”的意涵相反，一个近而未深，一个离而不远，有一种对“度”的把握。“不即不离”的说法最初也出自佛教，是龙树的中观般若学说的重要体现。龙树有一首著名的偈子：“众因缘所生法，我说即是空，亦为是假名，亦是中道义。”“因缘”就是“因缘和合”，在佛家看来，万事万物都是因缘和合而产生的，因此，一切事物及其现象实际上都没有自身的规定性，是虚幻不实的，从本质上来说就是“性空”。但是客观上，这些事物纷繁复杂，都是现实地存在着的，为世人所共见，佛家也不可以完全否定抛弃。如何调和这种矛盾呢？佛家就提出了“中道”的说法。相对于事物的“空”之本质，事物的外形、名称、概念都是“假名”。“假名”与“性空”均指事物本身。因此空即是假，假也是空，在认识过程中，任何方面都不可偏废。龙树曾用“水中月”来解释这种观点，水中的月亮是天上月亮的倒影，是没有自身本质的假相，因此是假的月亮，但月影却是客观存在的，不可否认。两者都有其存在的道理，只有承认水中有假月亮无真月亮才是正确的说法。我们在看待世间的一切事物时，既不能执著于“空”，又不能固守“假”，需要持守“中道”，中正无偏，不即不离。这一观点，在后来又有深入的发展。隋代高僧智颢提出了“双遮二谛”“三谛圆融”等重要说法。“二谛”是“真俗”两面，也可以说是“空”与“色”。“双遮”就是说不要偏向佛家和世人、本质和现象的任何一方。他说：“初观用空，后观用假，是为双存方便。入中道时，能双遮二谛。”[1] 同时保留“空”与“假”的看法是为了“双存方便”，体现了辩证的思维方式。“三谛”是“空”“假”“中”，即假即空即中，“站在‘中观’的立场上，就是‘三谛圆融’，空、假、中三谛不可分离，空即假，假即空，不执著空与假，即是中”[2]。佛家常说的色空观念即是如此，《心经》上说：“色不异空，空不异色。空即是色，色即是空。”圆融无碍是一种至高的审美状态，达到这种审美状态所需要的，就是持守中道不偏执的审美距离意识及“双遮二谛”的方法原则。

它带给我们的启示是什么呢？我们认为，首先是对于审美活动的清醒认识。审美带给人们极大的愉悦感，在这一过程中，人们产生了切入生命最深刻体验的幻觉。体验是真切的，是拥有本体论内涵的，但是审美本身确是一种幻象存在，接近于佛家所说的“假名”。审美体验是我们所必须的，但又不可以过分执著于幻象“假名”。

[1] 智颢说，灌顶记：《摩诃止观》（第3卷），载《大正藏》第46册，第23页。

[2] 黄德昌：《观色悟空——佛教中观智慧》，四川人民出版社1995年版，第21页。

要持守中道，既看到“真”又能看到“幻”，真即是幻，幻即是真。《红楼梦》中的太虚幻境高悬一联：“假作真时真亦假，无为有处有还无。”这实际上就是告诉读者一种阅读观念：太虚幻境与人间诸景真真假假，假亦真，真亦假，双方相互结合才可能认识到本书的真意。审美活动也是如此。我们只能通过幻象的存在才能达到审美的圆融境界，不迷于幻象，坚持求审美之本质才不至于沉溺。其次，中道学说倡导“缘起性空”，空故纳万物，空而有为。澄明空净的自由主体在审美过程中是非常必要的，破除意识的迷执，保持内心的空灵是实现审美目的的基础。

从方法的角度讲，如何做到“双遮二谛”呢？从审美距离说出发，最好的办法是要求审美过程中理性与感性的结合，使审美主体与审美对象之间保持一定的心理距离。审美本身是一种个体的感性活动，在人类审美史上，更多的情况是对理性的过分强调，比如在艺术欣赏的时候要运用理论知识、规则规律，而“体悟”“即兴”等感性方法则被忽视，审美体验就不可能达到深刻的程度。西方工业革命阶段，对于工具理性的强调在一定程度上损害了人的审美体验，造成了对人性的压抑。但同时，感性本身也是有局限的，任由人的感性自由驰骋、不加约束，实际上并不能实现人类的自由。而理性则是一种可控的力量，它能够给人汹涌而至的感性以方向感、控制感，审美固然以感性为主体，但理性从来没有缺席。在理性的审视下，人不会在审美过程中陷入感性的沉溺。感性在“有纪律的自由”中也能够合理地发挥应有的作用。从大的方面讲，明代王阳明心学盛行，众多学人遵其“人人皆可为尧舜”的说法，任性不拘，部分实现了自由，但也使社会道德急速下降。作品中不是只有“独抒性灵，不拘格套”，更多的是过分宣扬私欲。同样，20世纪西方美学曾兴起“唯美主义”“非理性主义”等思潮，排斥理性，推崇感性，企图完全释放人类天性，摆脱社会群体对个体感性的压制，但最后却造成了人欲膨胀，非但不能实现审美的、自由的世界，反而使恶的范围更加扩大，也从侧面说明了中道思维方法之可贵。

因此，在审美中，无论是感性还是理性都是不可或缺的，双方结合才使审美活动之幻象本体内涵得到淋漓尽致的释放。“不即不离”也是审美之“中道”。

“不即不离”作为一种方法，从佛学理论逐渐进入到文学创作之中，被广泛使用。在中国的文艺创作中有很多体现，更能够说明其美学效果。在陈一琴选辑、孙绍振评说的《聚讼诗话词话》一书中汇集了关于“不即不离”创作论观点，如“诗人写物，在不即不离之间，‘昔我往矣，杨柳依依’，只‘依依’两字，曲尽态度”[1]，“咏物妙在不即不离，自无呆相”，“咏物诗最难工，太切题则粘皮带骨，不切题则捕风捉影，

[1]　陈一琴、孙绍振：《聚讼诗话词话》，上海三联书店2012年版，第161—162页。

须在不即不离之间”，“咏物诗以不粘不脱、不即不离，刻画工而不落色相，寄意远而不失物情为贵”。这种用法在咏物诗中使用最为广泛。咏物诗本身要求对所咏之物有所描述，但如果仅限于此，就会产生“呆相”，没有任何意趣可言。孙绍振评述说：“形象是在切与不切、即与离的矛盾中，保持着必要的张力。”[1]这里的形象是作品中的艺术形象，留空白才会有张力。审美需要距离，需要留下足够的空间，如上文所举《诗经》中的例子，“依依”二字之于杨柳，只是真正杨柳一部分之状态，杨柳迎风飘扬，一点而过，反而留下无尽的想象空间，显出空灵之美，味之无穷。评述者说其“曲尽态度”，赞其创作者刻画杨柳之工，表达情趣之妙，其关键点就在于掌握了审美创作之“度”，艺术效果也就随之而来。

因此，“即”的距离意识就存在于哲学基本观点、审美之方法、效果三个层面，这三个层面给予幻象审美的“即”范畴以文化的、哲学的深刻内涵，是对“即”的基本状况的描述。

二、“即心即佛”，反观自心

关注审美距离是一种理性的态度，距离总是主体与客体间的距离。对于审美过程来讲，审美主体与审美客体之间的互动状态则是需要关注的另一个要点。进入审美过程之后，审美意识的意向性决定了幻象的特性，审美意识流向何方，如何产生了美的幻象则成为问题的关键。我们认为，不同幻象的产生总是审美主体对于客体特定的观照，主体性意味非常明显。审美主体的体验是幻象审美的核心，这就是“即”的另一层内涵，“即心即佛”。

“即心即佛”的“即”作“是”讲。这个“是”在句中所起的作用是连接主语和宾语，表示主语和宾语同一关系，心与佛之间是同一的。从句子结构上讲，两个“即”字连用的句式在汉语中并不常见。在一篇语言学论文《说“即心即佛”》中有详细的解释，该文作者认为两个“即”的使用是唐宋时期的特殊用法，目的是为了标示句子的焦点，表示限定和强调。他最后得出的结论是：“‘即心即佛’这类格式的形成，有两个原因。一个是两个‘即’的意义并不一样，前面的‘即’包含有限定义，后面的‘即’没有限定义。为了限定主语位置上的焦点，需要在‘心即是佛’这类结构之上叠加后起的‘即心是佛’，从而最终形成了‘即心即佛’。二是因为谓语位置上的焦点是汉语的常规焦点，主语位置上的焦点需要有标记（除非上下文有对

[1] 陈一琴、孙绍振：《聚讼诗话词话》，上海三联书店2012年版，第163页。

比）。”[1]这样一来，“即心即佛”运用特殊的句法结构突出了心与佛两个焦点，心与佛同样重要，不可或缺。而连接它们的“即”意为“是”，一个看似简单的判断动词，同样有着特殊的内涵。

“是”是英文“be”的对译，“be”有很多时态的变化，其最基本的意义，相当于现代汉语中唯一的系词“是”。在英文中，系词“be”并不是一个简单的存在，它不仅具有语法意义，还具有哲学意义。据俞宣孟《本体论研究》一书中的论述，“be”内涵最小，外延最广。“是”和“所是”正是这种哲学用来表达最一般的对象的概念。原因在于，在语法系统中，最简单的句子如“我是谁”“他是什么”等构成了语言的基础，万事万物几乎都可以用这个句型进行简单的概括，没有事物不“是”什么，都会在“是什么”之中寻找到位置。而最简单句子中的判断动词“是”也就有了原始、始基的地位。正因为它含义简单，围绕“be”，特别是其动名词和现在进行时形式“being”甚至形成了“是论”。“是论”的准确内涵“是把系词‘是’以及分有‘是’的种种‘所是’(或‘是者’)作为范畴，通过逻辑的方法构造出来的先验原理体系”[2]。在西方哲学中，“是论”是整个哲学的基础，它不在人的经验系统之内，而是先验性的，表现了人们对于普遍性、智慧性的追求。在中国，也译为“存在论”或“本体论”。这一译法使“是论”与中国传统哲学中的“体”“用”观念汇流，不仅使“本体论”具有西方先验、普遍之内涵，还使之含有中国哲学对事物本源的探求。那么，我们在运用汉语中系词“是”作为哲学、美学命题时，也应充分考虑其具有的本体论或存在论内涵。

回到“即心即佛”。在佛家理论中，“即心即佛”，亦作“即心是佛”，是禅宗提倡的一种重要的佛性观。禅宗祖师如六祖慧能、马祖道一对其都有很多论述。《坛经·机缘品》中记载：“问曰：‘即心即佛，愿垂指谕。’师曰：‘前念不生即心，后念不灭即佛。成一切相即心，离一切相即佛。’”[3]成佛与否都在于人的内心，人邪念不生，正念不断，不执著于色相便是佛。使人修道成佛是一切佛法存在的目的，而对于如何修道成佛，不同的教派有不同的说法，这取决于不同教派对于人本质的不同看法。禅宗认为人“自性清净”，每个人都是有佛性的，人人都有成佛的可能。赖永海在《中国佛性论》中认为“即心即佛”首先表现了佛性平等思想，他引《坛经》

[1] 李明：《说“即心即佛”》，载中国社会科学院语言研究所《历史语言学研究》编辑部编：《历史语言学研究（第一辑）》，第104—105页。

[2] 俞宣孟：《本体论研究》，上海人民出版社2005年版，第3页。

[3] 《坛经》（宗宝本），载《大正藏》第48册，第355页。本节所引《坛经》内容，均出此卷，不再注出。

慧能初次见五祖弘忍的故事来说明。慧能初次拜见五祖，五祖弘忍便问："汝是岭南人，又是獦獠，若为堪作佛？"六祖慧能就回答说："人即有南北，佛性即无南北。獦獠身与和尚不同，佛性有何差别？"每个人都有佛性，佛法之于众生，无有差别，"譬如雨水，不从天有，元是龙能兴致，令一切众生，一切草木，有情无情，悉皆蒙润，百川众流，却入大海，合为一体。众生本性般若之智，亦复如是"。每个人都能得到佛法的沾溉，而这一切的基础，就在于禅宗所认为的"世人性本清净，万法从自性生"。在未受外界的沾染的时候，所有人都是清净的存在，人性本净。"菩提般若之智，世人本自有之"，因此之故，中国禅宗的核心观点则是"即心即佛"。在求道过程中，反求诸己才是根本的修为之法，这就是《坛经》所提到的识心见性，自成佛道。心与佛之间是没有距离的，心即佛，佛就在心中。诸佛之本源，众生之佛性，都在心中，道在自悟，不假外求。《坛经》中相似的论述有很多，如"听吾说法，汝等诸人，自心是佛，更莫狐疑。外无一物而能建立，皆是本心生万种法。故经云，心生种种法生，心灭种种法灭"，"我心自有佛，自佛是真佛，自若无佛心，何处求真佛"，"菩提只向心觅，何劳向外求玄？听说依此修行，西方只在眼前"，"佛知见者，只汝自心，更无别佛"。迷即众生悟即佛，关注内心即可实现圆满具足。

西方现象学提出"意向性"的说法，认为意识的流动是有方向性的。我们的每一个意识在本质上都是"关于某事物或别的事物的意识"，或者说是"关于某事物或别的事物的经验"。心灵在与外部世界沟通交流时，对于对象的选择是有意识的，不同的对象有不同的意向性。禅宗的特色就在于，它要求人的意识流向自己的内心。意识的对象不是外界的事物，而是自己的本性，是自我对自我的观察和省视。哲学的最终目的，都是对人本根及存在意义的探求，那么"即"的思路就是探求本身，就在此时此刻。"即心即佛"的思路同时也说明了审美的存在论意义。就本质而言，"心"与"审美"都是独立自足的存在。我们是否可以说审美本身就是意义之所在，它不需要向外寻求意义？审美的存在是本体论意义上而不是工具性的。实际上，审美总是在遭受质疑，那我们欣赏美的事物、进行美学活动的意义何在？我们可以说，过程本身即意义。

从幻象审美角度讲，审美对于任何的主体都是平等的。在审美的世界里，个体都脱离了世俗的身份羁绊，无论贤愚，每个人都"犹如清天，惠如日，智如月"，都有可能通过深切的审美体验感悟自身的存在。而"即心即佛"所表示的本心与所求之间在本质上是等同的，人最终能否体味到自我的存在，仍需要使自己的意识流向自心，反观自心，所以《坛经》说，"本性是佛，离性无别佛"。审美为主体而存在，而审美的关键，也在于审美活动是否关注主体。从时间性上来说，“即”就是“是”，就是此时此刻。佛家还有种说法是“即凡即圣”，提倡“不离此身，即超三界”，“不离生身，即得解脱”，是谓“即凡即圣”。重视主体，在审美中感悟主体，即可脱凡成圣，“超三界”“得解脱”，在审美中实现自我。

三、“明见直观”的审美方法

“即”作为审美范畴，更多地显示出审美实践的问题，而审美实践又是一个复杂的历程，不仅仅需要审美主体有一定的审美能力，有清醒的审美意识，还需要懂得正确的审美方法。

“即”的一个重要含义是短暂的时间性，即时、即刻、即兴，表示此时此刻。这种含义赋予作为幻象美学范畴的“即”一个关键性的审美方法——明见直观。“明见”一词来源于现象学，现象学主张“面向事物本身”，让事物自身得到呈现，同时重视个体感悟，“致力于研究人类的经验以及事物如何在这样的经验中并通过这样的经验向我们呈现”[1]。它提出一个重要观点即“明见性”。在现象学那里，明见性是“采用动词形式‘明见行为，使……明显’(evidencing) 的含义。它指的是达成真理，引出在场状态。它是一种实行、一项成就。明见性就是在多样性之中呈现同一性的活动，就是对于事态的联结，或者对于命题的证实。它就是获得真理”[2]。在明见性中，我们作为审美主体是主动的，必须主动去选择。审美固然是一种偏重感性的体验，但并不是模糊的存在。它需要人的理性参与。主体深入客体之中，寻找“确定感”，既联系在场的审美主体，也联系审美客体，两者相交相融，内外结合，达到主客体之明见，审美境界也因此澄明。

“明见”是现象学对于呈现事物的要求。要达到明见的状态，需要个体做到“本质直观”，这就与禅宗即心即佛观的方法一致。禅宗认可“即心即佛”的佛性观，这就要求修行者采取“顿悟见性”的修行方法。与很多佛教派别不同的是，禅宗并不重视讲经参禅和逐渐积累的入道方法，而是特别强调人能够直观本心，莫妄作，莫他求。知识并不是最重要的，如果不能即心了悟，诵读再多的佛经都是没有用处的。《坛经》中曾讲到一个僧人诵读《金刚经》上千遍仍没有开悟，六祖慧能要他

[1] [美] 罗伯特・索科拉夫斯基：《现象学导论》，高秉江、张建华译，武汉大学出版社 2009 年版，第 2 页。

[2] [美] 罗伯特・索科拉夫斯基：《现象学导论》，高秉江、张建华译，武汉大学出版社 2009 年版，第 158 页。

参悟自己的内心，不为经文所束缚，他当即开悟，谓佛不需外求，自心即是。权德舆的《唐故洪州开元寺石门道一禅师塔铭并序》中记录了道一的一句话："佛不远人，即心而证。"禅宗所重的，不是渐修，而是顿悟，是"直下顿了"。面对外界事物，无不可顿悟。宗密《圆觉经大疏钞》（卷三）中也有这样的说法，"此法起心动念，弹指、謦咳、扬眉，因所作所为，皆是佛性全体之用，更无第二主宰。如面作多般饮食，一一皆面，佛性亦尔。全体贪、嗔、痴，造善造恶、受苦乐故，一一皆性（指佛性）"，"故知语言作者，必是佛性"。从日常生活中，一言一行中追求直接了悟，坐卧皆是佛性，皆是圆满。对于审美过程来讲，并不需要条条框框，也不需要概念原理，人的直观感悟在审美中占据核心地位。据此在佛教修习上，要求"纵任心性"，而不要有意识地去做"修善断恶"等佛事。"言'任心'者……谓不起心造恶修善，亦不修道。道即是心……恶亦是心……不断不造，任运自在"，审美若能如此，则可得大自由。

而在胡塞尔看来，现象学的直观方法在事物的系统（scheme）中占有特许的位置，因为我们就是这种显现的接受者。我们明见事物，我们也需要让它们显现。直观也是可以分析的。胡塞尔把直观的意向性结构分为两个，一是知觉，一是想象。人直接观察现象本身可以分为三个阶段：第一个阶段是从经验出发，发现事物之间的相似之处，事物之间具有同一性；第二个阶段是更清晰地认识到事物之间的同一性，多个变为"一"，超出经验性的共相达到本质的共相；第三个阶段，既然已认清了事物的特征，主体就应该努力达到或呈现那个特征，为了做到这一点，主体就从知觉进入到想象，如果成功的话，就达到了"本质直观"，在这一过程中，知觉提供经验事实，而想象使知觉更深刻。

在幻象审美中，审美方法更侧重人的"顿悟"，审美主体要反观内心，求之于心灵。现象学本质直观的方法使这一顿悟过程更加明晰。幻象审美之初，人通过先验的经验性及自身的审美能力，摄物取象。想象能力的加入，使审美现象逐渐找到同一性，审美更加清晰化，进而实现幻象本体的充分展现。审美主体"明见"审美客体，二者和谐交融。李白有诗云："众鸟高飞尽，孤云独去闲。相看两不厌，唯有敬亭山。"作为审美主体，诗人在众多自然事物中发现了敬亭山，这就是"直观"，这一发现不需要任何迟疑。敬亭山静静地存在着，就像一直在等待着"我"。"山"与"我"之间似乎有着某种情感契合，飞鸟也好，白云也好，都远离了"我"的心灵之境，只有相互欣赏的双方在交流沟通，形成了幻象审美场域，世界在这一刻和谐宁静，尽显存在之永恒。这首诗就表现了审美主体应用知觉和想象能力使审美客体达到"本质直观"的幻象审美特点，现象学的分析方法使这一特点展现得更为清晰。在中国传统艺术中，顿悟、直观的审美方法一直占据主流地位，欣赏者不借助什么系统的理论，只重视自己瞬间的抓取，刹那间的感觉，是“即心”“即兴”的，看似随心而发，没有西方审美理论庞大的体系支撑，实则是审美过程中最为有效，最能见出幻象本体的正确做法。

第四节　妙　　悟

“妙悟”也是重要的中国美学范畴之一，是关于审美活动中心理机制的一种阐明。中国人偏重于整体、本质的认识方式和思维习惯，导致中国哲学自古以来就讲究内心的感悟，但在佛教传入中国之前，中国人的“悟”是一种返道归性之悟（道家）或修德达仁之悟（儒家），都是自性之悟。佛教传入以后，佛教也讲“悟”，而且也是自性之悟，但他们既不论道，也不谈仁，只谈“虚空”，更加讲究心性之悟。能够了悟人生是一场梦幻，是一场虚空，方可以说是有所“悟”。于是中国的禅宗，把佛教的“悟”与中国人特有的心性之悟结合起来，就有了“妙悟”一说。什么叫“妙悟”？“妙”就是“奇妙”“美妙”的意思，“妙悟”即美好的心灵顿悟。由哲学和宗教思想发展而影响到艺术领域，“妙悟”也就成为了中国艺术创作和鉴赏中的独特心理机制，于是“妙悟”就在哲学、宗教和艺术三者的共同思辨中转化为美学概念，在审美中获得心灵感悟可以带来美好、愉悦的美感享受。实中悟虚、虚中见实、玲珑透彻、美妙流荡，“妙悟”便是这样一种幻象审美感受。

一、“妙悟”的美学历史阐释

（一）玄道在于妙悟

“妙悟”作为一个具有特殊内涵的概念并非一开始就直接出现在美学领域，它首先是中国哲学和艺术理论中的一个概念，并且是以“悟”这种独特认识方式为核心，而“妙”则作为程度或性质规范着“悟”。

1. 诸子哲学中的“妙”与“悟”

作为中国文化根本思想因子的先秦诸子哲学，同时也是中国美学思想肇始的源泉，“妙悟”范畴的基本内涵也是基于此。首先说“妙悟”的核心基质——“悟”。“悟”最早出现在儒家典籍《尚书·顾命上》中，“今天降疾殆，弗兴弗悟”，孙星衍注“‘悟’与‘寤’通，《诗传》释以‘觉’，又犹‘知’”。“悟”即指人之心性的觉醒，《说文解字·心部》也说“悟，觉也，从心吾声”[1]，指明“悟”乃“心”的知觉、觉醒，并且这个“心”是不从于他物或世俗权威等的“吾之真心”。《老子·二十章》中说，“我愚人之心也哉，俗人昭昭，我独昏昏。俗人察察，我独闷闷。惚兮其若海，恍兮其若无所止。众人皆有以，而我独顽似鄙。我独异于人，而贵食母”，就是在强调回归我之初心、愚心，不与世众同流，保持一颗独异于他人的真心才能悟道。而老子所谓得天地之本性、世界之本源的“道”是“淡乎其无味，视之不足见，听之不足闻，用之不足既”（《老子·三十五章》），“玄之又玄”（《老子·一章》）的超理性、超形象、超人类感官的存在，所以人对“道”的把握无法只依靠感性直接的感官，而是要靠能洞见一切无形的“心”与“道”的契合，即所谓的“玄同”，“知者弗言，言者弗知。塞其兑，闭其门，挫其锐，解其纷，和其光，同其尘，是谓玄同”（《老子·五十六章》）。庄子继承老子的道家思想，进一步将这种“玄同”得道之法发展为所谓的“心斋坐忘”说，《庄子·人世间》中云“若一志，无听之以耳，而听之以心，无听之以心，而听之以气……气也者，虚而待物者也。唯道集虚。虚者，心斋也”，《大宗师》中说“堕肢体，黜聪明，离形去知，同于大通，此谓坐忘”。“心斋坐忘”也就是要人抛弃肢体五官的直接感受，同时也抛弃心智的理性把握，而以“虚无”之道容纳事物原本的一切，全身心地融入于世界中，抛弃所有也就意味着得到所有，这就是对“道”的把握。虽然老庄的道家学说没有直接说明“悟道”之概念，但他们所强调的“玄同”“心斋坐忘”等认识和思维方式，已经揭示了“悟”作为把握感官物象之外而又是非理性世界的一种独特思维形式的基本规律，为此后的“妙悟”范畴奠定了根本的哲学基础。

其次说诸子哲学中的“妙”。“妙”作为哲学概念最早出现在《老子·一章》中，“故常无欲，以观其妙……玄之又玄，众妙之门”，王弼注曰“妙者，微之极也。万物始于微而后成，始于无而后生……众妙皆从（玄）而出，故曰众妙之门也”[2]，《老子·二十七章》中又说“不贵其师，不爱其资，虽知大迷，是谓要妙”，《庄子·渔夫》中说，“可与往者与之，至于妙道；不可与往者，不知其道”。由此可见，“妙”在道家的哲学中依然是与“道”密切相关的概念，道之玄，亦即“妙”。如果将“道”视为宇宙万物的本体，那么“妙”就是一种精微奥秘的、不可形容的状况。同时，从另一层面上来说，玄妙既是“道”的一种属性，也是“道”之体本身，所谓“两

[1] （汉）许慎：《说文解字》，天津古籍出版社 1991 年版，第 219 页。

[2] （魏）王弼：《老子道德经》，中华书局 1985 年版，第 1—2 页。

者同出，异名同谓”，因而“妙”也就是代表了一切规律的“道”。

所以在先秦诸子哲学，特别是道家哲学中十分注重“妙”与“悟”，用“妙”来限定特殊的思维方式“悟”，既规定了“悟”之内容是超越感官、超越理性的“妙道”，也说明“悟”的性质是一种从属于内心体验的不可名状之妙感。

2. 汉魏晋艺术理论中的“妙”

汉魏晋时期上承先秦哲学之精华，下启唐宋艺术之辉煌，是中国文化发展史中的一个重要过渡时期。对于中国美学来说，这一时期也是各种美学理论和范畴内涵的早期成熟期，“妙悟”范畴在这一时期的发展主要表现在，“妙”作为重要艺术概念的广泛使用。当然并不是说这一时期“悟”的内涵就被取代或停滞，而是说在艺术领域，“妙思”更为明显，而“悟”主要表现在这一时期的中国佛教思想中，后面将具体论述。

首先谈汉魏晋时期艺术作品（主要是文学作品）中对“妙”的广泛运用。“妙”一方面作为“美好”的代称被用于修辞形容纷繁多样的人、事、物，另一方面也作为微思精密的一种思维认识方式和关乎全局的关键之处被使用。前者如宋玉的《神女赋》，“极服妙彩照万方，振绣衣，被袿裳”，以“妙彩”夸赞服饰之美；张衡的《思玄赋》，“舒妙婧之纤腰兮，扬杂错之袿徽”，以“妙婧”形容人物之娇美；向秀的《思旧赋》，“嵇博综技艺，于丝竹特妙”，用“特妙”来形容音乐之动听。后者如曹植的《魏德赋》，“超天路而高峙，阶青云以妙观”，“妙观”即是一种独特的认知方式，与“妙悟”之“妙”有相通的含义。刘义庆在《世说新语·巧艺》中也说道，“顾长康画人，或数年不点目睛。人问其故，顾曰：‘四体妍蚩，本无关于妙处，传神写照，正在阿堵中’”[1]，这里的“妙处”就是指统关全局的人物画之关键处，即所谓的“点睛之笔”，也由此而引发了关于“艺术妙处”的诸多探讨，为美学上的“妙悟”之说奠定了艺术实践基础。

其次说这一时期艺术理论中关于“妙”的阐释。曹丕在《与吴质书》中说，“公干有逸气，但未遒耳，其五言诗之善者，妙绝时人”[2]，以“妙”来品评诗歌作品，并使之成为对艺术作品的审美评价标准之一；陆机在《文赋》的序言中说，“故作《文赋》，以述先士之盛藻，因论作文之利害所由，它日殆可谓曲尽其妙”[3]，“妙”指微妙之处，“曲尽其妙”表明所作文章精思妙想，表现的技巧非常高明，曲折而委

[1] （南朝·宋）刘义庆：《世说新语》，赵成林、陈艳注说，河南大学出版社2010年版，第441页。

[2] （南朝·梁）萧统选，李善注：《文选》，商务印书馆1936年版，第925页。

[3] （南朝·梁）萧统选，李善注：《文选》，商务印书馆1936年版，第349页。

婉细致地将其中的奥妙之处充分表达出来；刘勰在《文心雕龙·丽辞》中说，“《易》之《文》《系》，圣人之妙思也”，“妙思”在指思维的精细时也指艺术构思的巧妙，也就意味着“妙”由审美鉴赏领域发展到审美创作领域，其内涵变得更加丰富。从以上文学作品和文学理论中“妙”的广泛使用，我们可以得知，在汉魏晋时期，“妙”的理论含义已经颇为丰富，不仅有“美好”的形容义，还有“品评”的动词义和“微妙之处”的名词义，它与“悟”相结合而成为一个美学范畴的理论内涵趋向已显露端倪。

3. 早期中国佛教思想中的“悟”

“妙悟”这一范畴的佛教思想色彩历来受到理论家们的重视，从其缘起说来，它的核心内容——“悟”受到魏晋时期传入中国的早期佛教思想的重大影响。佛教修行向来讲究一个“悟”，所谓的“觉”“契”“参”“修”“证”其实都有思想领悟、心性觉悟之义。早期中国佛教最大的成就体现在汉译佛经。自汉代佛教传入至隋唐之前，中国的佛教修行者已经翻译了众多的佛经，这些典籍在很多地方也都体现出“悟”的思想倾向。比如东晋时期后秦的高僧鸠摩罗什就是这一时期著名的译经家，他翻译的龙树菩萨之《中论》中说，“问曰。有人修道现入涅盘得解脱。云何言无。答曰。若不受诸法，我当得涅盘，若人如是者，还为受所缚”[1]，“修道”亦即“悟道”，一切俗世尘法皆为束缚人的苦业，佛教修行就是讲究参透这一切法求得身心解脱，凡俗之人修道常常不讲心悟，固“还为受所缚”。东晋高僧佛驮跋陀罗翻译的《大方广佛华严经》中说，“佛于无边诸劫海，常求正觉悟众生，无量方便化一切，清净广称如是见”[2]，“十方佛土，一切众生，以不思议，而觉悟之”[3]，明确讲到佛法由觉悟而得，众生心思清净无量，乃为“觉悟”之前提。

同时更为重要的是，这一时期中国本土高僧所作的佛教典籍中已经明确提出了“即中”“妙悟”之说，鸠摩罗什的弟子僧肇所作的《肇论》之《物不迁论》和《涅槃无名论》对此做了深入阐发。赵建军说：

> 即物即中、湛然空明的般若智慧，就是要在经验性的世间“作为”中，使精神于“物不迁之静”中，涵容其本然之动，这样，精神的观悟与物象的静动，就形成一种交互的体用谐如，从而“旋岚偃岳而常静，江河兢注而不流，野马飘鼓而不动，日月历天而不周……”主客澄明，臻其无所不空的审美佳境。[4]

[1] 龙树：《中论》，鸠摩罗什译，载《大正藏》第30册，第21页。

[2] 《大方广佛华严经》（第1卷），佛驮跋陀罗译，载《大正藏》第09册，第397页。

[3] 《大方广佛华严经》（第3卷），佛驮跋陀罗译，载《大正藏》第09册，第409页。

[4] 赵建军：《映彻琉璃：魏晋般若用美学》，中国社会科学出版社2009年版，第304页。

于是，“即中”成为“妙悟”的一个智慧“熔点”。僧肇揭示说：“然则玄道在于妙悟，妙悟在于即真”[1]，所谓“玄道在于妙悟”，既是指佛教之道玄虚奥妙，需要修行之人用极其微妙的心思去领悟，同时这一思想又结合了中国本土的道家哲学之“玄道”“妙悟”的思想，是佛教中国本土化的重要代表。此“妙悟”说可谓代表了这一时期中国文化中关于“妙悟”的思想之精华，融合了中国道家哲学、印度佛教哲学和中国艺术思想，是后世“妙悟”学说的实际源头，也是中国美学“妙悟”范畴的重要内涵发展阶段。

（二）妙悟自然

1. 禅宗思想中的“妙悟”

“妙悟”一说自晋代僧肇提出并详细阐明之后，在隋唐佛教思想中得到了更为广泛的论述。比如隋代三论宗吉藏大师在《百论疏》中有云，“既有难通之能，汝必怀一妙术耳。故若有此妙术则是成也。五者汝既有此妙悟终有所悟之一法，有此一法可学故有此能耳”[2]，“妙悟”即指心有妙术、得悟某法。吉藏弟子、隋代天台宗智顗在《摩诃止观》（卷三）中也说，“若得意忘言，心行亦断。随智妙悟，无复分别。亦不言悟不悟、圣不圣、心不心、思议不思议等”[3]，“随智妙悟”是指天台宗所主张的圆顿止观相所要达到绝待境界而需要的随自我之意而观外，五眼（肉眼、天眼、慧眼、法眼、佛眼）、三智（一切智、道种智、一切种智）所知所见不同，从诸门入理就是得体有异，只有用不可思议一法的眼智才能得圆顿止观体，这里的“妙悟”指的就是三智体物的无所分别、圆融顿现的那种心理机制。唐代三论宗元康大师在《肇论疏》中对僧肇的“妙悟”有进一步的阐释，他说“肇法师不见《华严》，而作论冥合，自非妙悟玄理，何至于斯乎”[4]，“非有非无，是谓妙有，故云妙存也……然则玄道存于妙悟，若然者，妙悟即见道也。妙悟存于即真，知即俗是真是，谓妙悟也……妙契谓妙悟也”[5]，一方面指出僧肇得佛法乃是因为妙悟了玄理，另一方面指出所谓“妙悟”，也就是人内心澄净与自然之玄理相契合，彼此无碍。

而到了中国佛教本土化之典型的唐代禅宗时期，“妙悟”的内涵又有了进一步的发展。自达摩大师开创中土禅宗以来，就开始强调“非空空为妙，非色色分明。

[1]　僧肇：《肇论》，载《大正藏》第 45 册，第 159 页。

[2]　吉藏：《百论疏》，载《大正藏》第 42 册，第 301 页。

[3]　智顗说，灌顶记：《摩诃止观》，载《大正藏》第 46 册，第 21 页。

[4]　元康：《肇论疏》（第 1 卷），载《大正藏》第 45 册，第 168 页。

[5]　元康：《肇论疏》（第 3 卷），载《大正藏》第 45 册，第 196 页。

色空皆非相，甚处立身形”，“空外无别色，非色义能宽。无生清净性，悟者即涅盘”[1]；到了慧能大师开创南禅，则又强调“菩提自性，本来清净，但用此心，直了成佛”[2]，此一“了”字便是所谓的心内妙悟。禅宗是继承早期佛教破尘法、求解脱的基本思想，而更加注重“不立文字，以心传心”的宗教思想流派，它是印度佛教（中国早期佛教）与中国本土文化深度融合之后的思想结晶，是在中国影响最大、最深远的宗教思想，特别是六祖慧能开创的顿悟禅，适应了中国各个阶层修行佛教的要求，很快就成为中国佛教的主流，所谓“天下言禅，尽归曹溪”。顿悟禅所讲究的是一个“心”和一个“顿”，禅宗以前的佛教虽然也讲“心性”，但常常把人的心性作为各种“业报”的载体而与佛性相对立，或者是将其看作与彼之天地自然相对的“此心”，而在南禅以后，“心性”成为佛之本体，它与佛性、自然本归一处，不分彼此；关于得道之法，南禅讲究当下顿悟、一瞬开明，与传统佛教的苦修渐悟也有所区别。所有这一切宗派思想和修行主张，深刻影响了自唐以后的中国文化和中国美学，赋予“妙悟”范畴“妙道虚玄，不可思议；忘言得旨，端可悟明”[3]的新内涵。

2. 艺术审美中的“妙悟”

唐代的“妙悟”说一方面受到佛教禅宗思想的影响，另一方面继承前代艺术理论中的“妙悟”思想，并且更突显出艺术审美的自觉性。初唐书法家（由隋入唐）虞世南在论述书法艺术时说，“欲书之时，当收视反听，绝虑凝神，心正气和，则契于妙……书道玄妙，必资神遇，不可以力求也。机巧必须心悟，不可以目取也……心悟非心，合于妙也……假笔转心，非毫端之妙。必在澄心运思至微至妙之间，神应思彻”[4]，很明确地将“妙悟”作为书法审美创作的关键；同时他还说“文字经艺之本，王政之始也……并不述用笔之妙。及乎蔡邕、张、索之辈，钟繇、卫、王之流，皆造意精微，自悟其旨也”[5]，也将“妙悟”作为书法审美鉴赏的标准。虞世南所谓的“妙悟”是指书法艺术正如天地自然一样本有妙道，创作者需要静心和气，用心去体悟，能表现出心中之所悟的书法，便是“契合无为”“造意精微”的最高书法。这一说法将道家之无为与佛教之心悟的思想结合起来运用于艺术审美中，成为这一

[1] 菩提达摩：《少室六门》，载《大正藏》第48册，第365页。

[2] 《坛经》（宗宝本），载《大正藏》第48册，第347页。

[3] 《坛经》（宗宝本），载《大正藏》第48册，第345页。

[4] （唐）虞世南：《笔髓论·契妙》，载《历代书法论文选》（上册），上海书画出版社1979年版，第113页。

[5] （唐）虞世南：《笔髓论·契妙》，载《历代书法论文选》（上册），上海书画出版社1979年版，第110页。

时期重要的“妙悟”说。

晚唐著名诗人、理论家司空图在论述诗歌艺术时也十分强调“妙悟”，所谓“素处以默，妙机其微”（冲淡），“情性所至，妙不自寻”（实境），“俱似大道，妙契同尘”（形容），“薄言情悟，悠悠天钧”（自然）。[1] 虽然书中没有明确提出“妙悟”一说，但以上这些说法都阐明的是“妙悟”的审美内涵：首先，司空图比较明确地表明“诗道不关知识，必由妙悟”[2]，“是有真迹，如不可知”（缜密），诗歌之道不是依靠知识的把握，其中的“真迹”即“妙道”是“不可知”的，而只能凭借一颗真心“取之自足”；其次，司空图阐明了“妙悟”的心理前提是“虚伫神素”“素处以默”，亦即自心的清净无碍，只有秉着宁静清淡之心，才能洞察到天地的奥妙，与天地化为一体，从中悟得诗道的真谛；最后，司空图《二十四诗品》中强调的“妙悟”是一种契合自然、原本自然的诗歌境界，不仅在选取诗歌意象时是“俯拾即是，不取诸邻”（自然）的自然而成，而且在语言表达时是“不着一字，尽得风流”（含蓄）的自然流露，所谓诗歌“妙悟”亦即“妙造自然”（精神）。司空图的这些“妙悟”思想无疑是受到了禅宗“不立文字”“当下即会”“自心是佛”的宗教思想的影响，是融合了儒释道三家精神的美学思想。

唐代张彦远在其所著《历代名画记》中论绘画艺术时也说，“凝神遐想，妙悟自然，物我两忘，离形去智。身固可使如槁木，心固可使如死灰，不亦臻于妙理哉？所谓画之道也”[3]，与虞世南、司空图的艺术“妙悟”观异体而同义，都是强调艺术创作和欣赏重在“妙悟”，以清净虚待之心，融入天地万物之中，求得真实自然之美，这也是“妙悟”范畴在隋唐时期的主要内涵。

（三）诗道在于妙悟

1. 严羽“妙悟”说

严羽在《沧浪诗话》中关于“妙悟”的阐述，使其在中国文论史和美学史上真正成为一个成熟的理论范畴。他在《沧浪诗话》中指出，“大抵禅道惟在妙悟，诗道亦在妙悟。且孟襄阳学力下韩退之远甚，而其诗独出退之之上者，一味妙悟而已。惟悟乃为当行，乃为本色。然悟有浅深，有分限之悟，有透彻之悟，有但得一知半

---

[1]　（唐）司空图：《司空表圣诗文集笺校》，祖保泉、陶礼天笺校，安徽大学出版社2002年版，第163、167、168、165页。后文所引表明“品”名的句子均出自于此。

[2]　朱良志：《大音希声：妙悟的审美考察》，百花洲文艺出版社2005年版，第241页。

[3]　（唐）张彦远：《历代名画记》，中华书局1985年版，第76页。

解之悟。汉魏尚矣，不假悟也；谢灵运至盛唐诸公，透彻之悟也；他虽有悟者，皆非第一义也”[1]，以“悟”为诗歌的根本，明确将禅宗之妙悟引入到诗歌文学中。关于严羽的诗道妙悟说，有几点需要特别强调：

首先，严羽的“妙悟”说一方面直接受到禅宗思想的影响，另一方面也间接地继承了前人诗禅相比的风气。前一方面，从上面引文中的“大抵禅道惟在妙悟，诗道亦在妙悟”一句可以很明确地看出。并且在这段话之前，严羽还用到了佛教禅宗中的声闻、辟支和第一义来分析诗歌，所谓“论诗如论禅：汉魏晋与盛唐之诗，则第一义也。大历以还之诗，则小乘禅也，已落第二义矣。晚唐之诗，则声闻辟支果也”[2]，这里的第一义，即对应佛教中的大乘禅，《景德传灯录·卷九》有云，“心即是法，法即是心，不可将心更求于心，历千万劫终无得日，不如当下无心，便是本法……故佛言，我于阿耨菩提实无所得，恐人不信，故引五眼所见，五语所言，真实不虚，是第一义谛”[3]；而声闻辟支，则对应佛教中的小乘禅，郭绍虞注释曰，“辟支、声闻仅求自度，故称小乘。辟支，梵语犹觉之义，谓并无师承，独自悟道也。声闻，谓由诵经听法而悟道者”[4]，即以佛教禅宗的不同修行成就来区分诗歌悟境的不同。而关于第二个方面，也就是宋代当时以禅诗并论的风气，这也是自北宋以来就有，比如韩驹《赠赵伯鱼》一诗云：“学诗当如初学禅，未悟且遍参诸方”，杨万里《书王右丞诗后》一诗云：“忽梦少陵谈句法，劝参庾信谒阴铿”，郭若虚所著《图画见闻志》记有“（武宗元）尝于广爱寺见吴生画文殊、普贤大像，因杜绝人事旬余，刻意临仿，蹙成二小帧，其骨法停分，神观气格，与夫天衣缨络，乘跨部从，较之大像，不差毫厘，自非灵心妙悟、感而遂通者，孰能与于此哉！”可见严羽接受了当时以参禅譬喻学诗的诗坛之风。

其次，严羽所谓的“妙悟”包含两层含义，即第一义之悟和透彻之悟。“第一义之悟”即沧浪所谓“学者须从最上乘，具正法眼，悟第一义”[5]之说，指的是学诗作诗之人本有天赋高才，能领悟到极精极妙之道。据《五灯会元》记载，灵山会上，佛祖拈起梵王所献波罗花示众。此时，众人皆默然，唯迦叶尊者破颜微笑。佛祖道：“吾有正法眼藏，涅槃妙心，实相无相，微妙法门，不立文字，教义另传。今传之摩诃迦叶。”[6]这一被禅宗奉为得传正法的公案，正在于说明得法者需有领悟无言之

[1]（宋）严羽：《沧浪诗话校释》，郭绍虞校释，人民文学出版社 1961 年版，第 12 页。
[2]（宋）严羽：《沧浪诗话校释》，郭绍虞校释，人民文学出版社 1961 年版，第 11 页。
[3]（宋）释道元：《景德传灯录》，成都古籍书店 2000 年版，第 157 页。
[4]（宋）严羽：《沧浪诗话校释》，郭绍虞校释，人民文学出版社 1961 年版，第 14 页。
[5]（宋）严羽：《沧浪诗话校释》，郭绍虞校释，人民文学出版社 1961 年版，第 11 页。
[6]（宋）释普济：《五灯会元：佛家禅宗经典》，重庆出版社 2008 年版，第 8 页。

拈花举止的顿悟能力。"透彻之悟"即沧浪所谓"有透彻之悟，有一知半解之悟"，说的是学诗者对诗道所悟得的深浅，能化入诗境、见于诗道者乃是深入的透彻之悟，只能参得诗道之某一面则为浅层次的"一知半解之悟"。因而可以认为"第一义之悟"和"透彻之悟"分别说的是悟之有无和深浅，在真实灵动的诗道基本精神上，两者又是相通的。

最后，严羽认为"妙悟"之"妙"体现在"不涉理路，不落言筌""羚羊挂角，无迹可寻"中。如果说前面两点一个说的是严羽"妙悟"说的审美思想来源，一个说的是其审美范畴的具体内涵，那么这里说的就是"妙悟"的审美形象特征，也可以称为妙悟的审美境界。关于这一特征，严羽自己已经用了一系列非常有特点的比喻来加以说明，他说："故其妙处透彻玲珑，不可凑泊，如空中之音，相中之色，水中之月，镜中之象，言有尽而意无穷。"[1]空中音、相中色、水中月和镜中像，都是超越于客观实体、玄虚幻化的存在，"妙悟"所凝结出的艺术作品便具有这种"言有尽而意无穷"的审美特征。总之，严羽的诗道妙悟说具有丰富的内涵，是"妙悟"美学范畴真正成熟的标志，但他的论述毕竟也受到个人和时代的某些限制，因此在后世造成重大影响的同时也引起了极大的争议。

2."妙悟"美学内涵的进一步发展

宋以后关于"妙悟"的理论大多没有超出严羽所说，或是在严氏理论的基础上进一步阐发，或是以纠正严氏理论的不足为出发点阐释，在这众多的说法中，又以明代胡应麟和清代王世禛两家的说法较有内涵发展的意义。

胡应麟在《诗薮》（内编）中说，"汉唐以后谈诗者，吾于宋严羽卿得一'悟'字，于明李献吉得一'法'字，皆千古词场大关键。此二者不可偏废。法而不悟，如小僧缚律；悟而不法，外道野狐耳"[2]，认为作诗不仅要讲究"悟"，也要讲究"法"。那么这所谓的"法"是指什么，胡氏的"悟"与"法"又有什么关系呢？在书中，胡应麟自己给出了答案，"作诗大要不过二端：体格声调，兴象风神而已。体格声调有则可循，兴象风神无方可执。故作者但求体正格高，声雄调鬯，积习之久，矜持尽化，形迹俱融，兴象风神，自尔超迈。譬则镜花水月，体格声调，水与镜也；兴象风神，月与花也。必水澄镜朗，然后花月宛然。讵容昏鉴浊流，求睹二者？故法所当先，而悟不容强也"，"严氏以禅喻诗，旨哉！禅则一悟之后，万法皆空，

[1]　（宋）严羽：《沧浪诗话校释》，郭绍虞校释，人民文学出版社1961年版，第26页。

[2]　（明）胡应麟：《诗薮》，中华书局1962年版，第98页。

棒喝怒呵，无非至理；诗则一悟之后，万象冥会，呻吟咳唾，动触天真。禅必深造而后能悟；诗虽悟后，仍须深造。自昔瑰奇之士，往往有识窥上乘，业弃半途者”。[1]在这两段论述中，我们可以看出，胡氏在严羽以禅喻诗讲究诗歌之“妙悟”的基础上，指出了作诗与参禅在“悟”方面的差别，参禅以得悟为得法，开悟即意味着禅法通透，但作诗在觉悟诗道之后还需要在诗法上进一步深造，使诗歌的表达更加“体正格高”。这所谓的“体格声调”便是诗歌可以求得的诗法，它与作诗之悟两者不可偏废，法如澄明之镜，是妙悟玲珑的镜中象的载体。由此，胡应麟以主“格调”的诗歌理论体系进一步发展了“妙悟”之说，亦即将不可求的“悟”与有则可寻的“法”相联结。

清代的王士禛则主张诗歌的“神韵”，他所谓的“神韵”也是与严羽的“妙悟”有着密切关系，王世禛在《带经堂诗话》中说：“严沧浪以禅喻诗，余深契其说，而五言尤为近之。如王、裴《辋川绝句》，字字入禅，他如‘雨中山果落，灯下草虫鸣’，‘明月松间照，清泉石上流’，以及李白‘却下水晶帘，玲珑望秋月’，常建‘松际露微月，清光犹为君’，浩然‘樵子暗相失，草虫寒不闻’，刘昚虚‘时有落花至，远随流水香’，妙谛微言，与世尊拈花，迦叶微笑，等无差别。通其解者，可语上乘。”[2]首先肯定了严羽以禅妙譬诗旨的说法，禅宗不立文字，以心传心的微妙之义也是上乘诗歌的“神韵”来源。关于诗歌的“神韵”，王氏进一步说道：“汾阳孔文谷云：‘诗以达性，然须清远为尚。’薛西原论诗，独取谢康乐、王摩诘、孟浩然、韦应物，言：‘白云抱幽石，绿篠媚清涟’，清也；‘表灵物莫赏，蕴真谁为传’，远也；‘何必丝与竹，山水有清音’‘景昃鸣禽集，水木湛清华’，清远兼之也。总其妙在神韵矣。‘神韵’二字，予向论诗，首为学人拈出，不知先见于此。”[3]王世禛认为自己首先使用“神韵”来论诗，揭示的是前人所谓诗歌中的“清远”之味，同时也是“妙悟”之所得的诗歌韵味。王世禛的“神韵”说又将诗歌的审美品格推向了无迹可求的“妙悟自然”，其核心精神虽然与前人所说的多有所同，但毕竟他明确地将传统论画之“神韵”运用到了诗歌理论中，并有自己的系统性论述。

总之，严羽之后的诗歌理论都或多或少地受到他的影响，明清时期更为系统性、总结性的一些艺术理论体系都会提及严羽的“妙悟”说，并作进一步地发挥，由此可见，“‘妙悟’作为一种认识方式，在中国古代哲学和美学中具有丰富的理论，它区别于一般认知的途径，在中国文化中具有很高的位置”[4]。

[1] （明）胡应麟：《诗薮》，中华书局 1962 年版，第 98、25 页。

[2] （清）王士禛：《带经堂诗话》，张宗柟纂集，戴鸿森校点，人民文学出版社 1963 年版，第 33 页。

[3] （清）王士禛：《带经堂诗话》，张宗柟纂集，戴鸿森校点，人民文学出版社 1963 年版，第 73 页。

[4] 朱良志：《大音希声 妙悟的审美考察》，百花洲文艺出版社 2005 年版，第 27 页。

二、妙悟的幻象逻辑特征

“妙悟”是对中国人独特的艺术思维心理和幻象审美心理机制的概括，在重视心灵作用、强调审美虚静心理、追求有形之外的无形微妙之处等方面，它与西方美学中强调的审美直觉有相似之处，正如克罗齐所说，“直觉据说就是感受，但是与其说是单纯的感受，无宁说是诸感受品的联想……是综合，是心灵的活动”，“我们所直觉到的世界通常是微乎其微的，只是一些窄小的表现品，这些表现品随某时会的精神凝聚之加强而逐渐变大变广”。[1]但是“妙悟”在西方美学中是不能找到完全对应的理论的，因为它具有根植于中国文化土壤的民族性，其幻象逻辑特征主要表现为：

（一）妙参活法

严羽《沧浪诗话·诗法》中有云，“须参活句，勿参死句”[2]，郭绍虞以禅宗《五灯会元》中圆明禅师所说的“但参活句，莫参死句”来为此作注[3]，可谓是切中两者之相通要点，即无论参禅还是学诗，都须生动活泼，讲究活法，而不能困滞于万相、拘泥于文字。此说亦即阐明了“妙悟”的内在逻辑之一，我们称之为“妙参活法”，就是要用一颗玲珑真心去体会一切活泼泼的微妙之处。所谓“活法”，首先是指能表现世间万相活泼生命的规律，因为“法”在佛教教义中可指一定的规范或规律，所谓“法谓轨持”，同时也指一切事物和现象，包括物质和精神形态的，过去、现在和未来形态的，所谓万法、一切法即涵盖了这一切；其次，“活法”也代表人认识和把握世界的一种灵动的逻辑，世界是生动流转的，人对世界的认识和审美也应当是随之灵动的，在佛教因明学中，法具有唯识学说的认识论及逻辑学含义，如《因明大疏·卷二》中说，“法有二义：一能持自体，二轨生他解”。

我们一直强调美学是关于人之生命幻象的学科，那么，何谓“生命”？内蕴着灵动生机之事物也。“妙悟”既是这种幻象审美的范畴，那它的内在逻辑则必然契合于美之幻象本源于生命的基质，“妙参活法”说的就是这一点。“妙悟”所悟的是一切灵动的活泼，包括存在的、有形的生命体，包括无形的人的内心情感，也包括不存在的、虚幻的灵魂和精神；“妙悟”所遵循的认识规律或者称为逻辑原则也是灵活，不被心中原有的知识所圈固，也不被外界所谓的权威或定律所束缚，随着

[1]　[意]克罗齐：《美学原理 美学纲要》，朱光潜译，人民文学出版社1983年版，第13—14、16页。

[2]　（宋）严羽：《沧浪诗话校释》，郭绍虞校释，人民文学出版社1961年版，第124页。

[3]　（宋）严羽：《沧浪诗话校释》，郭绍虞校释，人民文学出版社1961年版，第125页。

心与天地的灵活相融而认之、体之、悟之，从中获得觉悟的审美快感，便是所谓的“妙悟”审美。比如李白性情狂放不羁，身体和思想都不愿受任何拘束，他站在庐山瀑布之下时，便将自己生命中的狂流尽情倾注在眼前的百丈瀑布之流中，无所困也无所求，只有当下的思绪联想和心灵感悟：“日照香炉生紫烟，遥看瀑布挂前川。飞流直下三千尺，疑似银河落九天。”诗中之景是所有到过此处的人都可以见到的，但诗中之悟却是单单属于诗人自己的，可以说此时此刻的李白尽得他眼前瀑布的绝妙之处。

（二）悟入心境

“妙悟”的另一重要逻辑特征表现在对“心”的重视，既重视心灵作为体悟和创作的器官的作用，即“心之用”，也重视心灵本身所具有的本性，以心为妙之源泉，即“心之体”。将“心”的体用结合，于“悟”中得到美的愉悦和超越，便是“妙悟”在逻辑上追求“悟入心境”的特征。“心境”在佛教禅宗教义中是指以心为本体，不假外物，追求心安身安的超脱境界。东土初祖菩提达摩的《少室六门》中“第五悟性论”有云：“若寂灭无见，始名真见。心境相对，见生于中。若内不起心，则外不生境。故心境俱净，乃名为真见。”[1]“真见”即是“知心色两相俱有生灭，有者有于无，无者无于有”之觉识，也是破除了心色迷悟的正解正见。所以“心境相对”“心境俱净”既是禅宗顿悟的前提条件，也是顿悟见心之后达到的得道境界。唐代道世和尚集作的《法苑珠林》中多次提到“心境忘怀”“心境相成”“心境虚融”等，宋代《景德传灯录》说到弘辩禅师的公案时也有关于“心境”的说法:“帝（唐宣宗）曰:‘何为定？’（弘辩禅师）对曰：‘六根涉境，心不随缘，名定。’帝曰：‘何为慧？’对曰：‘心境俱空，照览无惑，名慧。’”[2]由此可见，“悟”与“心境”的密切关系在禅宗思想中是十分普遍和重要的。而在艺术审美中的“心境”是审美意境论的一个重要特点，王昌龄的《诗格》中说“诗有三境……意境三。亦张之于意，而思之于心，则得其真矣”[3]，对于这里的“思之于心”，作者紧随其后解释道：“诗有三思。一曰生思。二曰感思。三曰取思……取思三，搜求于象，心入于境，神会于物，因心而得。”[4]王氏所说的“心入于境”便是诗歌意境中主观情思与客观情境的无间契合，是心悟得微妙之处的创造。王世贞在《艺苑卮言》中所谓的“篇有百尺之锦，

[1] 菩提达摩：《少室六门》，《大藏经》第48册，第370页。

[2] （宋）释道元：《景德传灯录》，成都古籍书店2000年版，第152页。

[3] 张伯伟：《全唐五代诗格汇考》，江苏古籍出版社2002年版，第172—173页。

[4] 张伯伟：《全唐五代诗格汇考》，江苏古籍出版社2002年版，第173页。

句有千钧之弩，字有百炼之金，文之与诗，固异象同则。孔门一唯，曹溪汗下后，信手拈来，无非妙境”[1]，王夫之在《明诗评选》中评论高启《君马黄》一诗时所谓的“妙在一心”[2]，都是指妙悟对于“心境”的创造。总之，“妙悟”在逻辑上追求一种以心为体、神融于物的幻象美学心境。

第五节 境 界

境界是中国美学的经典范畴之一，在佛教美学、文艺美学等方面使用广泛，它代指个体或者作品所达到的至高的审美状态。一方面，它是审美主体与审美对象之间由动转静、相融相合的结果；另一方面，从审美活动的阶段性来讲，在境界之中，人已超越了审美活动初始阶段的激动、欢愉而逐渐趋于平静，摆脱了物质或精神的羁绊最终实现了完全的自由，是人进入幻象审美的最终实现形态和最终目的。在美的幻象体系中，境界是“意象”“兴味”“妙悟”“即”等一系列审美历程之后的承接，在逻辑上与前述四个范畴构成了美的幻象理论范畴整体，体现了幻象理论的体系化和完整性。从历史的角度来看，“境界”本身源远流长，其形成发展经历了漫长的历程，本身含义也异常丰富。从先秦、汉代以至明清，其内涵从具体到抽象，从偏重客观对象到偏重主体精神内涵，不断转变。近代的王国维吸收中西方文化，赋予了境界更为充实、完善的意义，成为“境界说”的集大成者。境界之发展流变及其在幻象理论中所呈现的新意，是我们本节所论述的重点。

一、“境界”审美范畴的历史阐释

在汉语语境中，“境”与“界”本来是不同的两个词，刚开始并没有合用。“竟”原意为终止，特指一段乐曲的结束，是时间意义上的。《说文解字》上说，“乐曲尽为竟”，“土地疆界”是“竟”的引申义，后来加偏旁“土”，变成“境”字，专指空间意义上的终止。清代段玉裁在《说文解字注》中解释“竟”：“曲之所止也。引伸之凡事之所止，土地之所止皆曰竟。毛传曰。疆，竟也。俗别制境字。”而“界”是一个形声兼会意字，从田介声，本身指的就是田地的边界，是空间意义上的，文字学家用“竟”来注释“界”，“界，竟也”。由此，“竟”与“界”在空间意义

[1] （明）王世贞：《艺苑卮言校注》，罗仲鼎校注，齐鲁书社1992年版，第38页。

[2] （清）王夫之：《明诗评选》，李金善点校，河北大学出版社2008年版，第16页。

上就形成了合流，汇成“境界”，共同代指土地疆界之意涵。刘向的《新序·杂事》中所言“守封疆，谨境界”，班昭的《东征赋》中所言“到长垣之境界，察农野之居民”，都是在原始意义上使用“境界”一词的。现代汉语中我们所使用的边界、边境等词汇，都指客观存在的土地界限，也保留了两词的原始意义，而它们的合成词“境界”后来则与人的精神联系起来，从客观具体走向了主观抽象，这一转变，首先来源于佛经的翻译。

（一）佛家境界

佛教于汉代传入中国，在翻译“visaya”一词时，翻译者采用了“境”或者“境界”对译，但“visaya”的含义与境界的本意并不等同。从历史上看，佛家之“境”也有主观与客观的分别。小乘佛教认为佛家有六境：色、声、香、味、触、法，是曰六境，是人感受认识的对象。世间万事万物，无论其属色属心、属内属外、有为无为，均为根、识认识的对象，均属“境”，从这个意义上说，世界上的一切事物，都是境，是客观存在的，这与“境界”原来的客观性是一致的，不过范围有所扩大。但是在大乘佛教看来，“境”是不能离开人的意识而存在的，“唯识无境”。因此，大乘佛教将境分作性境、独影境、带质境三类，性境即小乘佛教所说的色、香、味、触等，是客观存在、实有不虚的。独影境是由意识想象而来，即使有物质，这一物质也不在眼前，是不能作为直接凭据的。人用意识作为凭借，构想出一个空幻的世界，因此是虚幻不实的，是一种“幻相”。而带质境则处于性境和独影境之间，它是有依存的物质实体，但是从最根本上来说，这些物质实体之名是“假名”，并没有所谓的实质，而是一种似是而非的错觉，或者“妄执”。我们也可以从词语本身探究其真正含义，“性”是本性，也就是本有。“带质”虽为质而非质，既不同于独影境之完全虚幻，纯属见分，也不同于性境是实有实存。这三类“境”是在佛法的观照下才产生的，包括一切的物质和精神现象，在很大程度上甚至更为侧重精神，这就比小乘佛教更进一层。后来禅宗说“法不孤起，仗境方生”，这里的“境”表面上是指一切外物，包括了客观与主观，但是根据禅宗所提出的“心外别传”“明心见性”之理论，“境”的主观性还是要大一些。

丁福保所编《佛学大辞典》这样解释“境界”：“visaya，自家势力所及之境土。又，我得之果报界域，谓之境界。《无量寿经》上曰：比丘白佛，斯义弘深，非我境界。《入楞伽经》曰：我弃内证智，妄觉非境界。”[1]对“境”的解释则为：“心

[1] 丁福保：《佛学大辞典》（下），上海书店出版社1991年版，第2889—2890页。

之所游履攀缘者，谓之境。如色为眼识所游履，谓之色境，乃至法为意识所游履，谓之法境。”“游履攀缘”就是涉足、涉及，心之所到、意之所到就是境界，就是境，是抽象的，存在于主观世界中。《无量寿经》和《入楞伽经》分别译自曹魏和南北朝时期，也就意味着，至少在那个时期，“境”或者“境界”已经完全转为主观意识名词，逐渐脱离其客观具体之意了。

需要补充说明的是，我们刚才提到的佛家三境界理论，除了表明其客观到主观的转变外，还可以表现佛家修为的层次性。更为清楚的例子，是《大方广佛华严经》中提出的另一个三境界理论，包括佛境界、根境界、魔境界，其中最高层次是佛境界。《大方广佛华严经》中所描绘的，“演说如来广大境界，妙音遐畅，无处不及”（卷一），“信解如来境界无边际”（卷五七）[1]，佛境界是高妙的，引人遐思。中间层次是现实世界的根境界，佛家以眼耳鼻舌身意六种感官为六根，六根境界指人的五官与意志所能把握的具有感性特征的现实世界。《法苑珠林·摄念篇》中说：“六根种种境界，各各自求所乐境界，不乐余境界。”最低层次为魔境界，《大方广佛华严经》中说“远离诸魔境界，成就佛法”。魔境界对立于佛境界，指恶的意念与形相。这三个境界具有明确的褒贬含义，佛与魔，理想与现实，高低立现。

有意思的是，“界”与“境界”和“境”在佛学上的意义是完全不同的。“界”是梵文“Dhatu“的意译，一方面表示种族、种类、族类之意，是一类事物的总称。我们通常所说的“三界”，欲界、色界、无色界，都是在此种意义上使用的。但另一方面，“界”又不仅仅表示种类，它更强调此种类对于个体发展的意义。在佛教中，一切有部以“因义”释“界”，该部认为一切个别事物皆由其种类、种族为“因”而有。“因”就是产生个体事物的原因。《大毗婆沙论·卷七一》云：“问：何故名界，界是何义？答：种族义是界义；段义、分义、片义、异相义、不相似义、分齐义是界义；种种因义是界义。”[2]这一阐述就较为全面地解释了佛学中“界”的内涵。到了瑜伽行唯识学派，则将“界”归原于阿赖耶识中的种子。阿赖耶识是教义名词，是“八识”——眼、耳、口、鼻、舌、身、意、末那、阿赖耶之一。一切众生，每一个起心动念，或是语言行为，都会造成一个业种，这些种子在未受报前都藏在阿赖耶识中，所以阿赖耶识又称为“藏识”，有能藏、所藏、执藏三义，它就像仓库一样能储藏各类种子，这些种子就是“界”。“种子”或者说“界”在“仓库”之中并不是静止不动的，而是不断地依存变化，以至成熟。《大乘阿毗达磨杂集论·卷二》云：“问：界义云何？答：一切法种子义。

[1]　《大方广佛华严经》（卷一），佛驮跋陀罗译，载《大正藏》第09册，第397页。

[2]　《阿毘达磨大毘婆沙论》（卷七一），玄奘译，载《大正藏》第27册，第367页。

谓依阿赖耶识中诸法种子，说名为界，界是因义故。又，能持自相义是界义。又，能持因果性义是界义……法差别义是界义。”也就是说，“界”本身是独立存在的，“能持自相”，另外，“界”又是活泼灵动的，作为一种“因”，周围的一切因之而相伴相生，变化发展。

因此，境界二字合称，不仅具有“境”之主体精神、层次性，也含有“界”之相缘相生的辩证思维特征。佛教智慧使“境界”完全突破了“疆界”之本意的单一性，变得丰富、有张力，具有了被应用到其他领域的多种可能性。

（二）诗文境界

“境”被应用于诗文中，最早见于王昌龄的《诗格》一书，王昌龄说：“夫置意作诗，即须凝心，目击其物，便以心击之，深穿其境；如登高山绝顶，下临万象，如在掌中，以此见象，心中了见，当此即用。”[1]此处所说的“境”，是指诗人所看到的客观事物，没有任何的主观含义，但是强调了在诗文创作中主体与客体、心与境的融合。另外，他还将诗分为三类：“诗有三境：一曰物境，欲为山水诗，则张泉石云峰之境，极丽绝秀者，神之于心，处身于境，视境于心，莹然掌中，然后用思，了然境象，故得形似；二曰情境，娱乐愁怨，皆张于意而处于身，然后驰思，深得其情；三曰意境，亦张之于意而思之于心，则得其真矣。”[2]一般认为，王昌龄所言“诗有三境”是受到了佛家的影响，然而他凸显的只是“境”的不同，三境只是三类诗而已，并没有明显的高低之划分。但是其主观性则逐渐加强，从山水诗之纯粹写物，到传情达意，不同的创作目的对应不同的境界。这里也可以说明一下境界与意境的不同，“意境”一词是在《诗格》中首次出现的，比“境界”一词出现晚，此后也发展成为中国美学史上非常重要的范畴，我们在使用过程中常常“境界”与“意境”不分，取其相同之意涵也。但若仔细分析，“境界”涵盖的范围要比“意境”大，意境强调主体“意”之表达，而境也有主体意味，只是客观性特征更为明显。

王昌龄在论述诗歌创作时，又一次使用了“境”的概念：“夫作文章，但多立意……思若不来，即须放情却宽之，令境生。然后以境照之，思则便来，来即作文。如其境思不来，不可作也。”[3]蒋述卓先生在论述这段话时，认为这里的境就有心物结合的含义，“是指诗人构思之时的内心之境或称心象。这时的内心之境，对诗人的艺术

[1] 张伯伟：《全唐五代诗格汇考》，江苏古籍出版社 2002 年版，第 162 页。

[2] 张伯伟：《全唐五代诗格汇考》，江苏古籍出版社 2002 年版，第 172—173 页。

[3] 张伯伟：《全唐五代诗格汇考》，江苏古籍出版社 2002 年版，第 162 页。

构思有触动与引发作用。诗人若构思艰难，就应放宽情怀，调动起记忆里的各种境象，以它来促动诗情。这也是谈意境创造中艺术家的情思与物象的相互生发关系”[1]。这一观点固然很有启发性，但我们认为，“境”这个词在这里似乎发生了某种新变，王昌龄在此并没有说怎样看待外界的物，而是强调内心的舒展虚空，它应该更接近我们现在所说的“灵感”，他是说人在创作的时候不能勉强运思，应该等到内心里有灵光一闪的刹那，然后用这一灵感推动诗文的创作。这里的“境”就增添了一种灵动及瞬时性特征，应该说丰富了境界的内涵。

唐代的境界理论，至皎然又有新的变化，他是有名的诗僧、茶僧，《诗式》是其重要的理论著作，其中关于“境”的有很多条。其要点有二：一是继承前代，提出诗歌境界之分类，比如“取境之时，须至难至险，始见奇句”，“夫诗人之思初发，取境偏高，则一首举体便高；取境偏逸，则一首举体便逸”，[2] 境界有“高”“逸”之分。要点之二是他发现了境界的新特质，“夫境象非一，虚实难明。有可睹而不可取，景也；可闻而不可见，风也；虽系乎我形，而妙用无体，心也；义贯众象，而无定质，色也。凡此等，可以偶虚，亦可以偶实”，他意识到了“境界”理论中包含的“虚”与“实”，“心”与“物”的关系，境界本身也是不确定的，无定体、无定质。更可贵的是，皎然将境与主体的情联系起来，对于二者之间的相互结合关系也有明确的表达，如“缘境不尽曰情”，以及《秋日遥和卢使君游何山寺宿扬上人房论涅槃经义》一诗中的“诗情缘境发，法性寄筌空”。“缘”“法”“性”“空”都充满了佛家意味，情因境而生，在此种状态之中，人能够体味到自己的本性。这一表述使“境界”有了本体论意味。

司空图对境界说也有所发展，他提出了著名的“思与境偕”，称“五言所得，长于思与境偕，乃诗家之所尚者”（《与王驾评诗书》）[3]，明确表述了思与境之间的密切关系。司空图所著《二十四诗品》描述了二十四种诗歌风格，也突出了他对“心”与“物”关系的思考。比如第一种“雄浑”：

大用外腓，真体内充。返虚入浑，积健为雄。具备万物，横绝太空。荒荒油云，寥寥长风。超以象外，得其环中。持之匪强，来之无穷。[4]

---

[1] 蒋述卓：《佛教境界说与中国艺术意境理论》，载《中国社会科学》1991 年第 2 期。

[2] 张伯伟：《全唐五代诗格汇考》，江苏古籍出版社 2002 年版，第 232、241 页。

[3] （唐）司空图：《司空表圣诗文集笺校》，祖保泉、陶礼天笺校，安徽大学出版社 2002 年版，第 1 页。

[4] 杜黎均：《二十四诗品译注评析》，北京出版社 1988 年版，第 61 页。

“体”是本体，是内在实质，“用”是外在表现。外在表现若要达到雄浑之境，需要主体真力弥满，积正气才能显出雄伟。但仅仅有主体还是不够的，作品中还需要“具备万物”，有苍茫的飞云和浩荡的长风，主体与客体自然融合，情景交融，共同达到“来之无穷”的艺术境界。

在司空图眼中，“境界”是一种瞬时的审美创造，“如不可执，如将有闻”(《诗品·飘逸》)，它存在着，却又是不可把握的，随时处在变化之中，“遇之匪深，即之愈稀，脱有形似，握手已违”(《诗品·冲淡》)，具有无穷的艺术魅力。

唐代之后，境界范畴得到了广泛的应用，上述诸种蕴涵在后人的文章诗词中均有所体现，如王世贞在《艺苑卮言》中说，“才生思，思生调，调生格，思即才之用，调即思之境，格即调之界”（卷一），“诗旨有极含蓄者，隐恻者，紧切者；法有极婉曲者，清畅者，峻洁者，奇诡者，玄妙者。骚赋古选乐府歌行，千变万化，不能出其境界”（卷二），“乐府之所贵者，事与情而已。张籍善言情，王建善征事，而境皆不佳”（卷四），强调诗歌不论风格如何，应做到情景交融，含蓄而不直露，单言事或单言情都不可能达到“佳境界”；叶燮在《原诗·内篇》中说杜甫诗“妙语天开，从至理实事中去领悟，乃得此境界也”；况周颐在《蕙风词话》中更写道：“填词要天资，要学力，平日之阅历，目前之境界，亦与有关系，无词境，即无词心。”一客观一主客，论点鲜明。

但是，这些说法并没有使境界在内涵与外延上有所深入和扩大，境界最终成为中国传统美学的重要范畴甚至核心范畴，依赖于清末学者王国维先生的总结和创新。王国维对于境界的论述，主要见于《人间词话》，其中直接涉及“境界”一词的评论有九条，这九条涉及境界的不同方面。为了方便论述，我们将其分为三个层次：

1. 确定“境界”为论词第一标准

“词以境界为最上，有境界则自成高格，自有名句，五代、北宋之词所以独绝者在此。”（《人间词话·第一则》）他认为境界是超出以往的概括的，“余谓北宋以前之词亦复如是。然沧浪所谓‘兴趣’，阮亭所谓‘神韵’，犹不过道其面目，不若鄙人拈出‘境界’二字为探其本也”，“言气质，言神韵，不如言境界。有境界，本也。气质、神韵，末也。有境界而二者随之矣”。（《人间词话·删稿·第一三则》）境界包括主观与客观，“境非独谓景物也。喜怒哀乐，亦人心中之一境界”，涉及范围极广，但兴趣、神韵等都是皮相，是片面的，没有触及词之本质。这里的境界没有层次划分，境界虽有大小，但没有优劣，它本身就意味着一种很高的标准。

那么，“境界”究竟是何含义呢？王国维推崇境界说，但并没有给境界一个准确的定义，虽然如此，我们可以从侧面推断他的本意。如在上面的引文中，他将境界说与五代北宋词联系起来，意味着他肯定五代北宋词的艺术特质，而在《人间词话》中，他同时还否定了南宋词，一褒一贬，态度鲜明，颇可玩味。根据吴征铸先生《评〈人间词话〉》一书中的解释，王国维先生贬低南宋词的原因，是对于清代词坛独尊南宋，过分注重技巧而真情不足之弊端的纠正，他对于南北词地位的评判，一个重要方面是时代局限性，正如许多评论者所指出的那样，王国维先生对于南宋词的评论有失公允，他没有看到南宋词独特的作法，这是我们需要充分考虑的。在此种认识的基础上，我们再来探究北宋词在艺术品质方面的特征。我们认为，北宋词所重的，在于一“真”字，即“真”是王国维“境界说”的核心。《人间词话》中说：“能写真景物、真感情者，谓之有境界，否则谓之无境界。”（第六则）要有真景物、真性情，即是有境界。北宋词不重技巧，它在乎的是词中一定要有真情，所谓“意格闳深”。但又要以自然出之，呈浑融之态，所谓“珠圆玉润，四照玲珑”。有以北宋词比之于盛唐诗者，严羽在《沧浪诗话》中说：“盛唐诸人惟在兴趣，羚羊挂角，无迹可求。故其妙处，透彻玲珑，不可凑泊，如空中之音，相中之色，水中之影，镜中之象，言有尽而意无穷。”王国维虽言严羽“兴趣”说不如“境界”说，但严羽这段话，确实道出了盛唐诗与北宋词共同为人称道的特质。中国传统美学所重视的是活泼泼的生命力，在表现形式上就是自然而然，这实际上是对于审美主体真诚精神的强调。在《人间词话·删稿》中，有类似论述，“读《会真记》者，恶张生之薄幸，而恕其奸非；读《水浒传》者，恕宋江之横暴，而责其深险，此人人之所同也。故艳词可作，唯万不可作儇薄语。龚定庵诗云：‘偶赋凌云偶倦飞，偶然闲慕遂初衣，偶逢锦瑟佳人问，便说寻春为汝归。’其人之凉薄无行，跃然纸墨间。余辈读耆卿、伯可词，亦有此感，视永叔、希文小词何如耶？”（第四三则）“词人之忠实，不独对人事宜然，即对一草一木，亦须有忠实之意，否则所谓游词也”（第四四则），可以说，王国维对于“真”的强调贯穿《人间词话》之始终，对于境界的推崇，远超前代。

2. 区分“有我之境”与“无我之境”

区分“有我之境”与“无我之境”，分大小境界，但没有优劣之分。诗词只要能够做到“不隔”，能写真情、真境，以情为中心，就是成功的作品。成功的作品也有不同的分类。王国维认为，“我”与“物”之间的关系并不是单一的，情感的表现方式是多种多样的。他举例道："'泪眼问花花不语，乱红飞过秋千去'（冯延巳《鹊踏枝》）、'可堪孤馆闭春寒，杜鹃声里斜阳暮'（秦观《踏莎行》），有我之境也。'采菊东篱下，悠然见南山'（陶潜《饮酒》第五首）、'寒波澹澹起，白鸟悠悠下'（元好问《颍亭留别》），无我之境也。有我之境，以我观物，故物皆着我之色彩。无我之境，以物观物，故不知何者为我，何者为物。"（《人间词话·第三则》）在词人写作中，"有我之境"表现了自我强烈的感情投射，"我"与"物"就像两个人在对话，物不再是死寂的，而是有思想、有感情，可以相互沟通的，所以才可以"泪眼问花"；"无我之境"则如同庄周梦蝶，不知周之梦为胡蝶或胡蝶之梦为周，"我"与"物"之间已经没有界限，物我两忘，浑然一体，达到了天人合一之状态。

3. 在创作上，分"造境""写境"

在创作上，境界可分为"造境"与"写境"。"有造境，有写境，此理想与写实二派之所由分。然二者颇难分别。因大诗人所造之境，必合乎自然，所写之境，亦必邻于理想故也。"这探讨了不同的写作手法对于作品风格的影响。王国维这里使用"写实"与"理想"显然是受到了西方现实主义和浪漫主义的影响，中国传统中并无这样的划分。"造境"偏重于作者的创造发挥，"写境"偏重于客观描写，尊重现实。但写实与理想，现实主义和浪漫主义之间并不是截然分开的，在创作之中，需要结合起来："自然中之物互相关系、互相限制。然其写之于文学及美术中也，必遗其关系、限制之处，故虽写实家亦理想家也。又虽如何虚构之境，其材料必求之于自然，而其构造亦必从自然之法律，故虽理想家亦写实家也。"（《人间词话·第五则》）对于审美创造来说，方法不是目的。因此，不必执拗于某种方法。我们前面提到过皎然的"取境"的说法，认为不同的"境"会带给作品不同的气质，但他并没有详细说明创造风格的方法。王国维则详细论之，并以通达之思维，不局限于条条框框，灵活运用，对于审美创造理论来说贡献颇大。

王国维不仅将境界视为诗词分析的第一标准，还用其标举人生高度，他说："古之成大事业、大学问者，罔不经过三种之境界：'昨夜西风凋碧树。独上高楼，望断天涯路'，此第一境也；'衣带渐宽终不悔。为伊消得人憔悴'，此第二境也；'众里寻他千百度。蓦然回首，那人却在、灯火阑珊处'，此第三境也。"（《人间词话第·第二六则》）这一段屡屡为人所称引。后来冯友兰先生也提出了新的人生境界论，他认为不同的人对宇宙人生的觉解程度不同，由此形成了从低到高四种不同的人生境界，即自然境界、功利境界、道德境界与天地境界。觉解就是觉悟理解，强调的是主体的自我努力和自我实现程度，更加偏重个体主观精神层次，是人格美学的一部分。

二、境界的幻象美特征

在美的幻象理论中，境界是指审美活动达到的精神层次，人在幻象审美中实现自由、圆融、澄明的状态。与王国维先生的境界论相同，幻象中的境界没有优劣之分，无论何种境界，都是在人的存在意义上言说的，有境界，就能够满足人们的审美需求。因此，境界首先居于美学本体论体系中，这是我们对它的定位。对于境界的结构，我们认为，境界是一种独立的美学构成，是一种美的再创造。有小境界和大境界，有单纯境界和复合境界，境界一旦创造出来，就具有客观性，审美可以以境界为对象尽情自由发挥和阐释，但这种审美接受并不能替代境界本身的客观性。一定的客观性也与生成它的主观性和客观性基础不同，历史事实和人文精神可以转化为境界的内涵，但这种内涵的呈现并不是对历史事实和人们精神的还原，因为境界本身是独立的，它呈现自身，包括其意味、结构、形式等。我们讲过佛家对于“界”的定义，“界”既是独立的，又与其他的因素相缘相生。幻象中的境界也是如此。因为幻象本身的特点就是摇曳流动，因此赋予境界本身活泼灵动的特点，它看似实有、固定，实则难以把握，似可理喻而实难理喻，“言有尽而意无穷”。幻象中的境界，其审美表现有其特色，既融入了传统境界论的情景交融、主客融合，又在幻象中充满动感，生生不已，变化无穷。

（一）丰沛的主体性精神

境界之本意，是实实在在的客观事物，没有审美意义可言。自佛教渗入之后，主观性成为境界说的重要构成。在美的幻象理论中，丰沛的主体性精神是美的境界的鲜明特色，这里的主体，是个体的、独立存在的人。叶嘉莹先生说：“所谓‘境界’，实在乃是专以感觉经验之特质为主的。换句话说，境界之产生，全赖吾人感受之作用；境界之存在，全在吾人感受之所及。因此，外在世界在未经过吾人感受之功能而予以再现时，并不得称之为‘境界’。”[1]幻象之所以产生并达到一定的境界，形成“如蓝田日暖，良玉生烟，可望而不可置于眉睫之前”的诗人之景，与人的全身心投入密不可分，所谓“凡音之起，由人心生也”。强调主体精神的作用，并不排除外界“物”

[1] 叶嘉莹：《对〈人间词话〉境界一辞之义界的探讨》，载姚柯夫主编：《〈人间词话〉及评论汇编》，书目文献出版社 1983 年版，第 150—154 页。

的参与，只是在境界之中，人的主观性、主动性占据主导地位，是美的幻象产生的推动力。我们欣赏自然美之幻象，春风春鸟、秋月秋蝉、夏云暑雨、冬月祁寒，不同的人感受不同，有些人产生了极大的审美愉悦，而有些人对这些美的事物视若无睹，这就是主体审美能力和身心投入的差别。

境界因主体之强大而产生，同样，境界产生满足了人们的审美需求。审美进入境界这个层次，主体的感受就超越了审美活动进行之初的狂喜状态，开始凝神聚意，在心物合一之中渐至虚静，“疏瀹五藏，澡雪精神”，沉浸在“境界”中，审美初期的大欢喜变成了恬淡与静穆，主体获得至高的精神享受。

（二）真与幻的融合

王国维认为境界的核心是“真”，是真景物与真感情。而在幻象理论中，我们认为审美是一种幻象，它在一定程度上是虚实兼具的领域，指向一个变化未知的世界。这两者之间是否存在矛盾？恰恰相反，幻象境界因为真与幻的结合呈现出前所未有的张力。如同玄学、佛学都以“空”“无”为哲学原点，不但不会使自己的哲学体系走向虚无，反而因不拘泥于一事一物一理念而包容万象。玄学家王弼说：“言道以无形无名始成万物。”[1] 何晏也说：“无也者，开物成务，无往不存者也。阴阳恃以化生，万物恃以成形。”[2] 所以，“幻”使境界与物之间形成了若即若离的状态，因其可“离”，所以自由无碍、无拘无束。因其不脱离物，所以不会陷入彻底的虚无。幻象境界并不偏离审美之核心，那就是人真切的审美情感与审美体验。我们进入到某一美的境界，似乎在一瞬间进入了另一个世界，但是心却确切地感受到了事物似乎在发生改变，在这一刻，我们放下了世俗世界的利益纠缠，以赤子之心面对这个似真似幻的世界，身体似乎变得轻盈，周围的一切都似乎不存在了，“我”与“物”之间达到了前所未有的和谐。这就是真实，深刻的幻觉般的真实。待脱离了这一境界，物还是物，而主体的情感经过这一审美过程得到了净化，审美经验也得到了丰富。亚里士多德说“诗比历史更真实”，在一定程度上也可以解释为现实的存在固然是客观真实的，但是虚构的审美世界却更接近人的感情和内心世界。幻象作为境界的限定条件，因其不确定、不实指而使境界摆脱停滞和僵死，更具包容性，体现了辩证思维的特征。

[1] （魏）王弼：《王弼集校释》，楼宇烈校释，中华书局 1980 年版，第 1 页。

[2] （唐）房玄龄等：《晋书·王衍传》，中华书局 2000 年版，第 1236 页。

第四章　后儒学美学幻象本体

后儒学美学幻象是美学幻象存在论场域的深入，也是幻象美学理论的后儒学美学学科形态的反映。人文学科概念的交叉，取决于存在论场域的切换，有如“果”这一概念，可以在“苹果”“芒果”和“果树”“果实”等概念形态间进行切换，幻象的存在论场域即幻象概念向其系统的呈现形态的切入，而系统的存在论场域所显示的幻象，则是该理论形态的一种存在方式。在幻象美学范畴和幻象美学的学科形态之间，形成交叉的是幻象美学构成的基础理论，它具有从传统到当代不同的学理蕴涵。后儒学美学幻象，是幻象美学进入后儒学美学场域的理论呈现，因其具有中国美学幻象理论的传统资源和后儒学美学资源的外在基础，可以转化为系统的、具有当代性的后儒学美学幻象理论。在学术信息和知识概念日新月异的当代，学科形态愈来愈趋细化，这种学科形态的细化颠覆了传统学术形态所标举的那种具有形而上、“圆中之圆”性质的元学科形态理念，而使具体呈现的存在论场域具有如当代数学范畴理论对于“集”和“子集”所描述的那种性质，即任何一个子集都蕴含着不被“集”所包含，甚至超越“集”的蕴涵与能量。如果把“幻象”范畴视为当代美学或后儒学美学的一个“子集”，那么，幻象美学和后儒学美学幻象都能够作为一种系统的学科形态成立。

人类对基础理论的研究，最重大的推进体现于进入交叉地带的基础概念或基础范畴，能够从其所属的存在论场域跳脱出来，形成自身独立而系统的学术表现形态。在这个理论创新的过程中，构成理论新形态的学理蕴涵主要体现在：第一，该理论学科形态特质的确立；第二，该理论学科内涵的结构呈现；第三，该理论规定自身存在场域的通则及返照自身所处之存在论场域的转换张力。对于后儒学美学幻象，我们着重从上述三个方面解决相关的理论问题，无论在美学学科抑或儒学、后儒学等学科研究中，这些问题的研究都是少有人问津的，但我们并不能因为这些问题肇启的源始性，而恣意发挥理论直觉。一方面美学学科在当代的积累与推进，为基础理论的突破带来空前的难度；另一方面儒学在当代重返价值领域，使有关儒学的任何新异主张，都不能不在异常谨慎的思虑中处理有关的理论细节问题。因而，关于后儒学美学幻象的探讨，在下面展开的理论中，将可能就理论和实践的关联向度上给予凸现当代性的思考。对此我们将在付出努力中充满期待。

第一节　后儒学美学幻象形态

后儒学美学是后儒学学科向美学领域的衍摄。后儒学概念虽由西方汉学家提出并传输于中国，但国际上所讨论的“后儒学”与我们所讨论的“后儒学”并不具相同的学术理蕴及基础，这如同台港学者所倡导的“后新儒学”，皆为根据后现代状况、趋势分析所成之儒学，而我们以后儒学为具有中国特质且具超越历代儒学形态之儒学，在此基础上形成后儒学美学的学科规定性。后儒学美学的幻象形态是其在现实生活与价值场域中的呈现形态，以主体观念的儒学气质为底蕴，迸射当代幻象美学的理念与韵致。后儒学美学的幻象形态向当代各个存在论场域的延伸，是当代文化价值和中国传统美学向当代拓进的必然抉择。因而，对幻象形态的后儒学涵摄的阐述，也属于后儒学美学幻象形态的重要构成内容。

一、后儒学美学建构

近现代以来，儒学在包括中国在内的东亚地区，以及南亚和欧美地区的传播，都存在一个学术身份确认的问题。儒学和国际儒学企望通过儒学伦理文化传统为中国及世界文化的价值底蕴注入活力，对世界文明的价值趋向产生主导性的影响，这种学术意图无可厚非，但当代流行文化、技术文化对经典文化的冲击，以及多元化存在论境遇对歧义重重的不同形态文化的消解，都使人们对儒学能否抗衡，甚至超越当代科学与后现代文化的势能产生质疑。在这种情况下，后儒学的学科理蕴不单单是以复归传统儒学的面目来承担与诸多当下流行之学“争锋”的责任，而更多的是从当代社会及人生的现实与学术、文化的存在正视自身资源的合理性，整合儒学所固有的身份、理念和价值系统，实现自身学术形态中国化与当代性的确立。有关后儒学概念的界定及后儒学美学的学科规定性，就当是必须首先面对并解决的问题。

（一）后儒学美学的学科规定性

1987年，学者杨炳章在《韦伯“中国宗教论”与“儒学第三时期”》一文中指出：“后儒学”作为儒学的“第三期”概念，最初由英国汉学家迈克法克在20世纪80年代初期的《后儒学的挑战》一文中提出[1]，所谓“第三期”是西方学者对儒学发展到当代阶段的一种概括。黄卓越、高柏园等学者主要是由西方人这种提法引入这一概念的，但他们结合当代中国文化的实际对“后儒学”做了进一步的诠释。黄卓越认为，后儒学是“突破当前儒学研究困境的一个必由之径”，它解决“至少两个方面的问题，一是将本土文化普适化；二是以为本体通过外推的方式可以涵盖对其他诸领域所有问题的解决，由此为儒学赋予了一种整体化的意识形态功能”[2]。台湾学者高柏园则认为：“‘后儒学’并不是一种时间概念，而是一种分类的概念，而且是一种异质区分的概念。它主要指出儒学所面对的时代充满文化及知识的异质性、不连续性与断裂性，因此，儒学便不必、不能也不应该仅止于以往经典与传统问题之讨论，也不能停留在连续性的思考模式中，而应该另纳非连续性的观点与思考，才能让后儒学能有真正的发展与生命力。”[3]黄卓越以“后儒学”为突破儒学当代困窘的根本途径的看法，看到了儒学发展的新生机，但这种生机的机缘主要得自于西方现代及后现代观念的注入，则未免失却了儒学自身的性质。高柏园的主张基于对传统儒学及新儒家代表牟宗三、唐君毅、徐复观等的反思而为“后儒学”改弦更目，其见解固然不失新颖、大胆，但如果后儒学与传统是异质的、非连续性的，那就不能称其为儒学，实是假儒学之名而扬非儒学之实。为此，“后儒学”应坚持中国儒学的本有逻辑，西方现代及后现代的观念和方法，只能作为可汲取元素增益其现代特质，就学科逻辑及构成的原理、特质而言，后儒学始终是中国儒学的性质，它与传统儒学具有学理逻辑的内在相关性。或更确切地说，后儒学既非后现代的儒学，也非截断传统的理论主张，它是当代、当下社会文化和学术背景下对儒学逻辑与体系的一种学科化、系统化的整合性建设。

当代儒学以“后”冠在前面，而不直接称为“当代儒学”，一方面，是因为在生成时间相对的意义上，它可以与“原始儒学”及“历代儒学”构成相关序列，而“当代”容易模糊这种内在相关性及其区别；另一方面，是为了凸显“后儒学”作为学科形态，其核心逻辑的超学科性，即固然有时间序列上“原始”或“传统”与“后”相对一说，

[1] 参见杨炳章：《韦伯“中国宗教论”与“儒学第三时期”》，载《文史哲》1987年第4期。

[2] 黄卓越：《后儒学之途：转向与谱系》，载《清华大学学报》2009年第3期。

[3] 高柏园：《后儒学的面向》，载《中国文化研究》2007年冬之卷。

但“后”是最切近的生成，它既非“现代”之“后”，亦非“原始”“现代”儒学之“后”，而是通观古今儒学之“后”所建立的切合于儒学本有逻辑的一种学理构成和表达形态。这样的后儒学尊重儒学的逻辑客观性，尊重儒学对人类当代境遇与发展的价值和意义，在重构的儒学体系中为传统儒学的逻辑、体系及存在意义进行重新定位。同时，这种后儒学与已有的儒学研究，如传统儒学依循儒学“道统”的义理疏证与阐释，或新儒家的现代儒学对义理构成的独创发挥等并不构成“理论义旨”上的重合，它是切合于新时代、新背景、新视界条件下的儒学新形态、新逻辑。简言之，即“后儒学”独立于传统儒学乃至非儒学的“后现代”“现代”的其他学科之外，形成新的逻辑系统和学科构成体现儒学的当下存在与使命。

后儒学的学科规定性主要体现在：

1. 致密性：儒学对待自然、物质规律的根本态度是讲求致密性

致密性是说世界存在物的结构肌理是趋于向内和相互密合的，任何存在物皆因其内在的凝合性而成其为该物。这是后儒学最基本的特质。原始儒学发现了这个基本原则。孔子敬天道，就是敬畏天地自然的致密性这一存在法则。中国人与西方人和印度人等不同，他们最早形成的对自然的认识，是在于自然界当中不断流动迁徙，经常转换观察、认知视点中完成的，因而对大自然能够形成全面的观察和感悟，尤其是对不能用科学（或用理性）解释的灾难能够获有十分深切的体验、感悟。将致密性视为宇宙万物存在的根本法则，就由这种特殊的生活经验和认知习惯得来。孔子的文化意识，承袭了民间巫性文化和族群史官文化的体认方式，注重天地客观运程施于人的影响，将之发展为一种人可以用“至诚之情”感悟，却不能因之移易它、改变它的客观公理。孔子说“获罪于天，无所祷也”（《论语·八佾》），“天”是自然造化的象征，它赐予人的公理不像西方文化的“存在”概念由理性所自出，也不像印度文化的“梵天”“般若”概念由冥思、幻想而复合，而是以天地万物为亲缘性真实存在贴近之、感受之，进而将自身之存在从中用理性分离出来的一种既客观，又具有主体感验性的理则。因而，儒学不仅将致密性视为贯通自然存在的法则，并且将之延伸为人类须遵循的公理和法则。原始儒学认为，不同的物因其实现致密性的成分、方向和状态的不同，促成的物的品质、特性也不同，有的偏于坚实、凝重、稳定，有的偏于纤疏、轻巧、流动，物质的干湿软硬寒热，无不显示致密性的不同性状。譬如，孔子所言“知者乐水，仁者乐山”，是说水动山静，皆赖其内在品质而生成各自的性致；“岁寒，然后知松柏之后凋也”，是讲松柏能够抗御寒霜凋敝，

其内在品质是坚韧的，不轻易衰竭的。固然，这些自然品性是人对自然“感”而后才“知”的，它不是直接认知的产物，但这种“感”与“悟”含有理性的提炼，从而人才能够对不同自然存在的性致形成差别性体认。而在对所有自然物“感悟”之后，对总体的致密性的把握就呈现出人的最充分的理性，“天道”由此成为超越个别感悟、统摄万物存在的普遍性公理。“天道”因致密性而成其永恒和生生不息，原始儒学以对自然最体已的态度，感之深、切之真，大通大悟，把握了宇宙存在的根本存在法则。

致密性作为根本的逻辑法则，是自然万物自处自生、互生互荣的依据，也是自然中最特殊的存在物——人——的生命存在的根本法则和依据。“人道”是“天道”在人这一生存领域的应化，“人道”从“天道”的致密性延伸而来。孔子敬畏“天命”，此天命是讲“天道”给予人的存在的必然性，它遵循致密性而完成其自然运数。“仁道”是依照“人道”而进行的创造性展开，所依循的理据依然是致密性法则。《论语》记述，有一次，孟武伯问子路：“仁是什么？”子路答曰：“不知道。”后儒何晏注曰：“孔（安国）曰：‘仁道至大，不可全名也。’”[1]意思是“仁道”践行的是人的类存在的公理，它不可以一下子具明其细委。何晏所引孔安国的解释虽笼统，但理解的方向是对的，“仁道”就是人所应遵循的最高之道。对“仁道”依字而解也能显其梗概。“仁”，是合成词，甲骨文中左偏旁“人”写作“”，右边的“二”写为“”。“二”有双重意思，一象征天地，上下两横各示天地之极；二表祭祀，乃拜祭宗、祖之意。人与天地相合、秉持祖法为仁。“仁”字中“人”的立姿背向，非与天地相违，乃字形使然，再就是表“一人”，有至上无二之意。“大约早期卜辞，殷王自称‘一人’”（胡厚宣）[2]，周代沿袭这种用法，周王亦称“余一人”“我一人”。晚周时期，“人”的意识在平民阶层中间觉醒，“仁”字中“人”的孤寡至尊之意已经基本上消失，但“人”立于天地间、秉持至上的根本法则及尊贵品质这一层意思还在。原始儒学以“仁”为“人道”的最高体现，认为它也是客观恒存的公理，一方面，只有体已切近它的仁士、贤者才能体认它；另一方面，“仁道”以天地致密性的平易至善，影响人的具体言语、行为，使之美德彪炳，别具义、礼、智、信、勇等仁者应具的品质。“仁”居诸德之先，犹如原始佛教以般若为六度之首，是根本方向，诸德之母。成就了“仁道”，就成就了贤人、君子。反之，一个人如果离开了“仁道”，不致力于诸美德的实践，就会像物的存在失去致密性便必然松散、凋敝、衰败一样，人也无以在世间立身、立命、

[1]　《论语集解·卷三》，台湾故宫博物院馆藏善本。

[2]　于省吾：《甲骨文字训林》，中华书局1999年版，第1页。

立言。因此，说到底，致密性是儒学的根本逻辑法则，体现了儒学的核心价值态度，通过对自然规律的感悟破解，将之有效用于人类社会的道德教化，是儒学对人类文明的一大贡献。孟子说“充实之谓美”，可谓对致密性的体悟至深至切！

2. 亲睦性：儒学特别强调“亲睦性”的道德价值

“亲睦”，指处理自我与他人的关系而采取的敬畏、尊重、和合、通达的态度与风范。“儒”字也从祭祀分化而来，卜辞“雨”字多描述天象，金文“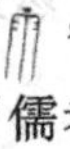”类似画符，示喻神降甘霖，“而”字为多重并立，曲折勾连之他者、他人。“儒者”盖为卜、巫、祝、史衍化而来之通晓礼制之人，故儒者在中国文化中原本具有神性和神祖之性。“儒”字人称，暗含复数，以先王、宗祖、宗亲及乡人、同人形成礼制施用的对象。致密性原则呈显于人伦即亲睦性，属于儒学专事并广而推之的一大公理。原始儒学初创于晚周时期，承袭周礼，但其人文意蕴实承袭远古祭祀及殷商之礼。殷商的“尊尊”“亲亲”“长长”，为周代礼制所效法。夏商末期，古法被桀纣二王颠覆，人伦遭遇戕害，亲睦性先失于朝，后失于天下。孔子以“克己复礼”为己任，提倡“礼”“孝”“仁”“义”等，都是从亲睦性着眼要求儒士、君子践行至大之“仁道”的。可以说，亲睦性就是“仁道”的具体化，是“人伦”理蕴的集中表达。儒者的言语、行为，既要“亲睦”，又不能有损于“仁”，所谓“君子和而不同，小人同而不和”，“唯仁者能好人，能恶人”，“里仁为美”（《论语·里仁》），“礼之用，和为贵。先王之道斯为美，小大由之，有所不行，知和而和，不以礼节之，亦不可行也”（《论语·学而》），表达的都是这方面的意思。诗、礼、乐，都属于致“亲睦”之术，“和无寡”（《论语·季氏》），体仁、事亲、归仁，儒者君子之道大同。孟子对“亲睦性”的体味同样深切，他说，“天时不如地利，地利不如人和”，“君子不以天下俭其亲”（《孟子·公孙丑下》），强调对乡、国的治理，一定要建立亲睦的人伦关系。乡、国的子民亲睦和合，则“仁道”理想在其中矣！这种洋溢于亲族的亲睦人伦，是把“类”的存在放在前面的，即公理唯先，私谊从后，如此，天下才能广披仁风的润泽，百姓的日子才能平安富足。孟子说：“乡田同井，出入相友，守望相助，疾病相扶持，则百姓亲睦……此其大略也。若夫润泽之，则在君与子矣。”（《孟子·滕文公上》）。可见，亲睦性作为公理维系并确证着君子与百姓的幸福所在。

亲睦性作为儒学的核心法则，受到后世儒学的重视。从这一法则展开，儒学与其他诸学融合后形成切合各时代的差异性儒学。“亲睦性”在“齐家治国平天下”的终极理想中是一基本构成，但差异化儒学因糅入的其他诸文化成分并不尽与儒学原则相合，便使历代儒学虽多方突进，仍在内在肌理上多存抵牾。譬如，荀子将法术与儒学糅合，而法家主性恶，是与“仁道”，人本性善说相违的，故不得不使儒学向强调知性解蔽及注重实务方向发展。荀子说：“（君子）与时屈伸，柔从若蒲苇，非慑怯也；刚强猛毅，靡所不信，非骄暴也；以义变应，知当曲直故也。”[1]“以义应变”与“和睦性”的初衷是不同的，它强调的是实际的功利，以此为儒者情性的裁定标准，则人格品质不免流于外儒内法。汉代儒学糅合易道杂学及谶纬巫术，且将之意识形态化，儒学亲睦性法则遭遇系统化的改纂，导致现实外化上弊端累出，“党锢之祸”首先罹难于儒士，继而汉末人伦品鉴蔓延浮躁虚饰，儒士操行乖离正道，舍本逐末之风盛行。六朝玄、佛相继执牛耳，儒学转而低迷，昨日光晕念念不忘间与道佛不断争风吃醋，至隋唐方有回转，然儒学道统已经不再将亲睦性视为首要法则。宋人理学以理抑情，重视的是失却亲睦性的理和气，儒学系统可以说整体变味儿了。明清以降，西学渐渐渗入，更兼近现代以来，西学以儒学为障碍，疑古反孔之声前推后涌，遂使儒学所倡敦厚、蔼如、亲睦之风不复存焉，反而是实用主义、功利主义大行其道，在民族主义和民主主义的革命浪潮中趁机作祟，导致民族道德水准整体下滑。因此，后儒学强调亲睦性，是从根本立义上还归儒学的中正之道，这不仅对于修复人伦关系十分必要，而且对于重构儒学在现代世界文化之林的价值地位，也十分重要。

3. 能体性：生命感受和意识能量为价值驱力的“本体”

后儒学的逻辑本体属于与西方文化不同的本体观念，即“能体”。能体是一种以主体生命感受和意识能量为价值驱力的“本体”。主体的生命感受、意识集合了感知、情感和意志等多种主体冲力，它们统一于主体的生命意向和生命实践，内聚而为强大的感性与理性兼融的能，外显而为强大的主体情志对象化实践。能体不像西方的“存在”概念受逻各斯理性制约，也不像印度的解脱意识以“离欲”为根本趋向，它是生命的整体意愿和意志，导向应对现实的感性实践，具有充分的美学性质。能体体现于主体，是驱动主体的身心感知的敏感度与质量的元状态，当它施现于言语、行为时，便成为生命本质力量的确证。

能体在中国文化、思想系统中具有特别重要的地位和意义。儒学对自然、社会的生命态度，一方面重视亲近自然、社会，由体己感知而及真切感悟；另一方面采取主动征服姿态应化外在诸所遇。这两方面能体都能充分发挥出来，以心理和行为

[1] （战国）荀况：《荀子校释》，王天海校释，上海古籍出版社2005年版，第91页。

的能量聚焦建立生命场域的爆发性力量。但是，儒学并不同等看待人的主体能力，对致密性、亲睦性的感悟在作为人的主体能力向人生场域施现时，也被用理性非常清醒地做了道德上的尺度划界。原始儒学对此的划界是用“君子”和“小人”的不同道德表现来表达的。君子以可为为所当为，以不可为为不能为。君子之为不必一定达到道德极限高度，而以达到最基本的道德要求为尺度基准。这样，君子固然可以把道德理想作为君子“能为”的目的和境界，但君子赴此道即可，倘若君子尽己之力而不能实现最终目标，则纵然“杀身成仁”“暴虎冯河”，也“死而无悔”。而小人处于“君子”的道德基准之下，是一种逆向的、消极的“能体”。孔子深刻揭示、描述了小人的狭隘、重利、阴暗、自贱、寡信义和不承担责任等卑下、无耻的道德，他说，“君子周而不比，小人比而不周”（《论语·为政》），“君子怀德，小人怀土；君子怀刑，小人怀惠”，“君子喻于义，小人喻于利”（《论语·里仁》），“君子坦荡荡，小人常戚戚”（《论语·述而》），“君子成人之美，不成人之恶。小人反是”（《论语·颜渊》），“君子泰而不骄，小人骄而不泰”（《论语·子路》），“君子固穷，小人穷斯滥矣”，“君子不可小知，而可大受也；小人不可大受，而可小知也”（《论语·卫灵公》）……总之，君子为道体仁而行，“己所不欲，勿施于人”，故秉志而行，当仁不让，君子致力于对人伦、社会做出善的贡献；小人则怀私为己，心境阴暗，背信弃义，是人伦、社会道德的堕落、腐蚀性力量，当予鄙视和摒弃之！在这里，原始儒学并没有把君子、小人放在逻辑真空里讨论，而是从平易的现实作为，对君子、小人的内在品格给予截然区分，揭示得非常清晰而深刻。

在理论性态上，能体比本体更富于人情意味，看似易，行则难。后儒学对原始儒学的“君子”“小人”之道德分界，肯定了二千年来原始儒学对儒者高洁操行的“能体”激励，也肯定了原始儒学对博大宏毅使命的创造与维护。但君子的崇高品操并不能替代作为人的其他方面的“能体”，也就是说，在原始儒学，也包括后世儒学中，对“能体”的设定是存在局限的，譬如科学意识、法律观念和宗教情怀等，这些都是后儒学应当加以着重开掘的方面。

以上所述致密性、亲睦性和能体性，是后儒学学科最重要的规定性。这三个方面，规定了儒学的核心价值趋向，凸显了儒学的中正、进取的健康人文理念，超越了旧儒学拘泥于古法古训的刻板与保守，表现了从当代视野和现实境遇出发，正确开掘儒学资源的学术价值态度。其中，儒学的人文精神内在于后儒学的逻辑内核当中，但后儒学并不以“人文性”为儒学“唯一”的能体，它还要探索儒学在当代更具张力与活力的思想与智慧，这是由后儒学基质及其规定性高度的逻辑覆盖力和衍生力所决定的。

（二）后儒学美学建构

后儒学是后儒学美学的学科基础。20世纪以来，当代美学在不同思想体系的价值交锋中呈现出严重的悖论。一方面，传统的形而上学逻辑与意识形态、形形色色的权力意识结盟，使美学越来越脱离现实生活，抽象的普遍性、统一性在约定、裁判美学事实时，因不能激活生命审美冲动，使浮躁和狂热挟带着偏执理性，导致相当程度上的信仰失范和审美信念失衡；另一方面，市场经济在西方所谓自由观念和“后现代”碎片意识的绑架下，以其对僵化原则强烈的冲击意图，破多而立少或不立，也导致健康秩序遭遇断裂、爆裂危机。解决这种悖论，目前依靠乌托邦式的理想化设计很难奏效，依靠马克思主义维护美学的意识形态合法性，也只能解决局部问题，而并不能解决审美现实日益暴露的各种问题。因此，后儒学美学的提出就成为一种适时之需，它能够以传统美学资源为支撑，根据时代发展的新要求建构一种新型的美学观。后儒学美学虽然并非当代“唯一”的救世良方，却是最具亲和性的，也最能付诸于对象化实践的美学形态。后儒学美学作为一种后儒学在美学存在论场域倡导的学术形态，其理论建构主要侧重在如下三个方面：

1. 精纯的价值主导意识

后儒学美学对于现实生产、生活及其他领域的功能性美学实践，主张精纯的价值理念。近30年来，中国经济实力突飞猛进，在世界上成为第二大经济实体国。在我们为国家所取得的繁荣而欢呼、赞叹之时，也要看到在现实生活、生产领域中存在很多问题，诸如制假售假泛滥，骗子忽悠成风，获利阶层腐败堕落，使整个国家、民族的生产、生活美学观念不仅没有因为物质的繁荣而发展，反而在很多方面有退堕之势。为此，后儒学美学倡导精优化、精纯化美学原则，主张去除芜杂和虚假，维护健康纯正的美学价值观念。在这方面，传统儒学所崇尚的精细、优雅、端正、和谐的美学理念，为后儒学美学所汲取。

2. 崇高的精神导向

社会与物质生产是性质不同的两个领域，原始儒学和历代儒学擅长以道德美学规约社会价值。应该承认，旧儒学有许多不适应新时代的内容，但东亚和台湾的某些学者因此而主张与传统儒学断裂，是极其偏颇的。儒学对社会人伦的价值规约，在当代仍具有不可替代的价值。余英时说，“传统儒学的特色在于它全面安排人间秩序，因此只有通过制度化才能落实”[1]，他认为现代儒学与传统主要是制度化的断裂，要恢复儒家的“人间秩序”关键在于把沉沦的制度化再重新恢复过来。这种观点同样是不恰当的，因为传统的人伦秩序对制度的依赖，只能在传统的社会基础上产生，它不可能在当代社会进行复制。就像列宁曾批判宗法社会的道德观不适应资本主义发展时期的社会一样，传统儒学的人伦观念也不适应当代社会的礼序要求，甚至会成为阻碍社会公平正义的因素。譬如，腐败现象的滋生，就多缘于为亲族、家人谋利，社会上流行的老乡、同学、战友会，虽与拉帮结派不能划等号，但有法不依，硬是将可以按正常渠道处理的事务转化为私人利害关系，这也无疑把人伦关系颠倒了，导致社会运作成本无限膨胀。所以，传统儒学的制度化的“人间秩序”在当代有可能转化为后儒学的“病患”，使后儒学的亲睦性原则被改纂为实用主义、功利主义的利益关系，必须坚决抵制。后儒学美学真正主张的是以崇高价值为归依的人伦关系，即平凡的生活可增益亲人、好友之间的温馨与友爱，但一般并不涉及利益关系，倘若涉及，则以崇高的价值为衡量标准，对低俗的、卑鄙的、丑恶的人际交往给予有力抵制。

后儒学美学的亲睦性法则，在逻辑上先于社会其他价值观念的约定，体现崇高的精神导向。由于儒学美学对人的教化作用主要体现为对道德水准的内化，而人的言语、行为总是后于他的内在观念的，因此，后儒学道德法则的美学“先在性”是不容置疑的。目前，有学者主张宪政，主张用法律约束公民的道德，这从社会的宏观设计角度来说是不错的，但从人的美学践行角度来看，是有问题的。因为单纯依靠法制的强制性，对公民的道德自觉先行有一种权力干预，它或可以规范普遍的、公约性的道德，如飞机上不可以吸烟，不可以损害他人的合法权利等，但在生活的具体细节方面，那些为法律所不能涉及的方面，则还是需要人的自主自觉的。不但如此，即使法制很完善，对人的权力干预很到位，也会出现另一种情况：“社会的一致性由诸如诚实、信任，忠实于民族和集体，遵纪守法，可确认的新奇的公正意图及爱好等社会情感和责任感所组成，世俗的情形是，它一定通过法和强制力的推动形成。在此情形下，人们并不能确保法和强制力给予安全感，而与社会的安定、一致性紧密联结的对他人及其欲望的同情心和宽容心，也不能得到应予的保证。”[2]也就是说，法和强制力的效力并不是万能的，高度发展的社会文明必须有一种美学

[1] 余英时：《现代儒学论》，上海人民出版社 2010 年，第 233 页。

[2] Zdenek Suda and Jiri Musil.*The Meaning of Liberalism:East and West.* Central European University Press, 2000. p.74.

化的亲睦性来维系社会秩序与人际关系的和谐。

3. 超越意识的内化与外化

后儒学美学是中国文明纳入世界文明体系并跨入强者队列阶段的美学，它在超越历史局限性方面需要有新的意识，既重视人格超越意识内化，也重视学科价值理念和逻辑原则的外化。从宏观格局认识这个问题，一是不能把传统儒学的超越意识看作后儒学的超越精神，原始儒学及历代儒学的超越意识已经落后于时代发展，所谓“内圣外王”，貌似合理，却常成为自爱自矜和贪图狭隘功利的借口。后儒学美学主张进步的当代价值理念，对人的道德要求注重诚信、公正、亲睦等平实易行的美德，却并不把虚浮的“宏大叙事”也负载在个人身上。在个体与集体协力促进社会文明发展方面，后儒学美学价值观的进步意义决不亚于西方任何先锋观念，它在强调个体自主自觉的基础上，注重实践和民族智慧的有效运用，以推进社会发展的整体超越。二是后儒学美学的超越意识指向具有当代美学鲜活的生命力，它能够克服原始儒学和历代旧儒学超越意识的历史局限性。在中国历史上，儒学美学的超越意识曾经比道家、墨家和法家美学的超越意识都要富有前瞻性，如崇高人格的塑造，礼乐的教化，建立大同理想、超越小农意识，对精神价值的极度推崇等，但在当代，后儒学美学要超越的方面，不止是小农意识，还有商业功利意识、权力独断意识、技术本体意识和其他消极的、病态的意识，对这些方面的超越可以使后儒学美学发挥出远远大于西方美学的价值功效。三是后儒学美学的超越要强化现代意义的诗、乐形式。传统儒学有一个弊病，就是将生活美学、艺术美学转化为道德美学，后儒学美学固然可以以道德美学为价值核心，但美学化的实践主要是通过美学化的形式，才能获得理想的结果。后儒学美学在注重强化诗、乐等美学形式时，对西方美学话语将道德美学转化为政治美学、宗教美学的意图，给予了足够的警惕，因为政治的核心内容是权力，宗教的核心内容是否定现实性。依照后儒学的致密性、亲睦性、能体性的逻辑原则，后儒学美学反对权力对物与人的存在的强力干预，也反对把人的生存虚妄化的否定意图。只有这样，有关自然、社会和技术、知识等因素，才能在人的自在自为中聚合起来，让权力转化为自主自决的权力，让信仰与民族智慧凝为一体，在当代人生的真实存在中实现美学主体的自由与解放，这种解放是最大程度的释放。

二、后儒学美学幻象形态

后儒学美学的幻象形态，是在当代聚合各种当代理论观念和体系形态的基础上实现的美学景观。由于历史积淀的丰厚和儒学本来就具有的扩张机制，后儒学美学比之一般的理论形态具有更丰富的感性表现形态，能够更充分地将后儒学美学的理论意涵通过这些表现形态释放出去。而后儒学美学意涵的现实呈现和释放，又恰恰是后儒学美学的幻象聚合其他理论元素，使之在能够最大限度地凸现后儒学美学理论旨趣的场域中完成转换的体现，从而，在聚集、交叉、融合、渗透的后儒学美学幻象形态中，当代美学的中国化特质和当代性也得到最鲜明而集中的表达。

（一）主体幻象的历史生成

后儒学美学幻象的典型形态是主体幻象。言其典型，是因为它在世界上独一无二，唯有儒学美学具备此种形态，不仅为传统儒学美学所具备，而且在后儒学美学这里得到更为充分和完备的体现；言其为主体幻象，是因为它并没有客体的幻象形态与主体幻象相对应，即是说，根本没有所谓的客体幻象存在。凡是在学术意义上可以称之为客体对象的幻象表现形式，都是主体幻象的衍生形态，在这个意义上，可以说，主体幻象就是后儒学美学的幻象焦点与核心，凡涉及后儒学美学幻象的存在论场域，都围绕主体幻象而存在。而主体幻象的存在论场域的延伸，则意味着后儒学美学幻象表现形态的拓展与延伸，发展到极限程度，就形成后儒学美学幻象无比精致且庞大的系统表现形态。

1. 二元本体的消失与转换

主体成为幻象，在西方美学中近似于一个神话。西方美学的主体与客体相对，属主客二元对立的审美情境，美的呈象或幻象在主客相应中呈现出来，显示为客体对象之特征，或者为主体想象、敷衍和投射到客观征象的象征。但中国儒家美学的主体为“仁”的践行者。“仁”者，人道也，是由天地演化而来，极尽自然造化的极限。天道和地道是二元之始，天地二元转换的人道，以“仁道”为其初始。但“仁道”并非儒家美学的终极本体，如是，则儒为一元本体论了。在原始儒学创始人孔子的观念中，“仁”是用来描述儒者道德原人之心的一个概念，有此心的儒者就具有儒者的人性，此所谓天地之仁即生，人性得其仁则久。而“仁心”固然为儒者的崇高追求，但君子的德行有内有外，有隐有著，有仁有知，正是这种内在的德行决定了君子人生作为与存在的不同。在君子德行的整个结构中，“仁心”占据着十分重要的位置，但不是全部，所以它是儒者人格追求的最高境界，却不是儒者作为君子存在的唯一裁定标准。《周易》中多次出现“仁”字，对这个意思表达得甚为充分，如“君子体仁足以长人”[1]，“显诸仁，藏诸用”，“仁者见之谓之仁，知者见之谓之知，百姓日用而不知，故君子之道鲜矣！”[2]这两个解释中，第一个说明君子依仁道而行，可以成为命运长久之人；第二个说明天地都可以以其道而为人所感所知，使“仁者”见其仁道，智者见其规律，老百姓则天天遵循天地的变化规律而生活，根本不知道君子的天地之道是什么——他们是不同的人，受益于天地之道也不同——因而，即使对于君子这样的特殊人群，能够发现仁道并依此而行的也少之又少。可见，仁道是君子践行的目标，但并非唯君子所据，智者和百姓也可以知之或用之，只是不能自觉发现它并作为目标实践而已。

“仁道”既然不是君子的唯一所依之道，那么，天地之道能被人理解、实践的方面就很多。所以《易传》释君子德行，以四德具列：“君子体仁足以长人，嘉会足以合礼，利物足以和义，贞固足以干事。君子行此四德者，故曰：‘乾：元、亨、利、贞。’”[3]此四德为天地二道相合所生，非仁德所衍化。在二二变四的易理中，儒者以仁、礼、义、贞而成君子美德。君子美德的确立，标志着天地之道作为二元本体的消失，这就是价值存在论场域的转换，也是美的幻象在价值存在论场域的一种呈现。

天地阴阳之道所生之八八六十四卦，三百八十四爻，都是天地二元相合的幻象。儒者以君子为其价值基准，汉人《易传》所释之君子四德，也属于君子美德的幻象。仁德为君子之德的首位，居领导地位。对于“仁”的含义，可以有一个基本的解释，就是“仁者，爱人”。那是一种人与人之间的相互凝合力，即从自然致密性所感悟而得的一种自然、亲和、爱慕的品性。君子因“仁”德之生而立己，又因仁德之立而爱人。在爱人而及人的过程中，仁者有优有劣，百姓亦可以为仁者，君子为仁者或成为贤者，但君子之贤有小仁，有大仁，能够行大仁者，其为君王或圣人。在爱人而及人的过程中，“仁”意识的膨胀衍生出仁的幻象，爱他人也自诩，是为仁德独有，独有而德孤，反转爱人而为爱己，故卜辞中殷王、周王自称“一人”“余一人”，即是孤德自号，自视与天地相等，至高无上。在仁德的自我强化中，天地二元本体的决定、限制意味消失得无影无踪，雷霆震怒，虹霓非时而现[4]，“自爱”的

[1]　（宋）王应麟辑，惠栋增补：《郑氏周易注》，商务印书馆1939年版，第2页。

[2]　金景芳、吕邵刚：《周易全解》，上海古籍出版社2005年版，第520页。

[3]　高亨：《周易大传今注》，齐鲁书社1979年版，第61页。

[4]　于省吾《甲骨文字释林》曰：“虹霓之藏现有时，古人以藏现失时为不祥，卜辞以虹出为有希，其说由来尚矣”。见商务印书馆2010年版，第4页。

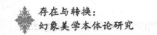

仁德假象也属仁德的幻象之一，所谓以象喻体，力求贞正，正是由此反省所致。于是，由君子仁德的爱人之心，及其引导的自制力（合礼）、反省力（纠偏力）便产生了比仁者自我意识更高的道德群体，这就是儒者。

2. 多元本体的内集合

儒者的产生，是中国古代社会文明发展到“以德治身”“以德服众”“以德建方”阶段的体现。天地二元本体在仁道确立、发展中消失，“仁道”产生出不同层次的道德实践者，优劣不齐，其甚者也有走向反面者。在这种情况下，“儒者”应运而生。“儒者”从两个方向继承了美学的文化理蕴，文化基础可谓十分深厚。其一，“儒者”为“医、卜、巫、祝”的继承者，卜官即巫官，执掌吉凶、变化、悔吝、刚柔之象，依卦以行事，由日常生活之杂务，到婚丧嫁娶，到外交战争等，皆离不开占卜，故由巫卜再到行事之官，为一自然的演化；其二，原始时期的巫、祝等多为部落酋长，后最高的执掌祭祀者为国王，凡家、族、乡、国有大事发生，皆由史官告之以祖，故祭祀由上而下，通过史官层层推行，而史官重记事，亦即为“事官”，因记事重实重简，与卜官之臆想衍出风格迥异，故“史官”到“事官”又成一自然的演化。此两端，前者在历史学、文化人类学的考镜中已成不容怀疑的一个规律，故此处不举证例。至于后者，笔者在《论中国学术的本原范型》一文中曾就“祝史”一体做过论述：

> 由社会经验获得的知识因素亦将现实契机不断促新，趋于繁富细密。《尚书·皋陶谟》曰：“日宣三德，夙夜浚明有家。日严祗敬六德，亮采有邦。翕受敷施，九德咸事，俊乂在官，百僚师师，百工惟时，抚于五辰，庶绩其凝。”《礼记·记运》曰：“先王秉蓍龟，列祭祀、瘗缯，宣祝嘏辞说，设制度，故国有礼，官有御，事有职，礼有序。”《周易》曰，“履霜坚冰至”，“习坎，重险也”。对行事运作的体验，在学术奥义的体味里越来越趋细腻，并且已完全被时间化，“祝史”一体，实际就是时空契合的实践，它们在情感、体验的累积中把外向的实践内化为意识的道德境界。[1]

“祝史”一体的过程，即社会行事繁富细密，则史官之“记事”也成本分之务，从而“卜官”到“史官”，“执事”到“记事”，都在要承担社会官职这方面达成一致，演化的结果是，“卜官”的通爻达变转换为史官的达古今之变，通天人之宜，“史官”的秉事而行、而记，严谨、客观而中正无畏，就成了“事官”的行为节操，

[1] 赵建军：《论中国学术的本原范型》，载《河北学刊》2010年第3期。

它们融合一体，构成儒者的精神气质和思想品格。

儒者的诞生标志着“仁”与“智”的结合，是天地精华所生的“人灵”幻象。如前所述，“儒”字的字形，人为偏旁，“雨”含润意，“而”字曲折勾连以示“他者”，故“儒者”是复数概念，它在群体意义上提升了君子的道德内涵，将之转化为人伦社会的存在主体。

“仁”与“智”的结合生成儒者的本质内涵，这种内涵不是差别性的，而是建构性的，因此，自原始儒学确立儒学的基本原则以来，作为儒者的本体内涵，便随着社会存在境遇的改变，而不断将历史性诸外在存在论场域的价值内涵吸收为儒学的有机内容，使儒者的本体成为真正多元化的、内集合性本体。

自古而今，对儒者的内集合性多元本体，几无人能够发现并认识。究其原因有三：一是习惯于用西学一元本体论的思维方式来分析儒学，从而只见其仁，而不见其余方面亦为决定儒者存在本质与面貌者；二是习惯于从伦理学角度来认识儒者，从而只见其儒者遵从礼教规范，而没有看到儒学随时代变化而有内涵本质的拓展，而被充实到儒学基本原则中的学理并非仅限于伦理学，其他各学科都不同程度地为儒学所吸取，这一点也充分证明了儒学的存在论场域是动态性的、辩证发展的；三是习惯于从单一的与自然区别意义上的人性本体论角度来理解儒者，将君子与小人的区别等同于人与禽兽之别，殊不知儒者的本体论设置，已经基于中国的整体有机思想在哲学上实现根本突破，它涵摄易学的卦象思维，涵摄阴阳五行的多元本体构成，聚合于内在人格的塑造，著象于儒者人生实践的伟大风范，是一种建构性很强的本体论观念。

从本体的内集合来说，原始儒学提出仁、义、礼、智。孟子总结为“四端”：“恻隐之心，仁之端也；羞恶之心，义之端也；辞让之心，礼之端也；是非之心，智之端也。”[1]孟子又云“充实之谓美”[2]，将中正密实观念纳入本体结构。荀子则糅入法家意涵，《荀子·宥坐》云：

> 孔子观于东流之水。子贡问于孔子曰：“君子之所以见大水必观焉者，是何？”孔子曰：“夫水大，遍与诸生而无为也，似德；其流也埤下，裾拘必循其理，似义；其洸洸乎不淈尽，似道；若有决行之，其应佚若声响，其赴百仞之谷不惧，似勇；主量必平，似法；盈不求概，似正；淖约微达，似察；以出以入，以就鲜絜，似善化；其万折也必东，似志。是故君子见

[1] 《元盱郡复宋本孟子赵注·卷三》，公孙丑章句上”，1931 年故宫博物院影印本。

[2] 《元盱郡复宋本孟子赵注·卷十四》，尽心章句下”，1931 年故宫博物院影印本。

大水必观焉。”

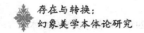

荀子所提“德”“义”“道”“勇”“法”“正”“察”“善化”“志”等，意涵极其丰富，将法家和儒家的本体观念通过“观大水”喻为主体内在精神之集合。

水作为感性的呈象，本无如此诸多的观点、意志，现在它们却成为主体内集合多元本体存在的明证。汉儒更重视显象对内集合本体，貌似由内而外、实则以外证内的反涵摄。董仲舒制定儒学正统学理，号称“独尊儒术，罢黜百家”，却在其自己所撰写的《春秋繁露》中将阴阳五行学说糅入儒学。西汉、东汉易纬学及谶纬学的流行，是原始儒学学理的一种沉沦，在徐复观所批判的所谓正统儒学的专制观念控制下，各种各样的学术本体观念汇入儒学体系当中，成就了汉代儒学不失其杂学面目、又具有绝对主导的话语权的地位。而此时的儒学，已经由原始儒学倡导的君子、儒者应当遵循的价值基准，转化为对普通百姓也具有人伦制约意义的五常观念，即“仁、义、礼、智、信”。

儒学在汉代本体构成的内集合转化，虽然明确了儒学的绝对主导地位，但也使其因此失去了原始儒学的纯粹性，在一定程度上淡化了君子士人的仁道精神和“史官”“事官”刚直耿介的内在品格。特别是东汉“党锢之祸”对儒学人士的摧残，进一步导致儒学的现实主体性由政治化、伦理化的人格诉求和兼采阴阳谶纬、道学仙术的末流倾向，向虚玄高蹈、委蛇于诸学之调和转化。儒学多元化本体内集合的趋向，在相当程度上遭遇了遏制。此后，魏晋南北朝至隋唐时期，中国美学主体在中印及北方各少数民族文化交汇的大背景下，逐渐实现了儒道释主体存在的本体论融合，在其不同本体论碰撞、互斥、互仿、互渗以至融合的阶段，中国美学的主体没有呈现特别明确的身份，因而儒道释时复有所交换地各擅主位，但在美学学理蕴涵的认识方面，却是能够将儒道释的存在论场域都带动起来，在隋唐学术的调和、平衡理念下发挥各自的理论优势。到隋唐末年，中国美学的主体已经完成儒道释本体论三元构成的高度融合，在诗文书画中，儒道释的义理价值、人格倾向和美学趣味都有极为广泛而深入的表现，可以说，隋唐是中国古代美学，尤其是儒家美学以内集合多元本体为主体之精神构成的第二个大的标志性时期。与汉代儒学本体的多元化内集合构成所不同的是，隋唐主体人格的精神气象格外恢弘壮观，本体论场域的交叉、转换、创构也远远胜于之前任何时期，美学内在意趣的精神显象也更为空灵、圆通、淳和、旷达，但是，儒学初创时期所秉承的天地造化气象和仁道的中正方直气节，到晚唐五代时期开始一日不如一日地退堕。

宋代儒学美学幻象的本体论场域向原道回撤，有关本体蕴涵的幻象设计注重天地元极的设定，对于隋唐以来儒学与佛学、道学的合流，则从内集合多元本体有所简化，转而变为由理气二元统御所有理蕴。此二元先由张载确定“神”与“气”之各具秉性，后由程颢阐明“神”与“气”作为二元具有存在本体的相通相合之性，但“神”与“气”在这种相合之存在中又是各存其质的。程颢说：“气外无神，神外无气。或者谓清者为神，则浊者非神乎？”[1]朱熹引为立说依据，转此二元为“理”与“气”，认为：“论天地之性，则专指理言。论气质之性，则以理与气杂而言之。未有此气，已有此性。气有不存，而性却常在，虽其方在气中，然气自是气，性自是性，亦不相夹杂。”[2]又说：“《乐记》曰：‘人生而静，天之性也。感于物而动，性之欲也。’何也？曰：此言性情之妙，人之所生而有者也。盖人受天地之中以生，其未感也，纯粹至善，万理具焉，所谓性也。然人有是性，则即有是形，有是形则即有是心，而不能无感于物。感于物而动，则性之欲者出焉，而善恶于是乎分矣。”[3]理气在本源上是有分的，在存在上却是一体的。理可以具化，所谓礼、义等皆从理出，朱熹解释“克己复礼”道：“仁者，本心之全德。克，胜也。己，谓身之私欲也。复，反也……盖心之全德，莫非天理，而亦不能不坏于人欲。故为仁者必有以胜私欲而复于礼，则事皆天理，而本心之德复全于我矣。”[4]心因理得以气的运行气场，理赋氤氲流动之气以形质，是为诚心达性。由此，至于每一个个体，彼一己之义为义理充溢之心，彼所重之理，为凝聚气质之性，率性则达天理。儒者在世“修身齐家治国平天下”，循天理，灭人欲，则儒者心性与天下至善实现终极目标的统一。宋儒的本体论回归，与儒家群体初立之时及孔孟原始儒学创立期重视“克己复礼”和以天、地二元本体为仁道之本的精神，多有一致。但实际情境又大为不同，原始儒学是于人学发蒙时期所弘扬的儒学，因而其关于仁道的理论创构是原创性的；而宋儒则是在佛家、道家及其他杂学都发展至相当成熟的背景下，有感于儒学道统庞杂无继的情况下对儒学发展的一种整固和纠偏，自然在整固过程中，宋代理学，甚至亦包括明代理学对儒学基本学理多有简化，但这种简化必然包含了依照当时的历史情势对儒学的一种安排。譬如朱熹以理为先，认为理外无气，大力强调理概念的形而上特性，而“理”在原始儒学中并非核心概念，“仁”的内涵在孔子那里并不具备特别严密、

[1]　（宋）程璟、程颐：《二程集》，王孝鱼点校，中华书局 1981 年版，第 121 页。

[2]　张伯行辑订：《朱子语类辑略》，商务印书馆 1936 年版，第 25 页。

[3]　（宋）朱熹：《乐记动静说》，载《朱子文集·卷十三》，福州正谊书院藏版。

[4]　（宋）朱熹：《论语集注》，载《四书章句集注》，中华书局 1983 年版，第 131 页。

形而上的本体蕴涵。因此，宋代儒学严格地说，也是儒学内在本体在时间场域中的一种展开，只不过它所涵摄的内容更注重本体论场域的纯粹与集中。因而，在儒学学科的理论性态上，宋儒更似西方黑格尔那样思想逻辑臻于完满的一种创构，然而在本体论蕴涵的拓展方面，却没有新的根本性的推进。宋明以后，中国人的心性趋于保守，经常把个我的率性作为通达人生至高境界的表现，便与宋代儒学本体论内集合凝为二元乃至一元的逆向具有密切的内在联系。

3. 无主体的特殊主体

后儒学美学幻象发掘出超越历史场域的意蕴真实，通过意蕴幻象的涵摄，揭示美学理论的整体发展态势与其具体存在的矛盾性。从中国儒学美学发展的情况看，无论是原始儒学还是后继之历代儒学，其美学上体现的本体论观念智慧，都具有很强的主体论色彩，甚至可以说，儒学就是关于主体论的学说，儒家美学就是关于主体论的美学，而这种主体论美学的元构成又随时代发展不断绽出新论，其任何一时期之理论与其贯通历代的儒学通则，都存在着相合又相违的复杂状况。一句话，儒学美学的幻象纷繁，如若不在具体生成的存在论场域中厘清其当时的本体论性质，是不能对儒学的历史存在与发展的本质有一个完整的认识的。

如果历史只是沿着这样一种发展轨迹前行的话，在宋儒以后，儒学美学的本体可能走的是一条回归后复又繁杂起来的道路，其主体性应无大的改变。然而实则不然，在宋代程朱理学的改造与整固中，儒学已在其存在性态上向客体论一极靠拢，只是限于“心”“气”概念与“理”的一体存在，这种主体论向客体论的迁移并不明朗，或者并不坚定，给主体论的“率性”留下了向客体场域实践的可能性通道。但儒学内部已经对此产生警醒，南宋王阳明心学就是对程朱理学客体论倾向的一种反动。明代李贽继续弘扬心学，并摆出一副与传统儒学决绝的姿态。其实王阳明、李贽所倡的心学是对儒学仁心本体的回归，但及至宋元明清时期，社会文化的大背景已经发生根本改变，手工业和商业的发展，都市化市民阶层的集中，特别是明代以来西方传教势力从南向北的渗透，已经改变了儒学的存在论场域，它已经不能像汉代和隋唐时期那样，借助官方国家机器维护自身的学术道统地位，或借助中华民族的文化融合性，在处理其他形态的学术理念时，保持一种中和调停者的角色形象了。在个体主义和西方宗教、政治文化的冲击之下，儒学的文化优势日渐衰退，其主体论的场域涵摄和拓进态势也不复往日，甚至成为新起资本主义产业力量和个体市民阶层发展的对立面，其情状到晚清年间愈演愈烈。薛福成在《筹洋刍议》一书中记载了某出国随员回国后在报纸上发表的感想，其认为“西国制治之要，约有五大端”，原文太长，现摘其要点：一曰通民气，二曰保民生，三曰牖民衷，四曰养民耻，五曰阜民财。大抵所叙皆从如何使民懂道德，以养民、教民而致强国。末段云“世之侈谈西法者，仅曰精制造，利军火，广船械，抑亦末矣”[1]。而自汉以降，以儒学教化民众的传统在生计、实利的倒逼下，已经丧失了基本的功效；到了近现代，儒学或儒教虽然仍为道统所极力倡导，但信奉者多迂执陈腐，迷恋祭祀占卜等末流之说，对于社会民众，儒学基本处于退场境况。如上所引薛福成日记所记，官员对儒学的“失教”隐含指谪，而现实中更有尴尬之事令儒学无矢可发。据清代同治年间（1873年）传教士在北京所办报纸《中西见闻录》载“京都近事”云：

> 今秋，某乘骑闲游，偶从东城根下过，瞥见城之内坍陷数丈，砖土堆积，人马不得行，路为之塞。初以为夏雨过多，潦水所致，忽忆客冬，曾亦骑游过此，有居人数四于城煌下取土，某不省何作，从旁询之，云挖取黄土，用以搀煤。随见各城根，俱已掘成洞坎，计自冬越春及夏，居民以近便，旦旦取之，度即令其坑之深下，又多多矣！停潦既多，积久湮渍浸淫，虽名为金汤之固，欲不塌不得也。且四面城下居民，随在取土，皆有坑坎，盖习以为常，无足深怪，独是人取一篑之土，而国家费数万之币，则防微杜渐之道，不必责城之不坚，而责土之擅动也。[2]

文章作者不详，但从其所叙看，当是一位忧国忧民的儒士所作，固虽为传教士主办刊物所发，亦不失其对国情感叹忧怀的真实。儒学一方面在政府官员的心目中失去其教化以导民的主导权，并在以实务强化国力方面也不显优势；另一方面，在百姓当中，也有颇多类似上面所叙墙根下掘土之民，一天又一天地，自冬越春及夏，只为眼前的生存小利忙碌，看不见国势如危墙时时有颓倒之可能，则儒学的主体地位基本上接近于退场了。

而事实也正是如此。不仅客观情势逼迫儒学退场，而且随着20世纪初对西方科学与文化采取的开放引进政策，人们的思想观念得到了很大程度的解放。于是，由一批先进的思想家和民主人士所倡导，发起了轰轰烈烈的反孔运动。今天看来，20世纪初的五四运动，包括二三十年代对国粹派的民族主义批判运动，与其说是有那么一部分人用极端态度对待传统文化，主张打倒孔家店，否定儒学对中华民族精神

[1] 徐素华注：《筹洋刍议：薛福成集》，辽宁人民出版社1994年版，第148页。

[2] 《中西见闻录》第十六号（月刊），引自丁韪良(William Alexander Parsons Martin)、艾约瑟（Joseph Edkins）所办原刊之影印件。

的塑造作用，不如说，近现代儒学的本体论场域，陷入了一种几乎完全是敌对和否定的阵营当中，这就像一个演讲者在会场上，几乎得不到什么有力的支持者，耳朵里充斥的是一片呵斥、怒骂的声音，那么，这个演讲者的主体意识就会处于自我压抑之中，即便他仍然在讲台上演讲，他作为演讲者的主体地位实际上已经不存在了。20世纪上半叶，甚至到70年代末，儒学美学在中国所处的地位就类似于这样的演讲者。为此，我们把这个时代的儒学主体的幻象状态称为“无主体的特殊主体”状态。之所以是特殊主体，是因为儒学在总体情势下呈现为不在场状态或退场状态，但由于儒学积累深厚，儒学美学的幻象形态极具拓展力和衍生力，从而，即便是它不能像既往站在前台引领时代学术和文化舆论，它的潜在延伸的文化之根也并没有断裂，而至今被称为国学大师辈出的时代，恰恰是儒学低调沉潜的现代。这种主体存在与本体论场域不尽一致，纠结在许多并不单纯属于儒学的历史、民族或文化症候中的情形，进一步反证了近现代儒学在中国文化总体格局中衰退的严酷现实。

（二）幻象之幻的面具固化与变异

后儒学美学的幻象形态对于历史记忆的理论描述，与理论本身的自我意志及其美学镜像有很大差别。原始儒学美学及历代儒学美学中，儒者制造的观念意识形态和美学理想，带着其对自身未来的美好想象，总是有一些夸张的成分超出儒者的美学想象。从历史发展的必然性上说，这也是无可厚非的。问题是理论提出者的存在和它的力量的影响力，如果不能如其所愿，则等于客观上遭遇了历史、现实的否定，这无疑强化了所有理论创构及其存在的虚幻性。

幻象之幻正是这样一种美学存在。在历史所给予的一切可能性空间里，美学将实有的和虚拟的因素聚集起来，创造出这些因素所能释放并融合的总体景观，使得原来仿佛是坚硬无比的本体硬核，在一个更大的机体内变得柔软甚至无足轻重，因为有另一种超越原始设计的美学价值论在涵摄并规范着所有这一切。于是，幻象之幻不仅可以从高处超越时空地俯瞰历史既往所存在的一切，而且可以从未来乃至未来之当下提出足以克服历史弊端及其有限性的思想方案。

儒学美学幻象的历史描述是后儒学美学幻象建构的基础。从历史和美学的观点来看，儒学美学幻象具有不同的身份面具，主要表现在：

1. 政治生命美学之幻

当代对儒学津津乐道之人，往往不厌其烦地讲述孔子的诞生神话，言其出身贵族没落家庭，并且是“野合而生孔子”[1]，生活困顿，少年时当过丧葬仪式的“吹鼓手”，“众所周知，在古代，乐师的地位是相当低贱的”[2]。论者多以孔子出身和经历来揣测儒家或儒学的动机，认他为黑暗长夜的一位斗士，但一生为政治理想奔波，周游列国，郁郁不得志，只做过一些小官，在政治理想无法实现时回到鲁国从事教育，“孔子的思想虽然具有二重性，表现出改良主义的倾向，但他的思想主流是维护现行制度，强调协调人际关系，推行‘德治’、‘仁政’、‘王道’”[3]。这些主张都没有正确评价孔子，以及儒家的产生，带有严重的臆断色彩，看似有褒有贬，实则并不符合儒家及孔子的实际。

对儒学来源亦有不限于孔子出身而探索的几种说法，刘蔚华在《儒学与未来》一书中概括为“王官”说、“世变”说、“道统”说、“词源”说，自创“私学”说五种[4]。我们认为，首先，从美学上考虑，有史据的观点或提出某一方面揣测亦有其所谓史料支撑的，在思想史上或有其拔出一说之意义。对于美学来说，还有一种超越史实的视角，这种视角完全可能排除臆测的和史料中并不甚准确的记载，从而还原整体性存在的儒学发生之真实。如前所述，关于孔子的身世问题，纵然是其先世由宋国辗转到鲁国，三岁丧父，十几岁可能从事过相当卑贱的职业，如吹鼓手、仓库管理员等，都与儒者这个群体没有必然的本质的联系，诚然，儒学的理论最初由孔子所创，但孔子只是儒者之一人，还有其他的儒者，只不过孔子所倡表达了与儒者作为一个阶层或群体存在的某方面思想而已。儒者的思想，亦包括儒学的思想，与“孔子创孟子继”所形成的原始儒学并不是一个概念。其次，学界对儒者提出的“王官”说应是最接近史实的说法，但“王官”一词稍有不妥，“史官”“事官”或更为确切。盖在巫官转型为史官之后，识字的，能够研究并提出某些关于外部自然和人间事理的人，多为执掌重要大事的官员，这些官员即是最早的儒者。在由巫官转为史官的过程中，执掌国家政治、军事、文化等权力的高层儒士，就开始其“儒学”的创造了，《易经》便是这种萌芽状态的“儒学”，只不过它带有浓重的巫文化意味，并且是以象喻理，不似明确提出的论说，因而不能被称之为儒学。而《尚书》因为其所记述，多为迁徙中率领部族之酋长，其言论政治性很强，亦具有儒者由“记事”而“记言”的味道，但后人因其寄附于史事而忽略其儒者的政治道德观念，不

[1] 鲍鹏山：《新读诸子百家》，复旦大学出版社 2009 年版，第 27 页。

[2] 汤一介、张耀南、方铭：《中国儒学文化大观》，北京大学出版社 2001 年版，第 6 页。

[3] 卢连章：《中国新儒学史》，中州古籍出版社 1993 年版，第 112 页。

[4] 刘蔚华：《儒学与未来》，齐鲁书社 2002 年版，第 39—53 页。

视为儒学所出之书，加上其书后来面世的经历过于奇特，遭遇后代学者颇多质疑，因而也难以算在原始儒学所出经典之列，但后儒以之为“五经”之一，也等于承认了其所述道理与儒家的一致性。这样，儒者在孔子以前，实已经产生了大量的关于儒教治世的道理或学说，而儒者的群体身份实际上就是直接参与管理国家政治命运的官员。“易”的卦象系统产生于商末周初，建立“易”系统主要是希望借助神秘力量，使天地能佑人得吉避凶，但拟象喻说毕竟与直接、明确地管理事务的要求有距离，因而也大约在这个时期，关于儒者治身治国的一些重要观念就开始产生了，围绕着它们，儒者的不同阶层展开激烈斗争，其中最高权力层的斗争尤其残酷，一部分人被迫离开权力中心，流亡他地，比如周太王之长子泰伯和次子仲雍就流落到了南方吴地。其中，泰伯所倡的核心观念为“德”“让”。但对于大部分史官来说，他们还要继续从事政事，而低下层的则继续进行理论思考，他们中间就包括了老子。老子曾做过漆园吏，他精通为官之礼仪，其所著《道德经》偏重自然为本源的观点，但其撰著的目的也是以儒者身份为治国出谋划策，故马王堆帛书《老子》是以“德经”在前，“道经”在后的。通行本排序“道经”“德经”当非原始面貌，而且经名也是后拟的。老子作为儒者提出了一套“法自然”“重无为”的治国策略，与春秋时期列国竞雄的局面很是吻合。孔子是衰落下来的儒者之后，他没有老子在贵族身份败落后仍然衣食无忧的好命运，因而对于往日的辉煌甚是企盼，而年幼时曾习于“礼”的经历[1]，使他在这方面形成观念固化，也沿此而行讲述，删减诗书典册。由于他个人经历的独特，文化修养的精深，人格坚毅恒久的魅力，从事教育的无私献身精神，使他的儒学主张在众儒者之论中拔为绝响，遂形成诸子各秉其论之说。

从上所述，可知儒者从一开始到孔子为止，其所虑所想一直都是如何治理国家之事，儒家的学说具有很强的政治学色彩。而如何管理国家，儒者从礼入手，强调个人伦理修养，使儒者之论由重视自然“机巧”转换到重视人性的动机方向，主张导民以礼，也完全符合政治的理想标准。因此，儒家所确定的一个基本的美学身份，就是政治生命美学。唯政治为最高，政治上的成功也就是生命的成功。这种政治也是伦理化的政治，从而若从伦理角度来看政治，则为用伦理的美学对政治的强硬机制进行软化处理，以此促成最高权力层与百姓的和谐。

[1] 史载孔子曾问礼于老子，当不是后人所补之虚言，老子为先于孔子之儒，孔子问礼于老子，也是很正常的事情。

2. 伦理教化美学之幻

儒者因其倡导者提出系统的理论而被称为儒家。儒家与道家、法家、墨家等均为战国期间的显学。按照各家创始人之先后，则道家为先出，其后是儒、墨、兵、法等。而道家如前所言，其创始人老子也本属商代贵族，周时失势，故撰五千言，以宁静于天地之间而论南面天下之道，其胸襟格外宽广，非人间俗务小利可拘限，故道家之论在儒家前当无问题，但也并不因此而就成为道家，故儒家之言论中并不明显以道家为对立者，而道家所论似对儒家多存针对性，也是在后人的发掘阐释中才明确起来的，就其原初的状态看，儒道在为治国出谋略方面没有根本的不同。

但儒家的另一个特点为道家所不具，那就是儒家承担起了教化者之责。学界认为，由于“天子失官，学在四野”（《左传·昭公十七年》），西周末至春秋时期，“礼坏乐崩”，“礼失而求诸野”[1]，“学官流落到民间……这是儒学与儒家产生的历史条件，也是后来百家之学兴起的历史契机”[2]。“私学”的兴起，如果是指官方的庠序之教，那么，春秋时期并没有消失，只是像孔子所设的“私学”也大量出现，但不能因此而谓为儒学出现的历史条件。因为“私学”建立的目的，与设立“庠序之教”的目的有很大区别，私学重在培养弟子以独门的生存法术，其中自然含有玄机秘道，但通常并不把治国导民作为首要的学习任务，如兵家私学授以作战之机宜，传孙膑得鬼谷子密授兵家之道；墨家授以通鬼魂之事，所谓方外之理多为墨家所长，而其学子因长异术，也往往能于木匠、铁匠之类有所擅长；道家实属养生之学，庄子重“心斋”“坐忘”，仍有其范；还有农家、法家、阴阳家等，皆有某术相长，令其在世间可于此一方面高人一筹。由于战国期间列国交锋，人才奇缺，一些人纷纷转投君王之下，以一己所长之技而为治国应敌之法，才使“私学”的功能放大。然而，对于儒学来说，春秋时期列国的交锋还没有那么激烈，因而孔子的教育并不像其他“私学”那样，以传授独门法术为长，而是秉承了旧学“庠序之教”的传统，仍以治国导民为自己的责任，所教的内容重点是以礼贯通，“礼”或许是孔学所独擅长的方面。但从孔子对“六艺”（礼、乐、射、御、书、数）的重视来看，他的教育思想是全面的，重在培养将来能够以个人的道德修养影响百姓，进而对治理国家做出独特贡献的人才。

传承与倡导伦理教化的这样一个重要使命，使得孔子“述而不作”，却在弟子的记述当中形成了关于儒家系统的理论学说。如同把政治生命视为人生的最高境界一样，伦理教化之责也是孔子自认能够确证“儒者”身份的重要观念支撑。当时，

[1]　班固：《汉书·艺文志序》，载《汉书》（简体字本），中华书局 1999 年版，第 1351 页。

[2]　刘蔚华：《儒学与未来》，齐鲁书社 2002 年版，第 51 页。

在分崩离析的政治和伦理氛围下，并没有人强制他这样做，但他自己却主动承担起这样的使命来。体现于原始儒学创始人身上的这种伟大品格，正是一种独特的群体品格的体现。当然，政治生命之于孔子，如同其他许多儒者视政治生命为一生中最高的追求一样，都体现生命本体的意志追求，尽管客观上这种追求大多沉沦于世运的无常，但作为政治生命，毕竟呈现出权力生命的意志本质，这种呈现与主体人格的修养境界或治理策略有一定联系，但历史上的儒者试图以此影响、制约、控制国家政治权力的导向，却委实是一种美学的幻象——价值上具有积极的超越指向，然而在现实中的境遇却大多悖离初衷。

3. 血缘谱系作为社会图腾

儒者是早期国家政治的管理者和执行者，是具有宗族祭祀权力、享受文化专有权的特殊阶层。商代和周代，都是依靠姓氏家族的强大建立起来的，因此，对于承担国家各级管理的儒者而言，把他们和国家绑在一起的那种纽带，不是空泛的政治使命，也不是伦理教化在他们内心树立起的对国家的认同感，而是真真实实的在他们彼此之间所形成的血缘纽带。商代提倡的“尊尊”“亲亲”，就是对血缘谱系的直接表述。作为维系整个社会统一性的一种观念，它甚至超越国家设置的权力。因此，血缘谱系是儒者作为特殊阶层存在的社会图腾。李泽厚在《中国古代思想史论》一书中，对这个问题有十分深刻而清醒的认识，他指出，礼“是以血缘为基础、以等级为特征的氏族统治体系……参以孟子‘亲亲，仁也’，‘仁之实，事亲是也’，可以确证强调血缘纽带是‘仁’的一个基础含义。‘孝’、‘悌’通过血缘从纵横两个方面把氏族关系和等级制度构造出来。这是从远古到殷周的宗法政治体制（亦即‘周礼’）的核心，这也就是当时的政治（‘是亦为政’），亦即儒家所谓‘修身齐家治国平天下’”[1]。李泽厚把血缘纽带视为儒家仁学思想的基础，这是没有问题的，因为血缘纽带与“天地所生”的宗法观念是一致的，但其含义不止于此，他更指向儒者这一特殊群体：在所有社会成员中，儒者应以血缘为纽带巩固其社会统治，个人属于家庭，家庭归属于家族，家族归属于宗族，至于国家主要是宗族的政体表达形式，国家的存在包括宗族及宗族统治下的其他各族。这样，在整个社会机体中，儒者对整个社会各族群统一在王权宗法之下就十分重要。那么，如何使儒者完全无理由地、从本体上确认宗族统治对整个社会存在的必要性？显然血缘纽带就成为理由最充分而且先天存在的一个条件因素，换句话说，血缘纽带就成为儒家形

[1] 李泽厚：《中国思想史论》（上），安徽文艺出版社 1999 年版，第 22 页。

成宗法礼教的社会图腾和旗帜。

血缘谱系作为社会图腾，似乎带有氏族政治的残余，显得不那么进步，尤其是这种观念出现在具有系统文化知识武装的儒者身上，也显得不那么适宜。人们会问，这是听从自我内心的使命召唤，还是听从这种把自己交付给一种天然的宗法性质的群体，任由类存在的命运决定自身的命运呢？对于儒者而言，对家对国对天下的使命感，与血缘上对亲族宗族的认同归属感是毫不矛盾的。因而，中国的儒者从来没有脱离亲族、宗族和国家的命运，而能独立地标举其伟大人格境界。而从美学上讲，血缘关系是人类社会的一种自然关系，人不可能因为社会关系的实质或形式改变，就能取消或改变这种自然关系。对血缘谱系的维护，是从社会存在形态上对人的自然生态体系的一种维护；另外，血缘关系排斥血缘圈以外的任何有损于结构致密性的存在，它是超越理性，也超越实用性的一种自然客观性，一旦这种自然客观性展开其美学建构，便具有很强的内聚力与扩张力。但是，人类社会的发展，特别是近现代以来，随着实利观念对个人主义思想的推助，其对血缘观念维系社会结构产生越来越强烈的消解作用，甚至在某种情况下，当社会发展提出的更合理而现实的集体观念与形成传统的、滞后的宗法血缘观念形成冲突时，血缘群体观念还会对社会发展起到阻碍甚至破坏的作用。这样，在人类科技文化高速发展的今天，血缘纽带作为维系儒者群体性存在的一种潜在观念，已经日渐失去其积极意义。但作为一种文化观念遗存，它仍然以幻象形态存在于我们对历史的记忆和对未来的美好幻想中。现如今只要儒者作为国家、宗族或民族、知识和文化力量的代表性群体，它就不可能消除血缘意识对其整个群体的美学幻象建构。而人类、知识、文化等因素和力量，无论多么强大，发生怎样合理的变化或否定性异化，它都无法斩断与自然、血缘和自我归属感的本质联系。就此而言，对于血缘关系，我们大可不必因其残留自然痕迹而对之规避，或有意削弱其在儒学、后儒学美学中的构成特质，因为后儒学美学的中国化特质及当代性，离不开对传统儒学美学资源的借鉴和改造。

第二节　后儒学美学幻象结构

后儒学美学幻象结构，是对后儒学文化蕴涵呈现方式的一种描述，就像对一幢楼房，当我们发现其总体的文化风格十分特别时，对其风格何以如此，必然要从所呈现的楼体造型结构来给予体认。后儒学美学是一种儒学在当代的存在和建构形态，它超越历代儒学，也超越特别以时代性标榜为特征的所谓时代美学。后儒学美学的当下性是从儒学积累最为深厚、最切近零距离之“当下”的角度考虑的，故谓之“后”，而关于这样一种儒学的幻象结构的认识和描述，必然有其超越一般状况的普遍性，以在提示儒学本质和未来趋势方面，显示其独特的优越性。

一、文化场域中的对话结构

后儒学美学幻象结构首先要确立的是对话结构。因为自古而今文化背景的变化，体现在一种美学形态如何切入自身的本体论意识，要求必须能够在其所处的的本体论场域中凸显出自己的存在和影响力，而这对于儒学来说，恰恰是最为困难的一个方面。有人主张，在当下如果使儒学继续像古代那样涵摄不同语境的异质因素，把中国美学在当代被发展了的合理观念，以及西方美学的一些合理因素，用正确的、辩证的态度糅合起来不就可以了吗？这如果是在古代那是可以的，但是在当代就不可以。为什么呢？因为古代的儒学美学，它的本体论场域的变化，始终是在一个主背景不变的情境下发生的，这个主背景就是儒学的主体性不论是绝对主导还是临时性退场，它都在人们的思想意识深处起着精神支柱的作用。即便是在隋唐时期佛教文化被作为体现最新思想的潮流，引起上至皇帝，中间包括各级官员和士人阶层，再到社会底层的普通百姓，都对佛教十分向往，也没有把儒学从集体文化潜意识中去除，反而是时时用儒学文化作为一种内在的精神尺度，对儒学（佛教）进行中国化改造，像天台宗、华严宗和禅宗的美学理念，就都体现有中国儒学的核心价值观。因此，从商末周初儒者群体产生儒学意识，到原始儒学建立起观念结构体系，再到汉代儒学建立政治和教化一体的统绪，以及魏晋南北朝儒学暂为缓进，借道家玄学强化儒学的形上意识，再到隋唐扩张自身的结构体系，这一切都是主体性支配并影响产生的一种效力，宋代理学的主体位置也是不容怀疑的，儒学的佛学化和思维方式的道家学化，都不能改变儒学主体的治国平天下的立场，及其能够决定国家、民族精神面貌和命运的那种自豪感与自信感。但自近现代以来，这种情况发生了改变，儒学变得可有可无了，特别是在当代，儒学的主体性在场感变得非常虚幻，在一般大众的日常生活、知识人士的思想生活和政治领袖的治国方略中，儒学最多作为一种构成因素参与，通常是不具有对人们的工作、生活与思想的支配权的。在当代，西方文化与国内左的或右的思考相呼应，人们在现实思想的改革与未来文化发展的走向之间摇摆踌躇。在这种情形下，也有人主张用国学来代替儒学或包含儒学来发挥传统文化价值对重构当代中华文化价值体系的作用。但及至目前，有关是否存在国学的认识还不统一，学界却颇有主张儒学国际化和现代化者，他们有的试图建立“百科全书”式的中国当代“人文儒学”，有的主张建立无所不包、随时可以自由出击的所谓“文化儒学”。而那些把儒学作为学术和文化的重要资源来对待的学者，则倾向于把儒学作为复兴中华文明，以儒学为当代“文化多元化”的核心价值，维护其作为意识形态和民族文化主体精神构成的角色，这种主张作为理论倡导能够引起普遍的关注，但在文化现实上，儒学仍处于主体地位不明朗的状况。

为此，必须在明确儒学当代主体性地位的前提上，建立儒学在当代社会各种文化场域中的对话关系与对话结构。所谓“对话关系”，就是儒学与其他文化主体的对话关系。马克思主义、西方当代各种思潮和理论、传统文化中的其他思想资源等，在当代都有相应的社会实践主体表达其思想主张，儒学与它们的对话不能是“你说你的，我说我的”这样一种分立的或对立的对话关系，而应当建立一种当代主体间性的美学关系。所谓“对话结构”，是指儒学建立了后儒学意义的存在论场域的美学幻象结构。人伦关系在当代的变化，市场化、信息化和国际化对中华民族现实与未来发展的形象，都产生新的深刻影响，这些影响对后儒学来说，都属于不确定性之多元本体的宾词性对象因素。他们能否被纳入后儒学，取决于后儒学基本原理构成在对话之存在论场域的主体性与先在性。后儒学之“后”，乃当代之最“近”；先在性并非理论预设之先在性，而是指存在论场域对话之主体先在性。譬如，据微信载某城市商家以推出顾客吃“唐僧肉”的活动来促销。在这个活动中，能够上升到存在论对话场域的是该活动引起的各方面关于其存在与价值意义的关注和讨论。讨论必涉及多方主体，后儒学在这样的讨论场合要建立一种主体先在的新形象，不是复制传统儒学的观念，也不是作为政策法规或道德理念的传声筒来对不同的持异见者发难，而是在深入了解、理解并吸收或批判各种不同理论、观点中先行建立起自身的价值主体地位，从而对现实产生积极有效的文化影响力。

幻象结构的对话形式，是一种美学的自由存在形式。在这样一种对话形式中，任何人为的意识形态的强制性介入，都会损害后儒学对中华文化当代核心价值的创新阐发与建构。因为幻象本身意味着本体的初始、终端及其过程的某种游离，当很严肃的价值讨论浮现出美学的幻象场景时，会松弛一些单纯靠理性和意志所不能发现而实际上是僵化的、笨拙的，机械而无生命的东西，同时强化一些原来被忽略的，被人为的所谓积极意识（如左或右）、意志（如权力）强制改变或遮蔽的东西，使存在论场域中能够作为本体之对象被衍摄和转换的内容，进入一种自由流动的美学情境，进而催生后儒学作为主导性在场主体，发挥其文化、美学存在论场域价值建构主体的引导者作用。

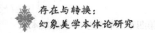

二、后儒学美学自体存在结构

后儒学美学的自体结构，是指在当代存在论场域下的自身身份认同。如今海外有所谓"后儒学"，似乎从学术超越民族、国家和阶级形态意义上能凸现出其纯粹学理的价值意义，但是这毕竟是"关涉"儒学的研究，而且是"后儒学"，含有理论话语的创新性及价值影响场域的问题。因其不在中国，即便有些观点很有国际性，并且融合了国际学术的存在论场域，但在身份上却不能得到"后儒学"的自身认同："后儒学"必须是出自中国且为当代所出的一种学术形态，后儒学美学也必是体现出这种身份确认意识的美学存在方式与形态。

在当今社会，并没有某一种理论可以适应全球普遍症候，进而有效解决人生和社会的各种现实问题。理论的纯粹性、普适性只是在其应属场域中具有相应的存在意义。后儒学美学的自体结构，也是在这样的认知基点上来进行身份确认的，因而它的身份存在意义首先是对自身存在有价值的，然后才是作为话语或其他的话题因素对"他者"，包括国际性的话语力量具有其意义。

自体结构的身份认同，是对自身本质或本体的一种自省力或清醒的自觉。传统儒学在不同阶段，都强调其自体结构的身份合理性问题。商末周初儒者的"史官"或"事官"身份，含有将血缘与政体统一的认同意识；原始儒学的"克己复礼"的仁道实践者身份，是对自身社会身份的一种追溯和现实性强化；汉儒的"唯我独尊"身份意识，反映了儒学对自身百家学术领袖身份的一种确认；魏晋南北朝以至隋唐，儒学的身份表面上与道释调和，平等对待，暗地里仍然认同作为"道统"代表者这一身份角色……直到当代，儒学的身份意识一直都很重要，而身份问题在当今也比古代更复杂起来，即它不能再像20世纪80年代前后简单地将自身认同为与政治目标统一之意识形态身份，或改革开放后以自身为传统文化复兴之代表的身份，诉诸于学术和文化的各话语场域，这样并不能解决问题。当代后儒学美学的自体身份，要通过其自身对当代存在场域的本体蕴涵之价值角色与意义的自觉体认才能确定。

后儒学美学幻象结构的自体认同，在逻辑上可以就某些存在论场域的可能性抉择，进行思辨性考量。所谓"思辨"，是尽可能指陈所涉观念与自体结构的关系，指出其内涵，至于在逻辑上认同哪一种，则思辨有可能提供某种认同性选择，但作为后儒学美学幻象结构的自体认同，并非单一因素对实体的确认，因而思辨中涉及的某方面认同并不代表自体结构的最终结论。严格意义上，幻象结构也不提供具有终极性确认的结论。下面将要讨论的自体结构观念包括如下几种：

思辨一：血缘谱系作为本体具有二重性。血缘谱系是传统儒学的本体构成之一，后儒学美学还能以血缘谱系作为自身存在的本体确认吗？从历史发展的角度看，随着传统大家族支撑的宗法社会组织形态的消失，也随着近半个世纪以来“独生子女”生育政策的实施，使小型家庭成为社会细胞的普遍存在形式，那种以血缘关系为社会纽带的必要性越来越显得不那么重要了。但是，中国社会现实中屡屡发生的“走人情”“跑江湖”“撑家族门面”等现象，又说明血缘谱系或血缘观念在中国社会中依然根深蒂固，并不是可以轻易消除的。那么，血缘纽带究竟对中国当代社会构成及其未来发展，有无积极建设性意义呢？从后儒学美学原则考量，血缘谱系在当代的现实性基础无疑是空前缩小了，但血缘谱系作为文化意识，其存在论场域反而有扩张的趋势。例如，“炎黄子孙”就指一种文化血缘上的认同。当代人在文化血缘上不能形成明确的自体意识时，便会与文化母体形成隔离性幻觉，并产生强烈的分离意识。这样，血缘纽带在后儒学美学幻象的总谱系中，即使不具备充分的现实性基础，也不能低估其作为文化美学幻象的存在力和影响力。而且，在以文化、血缘为对垒前提的世界文化存在论场域中，譬如21世纪以来欧美、中东及新近集中在中国南海地区的“领土”“主权”争端，其实背后都隐含着文化血缘基础的不同脉系，为此，如今的文化血缘意识不仅不能消除，反而有强化的必要。因为只有自体存在与文化主体先在性的统一，才能保证社会形式在充分超离自然之后，有依然保持其存在合法性与权威性身份的可能。抛开这一点，则有可能取消传统文化资源赋予的充裕美学想象空间和自然造化所给予的蓬勃张力与和谐性，只留下社会意识赤裸裸的交易，诗意苍白，人生被工具理性驱动其所谓“文明”进程的持续。

思辨二：以民族主义或国家主义为后儒学美学的价值核心构成。对于后儒学美学的价值核心构成，一种意见是所谓民族主义或国家主义。民族主义以狭隘的民族意识替代对民族问题的正确判断，从维护民族利益的角度提出大民族主义，或保守地拒绝一切与本民族文化观念不同的认识。国家主义则从本国利益出发，从虚幻的国家意志出发看待一切问题，甚至在一些公认的事实上，也从国家主义角度给出相反的认识结论，如对于清代，国家主义会认为其比当代还要繁荣，GDP指数很高，教育发展水平远远超过当代，大量数据更是今天所不能比。这种论调在学术界公开的似不多，但我们在网上和一些重要的期刊上，甚至一些重要的文化或学术代表人物的访谈中，能够随时听到类似的言谈。国家主义和民族主义，在当代越来越成为一种呼之欲出的声音，它们本着中国应该强大和征服世界市场的雄心壮志，以历史上曾经“横扫世界”的军事和政治指挥家为内在楷模，宣扬一种扩张主义的思想。另一种是所谓国际主义或民主主义。持这种主张的人认为，中国应该走世界普适价值的裁判路线，对历史上曾经给中国人造成灾难的民族或国家，应从当代和未来的国际合作精神考虑，给予谅解和宽囿，例如对日本在20世纪对中国造成的巨大灾难，也主张从所谓人民与人民的来往，对战争年代侵略者造成的伤害给予谅解。此外，持这种主张者还认为中国在走向现代化的进程中，应该与国际的民主政治接轨，向西方由卢梭、孟德斯鸠、康德等提出的“契约政治”学习建立民主政治，以使中国在经济高速发展与国际形成接轨的同时，在政治、文化和思想领域也推进“西方化”，建立国际化的所谓民主政治。无疑，这两种主张在政治上都是极其危险的。民族主义打着热爱国家和弘扬民族精神的旗号，兜售非理性的民族沙文主义思想；而国家主义则摆出为主流意识形态出谋划策的面目，兜售其非理性的极端个人主义、种族主义和唯国家主义思想。因而不论哪一种，都是我们应该保持高度警觉，并应坚决给予抵制和批判的。

自然，当代后儒学美学不能也不可能以民族主义或国家主义作为自身的价值核心构成。后儒学美学倡导一种在国际关系中以生存法则为最基本的国家、民族意识。就是说，当今的世界政治丛林，国家与民族的存在以区域性分割为其基本的标识，如没有国家与民族的存在，则无个人的存在。因此，个人的存在不是自然性的，而是以国家民族的存在为前提；而国家和民族，则并不以所谓国际性的虚幻原则为其存在的前提，即是说国家和民族的存在体现一种生存论的自然法则。只有以生存法则为基础，才能进一步提升和发展存在论场域中的民族与国家，而在这个意义上，以文明、宽容、进步、和谐等美好价值为理想尺度并作为当代中国后儒学美学的存在论之核心价值构成，就是顺理成章之举了。

思辨三：“执政卿”的当代建构主体角色。关于后儒学美学自体结构的认识，新近有一种观点值得关注，即认为儒者在中国历史和文化的重要变革与突破期中承担了“执政卿”的角色。在《光明日报》一篇题为“春秋执政卿：轴心时代的文化主体”的文章中，作者梁枢认为春秋轴心时期的“哲学思维”突破，在以往受习惯性思维局限，导致“思想与思想者剥离，对话性与主体性被‘过滤’，历史背景和社会基础‘不在场’，甚至要求被‘清场’”，他指出：

> 很多学者认为，轴心突破是由以孔墨老为代表的士来完成的。先秦时期的士特指“游士”。由这个“游”字，大家格外地强调了士作为文化主

体的唯一性。认为有资格于轴心突破中担起中国文化主体的人，一定要像士那样，从“固定在封建关系之中而各有职事”中“游”离出来。只有游离出来，才有可能发展出“一个更高的精神凭藉可恃以批评政治社会、抗礼王侯”，“这种精神凭籍，即所谓‘道’”。换言之，“各有职事”是轴心突破的障碍。“各有职事”的执政卿就这样被排斥在主体之外了。[1]

“执政卿”这个概念的提出，针对的是以往将哲学贡献都算在游离于“实践”和“职事”之外的思想家身上，却对执政卿的贡献少有所提。就春秋轴心期而言，此篇文章中明确的立论及后续发表的其他作者的同一话题文章，都显示了对执政卿理论贡献的重要论证支撑。在春秋时期，执政卿熟悉几乎所有的文化经典，后世所见得有关重要哲学思想，都与执政卿执政期间的认识突破密切相关。只是执政卿的见解比较零散，他们能否做到把哲学理论化和体系化，似乎还是一个疑问。但这对于儒学而言也不是太大的问题，因为儒学并非始自孔子创私学才有，儒者也并非自孔子起才出现的一个阶层，春秋之“士”是与儒者不同的另外一个概念。既然儒者的存在与儒学的理论性、系统性之间并不存在直接的关系，而且儒者——如我们前面所论，是在商末周初就有了——是以复数存在的群体概念，那么，儒学作为表达该群体的理论学说，也就自然而然包含了由儒者（包括执政卿们）个体所创造的思想言论，简言之，即执政卿的思想贡献，基于其曾经的“史官”或“事官”的历史传统，具有自动汇入儒者、儒学行列的充分合法性。

“执政卿”概念对于当代后儒学，特别是高度智慧化之后儒学美学而言，能否作为其身份认同之核心价值构成呢？从当代社会发展的总体情势看，传统的“执政卿”与当代的“职事者”似乎不是一个具有同等意味的概念，春秋执政卿或更早时期的“史官”“事官”，他们就是当时的社会大脑，是学问家和知识分子，是辅助决策者的智囊集团。但当代“职事者”的出身非常庞杂，其中有相当比例的人，在近20年间完成了学历上由非知识阶层向知识阶层的转型，但“执政卿”如果并不排除行业性、依次而推的各级“职事者”，那么，可以肯定，有相当比例的人并不以贵在“突破性思维”或“创新思维”而自豪，在生活和工作中我们看到的大量“职事者”都善于经营一种平衡而又稳妥的“职事存在”氛围，因为这样一种氛围对于“职事者”来说是既安全又省心的。“执政卿”的概念不能与现实简单对应，但可以通过这个概念反观儒学美学对现实政治、经济、文化和行业的管理与建设的积极意义，我们不仅寄希望于不同级次的“职事者”有突破性哲学思维，进而对社会文明发展做出

[1]　梁枢：《春秋执政卿：轴心时代的文化主体》，载《光明日报》2014年12月23日“国学版”。

儒者所具的那种博大奉献，而且也寄希望于各种工作性质的领导者和实践者，他们都具有后儒学美学所要求的实践精神和智慧态度，通过不断充分吸取有益的能量，令之充分释放，光彩四射，促动后儒学美学幻象情境的理想化实现。

三、幻象景观的呈象机制

后儒学美学幻象的呈现，仿佛立交圈里盘旋而行的干道，在一直前行的方向上陡然实现转向，无论是视线恍惚还是照直前行，驶出去的都已经不在同一矢向，或垂直，或倒行，总之是前景开阔，倘若不是仔细观察，瞬息间已然掠过这些细节急驰前方了。这种美学幻象结构，在它最感性的呈现层面，体现着最难以捉摸的直升、立转、倒转、回向等意涵的转换，其运行的速度、力度和超越细节性跨越的程度，远远超出人的智力所能及之想象，这便是后儒学美学在当代人文与后现代科技、后消费社会景观实现联姻得情形下，由所面对而激发并绽现出的存在景观。

对于这样一种景观，用鲍德里亚的幻象诱惑概念来解释，似乎并不合适，这一切并不是因为儒学才出现的，它们的存在本身证明了一种外在于人，也外在于一切人为设计的精神、意志之对象化力量，它们本身就具有着思想、性格和生命。它们是一种新现实，抑或新人文，抑或超人文景观。

不论怎样，作为一种将自身积极投入到存在论场域中的美学，后儒学美学把这一切尽收眼底，巧妙予以自身存在的结构性涵摄，即使其也成为一种自体性存在。于是，在新景观的呈现中，我们看到了一种立体的皱褶，被复合于景观之设计的美学力量，它在累积的概念基础上导出不穷地推出新的概念，格外有深度地让这些概念成为可以客观化明证的现实存在，这是传统儒学所没有出现过的一种特殊情形。

具体阐释之，后儒学美学幻象结构的本质体现于特殊景观的澄明，主要是这样三个突出的特点：

1. 呈象机制的非人文化

审美表象由主客体感应及对象化关系中的理解决定其呈象机制，往往内在的神经反应将外部图像摄入，成为一种折射主体思想的图像复制。在审美反映的主体响应角度，不存在任何物体图像与主观意念结合造成的意象，也不存在任何客观物象被摄入大脑了就可以成为某一深奥概念的象征；反之亦然，从审美客观性角度考虑，不存在任何精神意念或思想对客观物图像特征的修改，在审美场景中客观物象可以由主客体相对应的场景依次向主体内感受、内知觉场景转换，然而，作为物象的客观性依然是主体响应的一个依据和调动，与内能量的重要参照。这就是对审美机制不带任何敷演的一种解释。至于通常说的意象、意境及其他主客体统一的概念，都是在审美发生之后由阐释性话语补足完成的，而在艺术审美中，它本身就具足这种暂时性话语补足机制。

美学的呈象机制完全是另一种性质。首先，它是一种美学蕴涵的图像呈现。美学要为美学化而努力，美学的呈象机制就是最终努力的核心部分。它不要求对所呈现的对象，即呈象，做审美场景的主客体切割；也不指定图像的实际存在性态，即是自然的、社会的或艺术的等存在方式，它以能够表达一定的美学蕴涵及其系统构成为最终目的。其次，它所表达的美学意涵并无确定的类型，并不要求一定是人为制造的思想系统。因为美学可以是观念的、技术的，实在的或虚拟的，主义的或取消主义的，因此，表达这些美学意涵的呈象机制也应当与之相适应，表达为观念的、技术的或其他类型的，这意味着美学也可以表达系统的精神理念和人文思想，也可以在此之外表达某种并非人为的，却可以呈现出美学意涵的系统。

要克服那样一种冲动，即以为所有的思想必须经过人为的概念提炼和逻辑演绎过程才能产生，其实不然，比如，几千年来人类孜孜不倦地探求的图像奥秘，并非因为人类不断推出新思想而导致其呈现方式的改变，图像的虚拟性及其可以立体化链接，形成“黑洞”式旋转体以吸摄无限物质能量的特性，在人们的发现之中也仅仅露头露脸，说明在人类精神力所能及之外，美学也有无量的存在空间，而这一切都可以通过相应的呈象机制传达出来。

再次，与上一点密切相关，美学意涵的不同存在类型，导致了美学呈象的存在类型也是多样化的。以往我们承认，美学呈象必须是可以诉诸于感觉的，即aesthetical，能被感性器官如眼睛（视觉）、耳朵（听觉），乃至鼻子（嗅觉）、舌头（味觉）等真切地把捉并分辨的对象体。但人类不同文化体系对感觉或感受性的知识概括也不尽相同，如佛教就由色声香味触法与眼耳鼻舌身意相对，其中“香”和“味”按照中国文化的理解当属同一类型，但根据佛教与之相对应的“鼻舌”，则“香”为嗅觉所对应的感性客体，“味”为味觉所对应的感性客体，这两者比视听觉的感性或感受性要间接一些。但在注重客体对象美学特征的西方美学里，则基本上是把这两者作为美学的感性特征来看的，然而很明显，“香味”与“鼻舌”是构成了审美的对象性感受关系的。另外两个，即“触”和“法”，“触”与“身”对，触觉对具有质碍性和软硬冷暖干湿等特征的对象客体把握，也具有审美感受对应性；唯有“法”和“意”，按照佛法解释，“法”指具有轨持性的存在，“轨持”即体现出某种特征或理蕴的存在，依此则符号类型的概念，或非符号类型的物质性存在、生命体存在，某些飘动不已能被人感觉的意绪、想象、幻象和梦境之类存在，应都属于“法”的类型，都能被人的“意”或抽象或感性化地把捉到，因而，它们也是具有审美对应性的。其中抽象的概念与意识的对应性，不构成审美感受的对应性，却构成了美学上理解感性的意识对应性，属于美学内在关系以审美方式所进行的一种特殊描述。把佛教的审美和美学的对应类型与一般所描述的感受性类型结合起来，那么，可以说，美学的呈象类型可以是美学所确认的任何类型。

后儒学美学幻象结构的呈象机制，具备上面所述三种情况，即它以表达后儒学美学意涵为最终目的，其美学意涵的美学性具有后儒学美学幻象的独特表征，在呈象类型方面尤其宽泛而不确定，能够涵括人类有史以来各种美学图像的呈现类型，特别是后现代状况下美学的呈象类型也为后儒学美学幻象所具备。但是我们要特别就其非人文化的呈象机制做一阐述。“非人文化”并非“非人化”，而是指产出方式上摈弃了传统的按照主体的情感、意志和思想意图寻求对象化图像呈现，这种呈现机制使美的场景、图景变成主体化、主观化的场景、图景，遮蔽了作为美学之主要研究对象的图像、图景的美学特性及其对美学意涵的传达，特别是传统“人文美学”执著于主体精神概念和状态的发掘，否定或忽略了这个世界原本是人文与非人文的统一体，非人文的一切存在及其呈象并非都来自人文设计。因此，后儒学美学幻象十分强调非人文化的呈象机制，认为这是对世界美学本有面貌和美学图景的一种深度还原，是美学原生态的一种彻底解放。在非人文化呈象机制下，美学意涵的系统性通过更为客观的呈象机制传达出来，那种人文的思想设计若要表达自己，一样可以在非人文化的存在论场域中进行呈象机制的转换。例如当代城市图像的个性化设计，要求具有浓郁的人文特征，这在20世纪90年代的威海市有过尝试。当时在海边出现了大量的相似而又不似的楼体，它们具备一定的造型，与现代化规整的平面和千楼一面的格局形成反差，说明人文化的美学设计是可以传达的，它所采用的模式也没有采取非人文化的呈象机制，因为所有人为的设计都会十分明显地把自己的意图传达出来，这在非人文论美学呈象机制中是可以避免的。再如，当我们随心所欲走入一个后儒学美学幻象得到充分体现的都市街道时，发现不仅门面都有奇特而醒目的，却未必是人工制作出来的那种感觉标志，进入里面发现每一种产品或提供服务的产品制作与销售流程，都带有一种“行业化”的专业特征，在这种“专业化”操作里，我们可以感受到浓浓的人文情意，但它们都与我们欲要寻找的产品及其销售体系无关，因为它们是机制的产物，一切都很客观，而美学意涵的传达在这种客观化机制里需要很精致的阐释，才能达到细致别致的理解。

2. 偶然事件的存在感

后儒学美学幻象的呈象机制，特别注重偶然事件的存在感。历代儒学对人格美学的重视，体现了卓越的人格可以超越历史有限性，使历史轨迹因为非常人物而发生改变。自然卓越的人格必然可以通过人格对象化的重要历史事件来体现。不足的是，传统儒学的人格精神具有夸大不实的乌托邦特征，而且人格犹如面具，会随情境发生变异，因此，依人格外化而确定美学幻象的呈现性质、机制，是有缺陷的。后儒学美学对幻象的宾谓涵摄的设置，是从存在论场域的美学呈象来发现和展现美学的新景观、新力量，这是后儒学美学幻象的本质。根据这一基本特性，偶然事件的存在，属于美学呈象机制的特殊内容。不能像以果求因那样，仅仅把偶然事件作为必然性含义的一种表征，而通常是认为偶然事件所能传达的必然性非常有限，不作为凭信，因而在美学传达中，应当注重的是那些聚焦了必然性的偶然事件。这种对偶然事件的美学阐释，说的是一种思想、概念，人文或历史的具象化传达情形，并不属于真正的美学。真正的美学，必须是现象学的，在呈现中由呈象来传达美学意涵。偶然性事件所具有的后儒学美学幻象意义正是如此。偶然事件呈现之前和之后，在阐释中都可进行价值赋予，但偶然事件的呈现是不确定的，因而它是具有特殊含义的美学景观。后儒学美学幻象以偶然事件的存在，为美学意涵的深度传达或体现，认为人类所有的必然性都是在偶然性表征的基础上传达出来的，因此，要使美学具有崭新的活力，并避免美学呈象的人文化机制的传达，就必须重视偶然事件的美学存在意义。

3. 观象与观道的二重迭合

观象与观道在传统儒学美学中具有明确的定位，它们一明一暗，一表一里，隐与显、内与外形成对立统一结构。其中，“道”以儒学的“仁道”为内核，衍摄历史情境而发展为特定时代的美学意涵。而“象”则有“内象”“外象”之分，以“意”“言”粘连“象”，则有“言”“象”“意”三者由表及里、披文见意的结构层次关系。后儒学美学幻象对于传统儒学关于“象”与“道”，或见之于美学艺术文本而呈现的“言”“象”“意”的层次结构，给予审美方式上充分的肯定，但在美学幻象结构的呈现或传达意义上，强调“象”与“道”都是呈现的景观，都具有可观性。但这种可观性是美学幻象伫留于一定存在论场域中的可观性。于是，“象”与“道”的可观性就在存在论场域意义上发生迭合，使我们感到观象亦即观道。一切现象，既是现象，也是本体。只要具足存在论场域，则“言”“象”“意”的存在与对它们的“观”，都属于后儒学美学的幻象形态，使得存在的呈现与存在的阐释，最终能够获得幻象结构意义的统一。

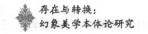

在市场化条件下，商业氛围和功利观念往往成为市场行为的直接驱动力。面对市场化条件下不同的商业景观，后儒学美学的幻象结构把存在论场域，通过非人文化呈象机制和人文化观象机制加以植入。前一种情况上面已经讨论过，后一种情况在于一切市场化商业景观的呈现，在后儒学美学幻象观象机制里，都不单纯是商业行为，而是价值行为，即在行为的“象”背后，蕴含着思想的“道”；或反言之，在其行为所表现的“道”里面，绽现着只为其所属之道才能有的“象”。在观象情形下，“象”之于“道”，“象”是有限的，“道”是无限的。因而，在所捕捉到的一切具有特殊征象的“象”里面，要发掘和发现其最具有实在性价值含量的“道”，以此作为对非人文化呈象机制和偶然事件美学客观性表达的一种幻象结构意义的补充。而在观道情形下，“道”之于“象”，“道”是有限的，“象”是无限的。因而，具体呈象机制对存在意图的表达，都试图传递给接受者或阐释者以某种格式化或固定化的概念。这种“道”自然是有限的，但不能因为这种有限而忽视了它的衍生性与展开性，在“道”所展示的在场之有限性呈象后面，当有可与这种“道”发生粘连的各种“象”的萌生或迸射。后儒学美学幻象重视所有可能产生当代奇特有效性的显在或潜在的因素，对它们尽可能从幻象结构的存在论场域给予适当的美学观照，从而使后儒学美学幻象结构具有更充分的“后”现代性和支配存在论场域的主动权。

第三节　后儒学美学幻象逻辑

后儒学美学幻象逻辑，是后儒学美学的根本存在方式、存在依据，是对美学幻象的功能、境界等所达程度的描述。用“逻辑”一词来概括后儒学美学幻象的存在、运动依据，具有明显的反讽意味，因为“幻象”臻于显著的美学效果恰恰在于对“逻辑”僵硬规则和结构关系的突破，但由于后儒学美学站在既往美学资源集合的高度，纵然体现了反逻辑的逻辑，也依然用“逻辑”二字概括其蕴籍深厚、严密、完备、博赅的理论系统化特点。

一、“象”之网：结点与致密性

后儒学美学幻象逻辑比中国传统美学具有更密实的网络结点。网络结点的密布，犹如繁星闪烁，令美学星空璀璨无比！ 40年前，唐君毅撰写了《生命存在与心灵境界》一书，对生命存在的客观境界、主观境界、超主观客观境界进行了十分细密、编织如网的逻辑概括和分析。大抵就生命存在与外境之相对及互化、转换而论，似再也难有超越唐君毅的“网”论，能做到如此精致完美者了。但唐君毅所论之“网”，是由生命情志驱动之本体与万物所具之因果、目的、手段之规律相涵摄而生成之不同境相，其由内而外，由低而高，由客观而主观而超主客，自有价值判断的逻辑进向，是在一预先赋值的逻辑序格里逐一确定描述项，使之各承其序运与职责，俨然汇成总体心灵境界与生命向度的存在之网。就是说，这个网是一种人文逻辑的价值赋予，不是随命运运程的演化而自序其格的存在之网，具有明显的逻辑优先、形上预成的体系性质。后儒学美学幻象逻辑则不是这类先行赋值的体系。虽然西方某些理论家的词语背后或另有意图，但有关“存在”的描述，却能恰切传达后儒学美学幻象逻辑的意涵，如萨特所说“存在先于本质”，即指存在是现时性之呈现，它不是逻辑上预先规定好的抽象规则；海德格尔也说“存在”就是“存在者的存在”，此存在就是“此在”，是当下境遇之真相。20世纪西方美学所有关于“存在”之解说，都从现象学之现时性、直观性入手，陈述美学“逻辑”的指向当下与呈象的状况、本质。

幻象逻辑对后儒学美学状况、本质的描述与揭示，遵从现时性、直观性之当下性要求，侧重对其“存在境遇之现状和可能性”的概括与揭示。这种存在境遇之现状，即存在论场域的在场性和可导入性。

试以艺术作品之存在论场域的在场性加以说明。当代文化经济普遍推开之前，对艺术作品的“对号入座”，主要限于个人隐私性经历的公开或艺术作品人物形象的情节、细节描绘与“原型”真实情况的重合，而在作品公开发表之后主动“对号入座”者，多因作品发表给其个人生活和命运带来损害，迫使其不得不利用法律来维护自身权益。然而，在“文化搭台，经济唱戏”的新背景下，艺术作品或表演稍有不慎便触犯了所用题材的“文化共同体”的利益，进而导致“文化共同体”莫名其妙的声讨与谴责。如喜剧演员贾玲恶搞《花木兰》，引起“中国木兰文化研究中心”刊发公开信，要求贾玲及剧组道歉[1]；陈凯歌执导的电影《道士下山》公演后，中国道教协会副会长、中国道教协会权益保护委员会主任孟崇然道长“通过微信公众号‘道扬天下’向导演陈凯歌提出严正谴责声明，声明中称陈凯歌执导的《道士下山》肆意丑化道教，违反多项政策法规，要求陈凯歌立即停播《道士下山》，并向道教

[1]　http://culture.ifeng.com/a/20150719/44198477_0.shtml。

界及社会公开道歉，消除影响”[1]。倘若能对艺术表现内容的适度与不适度的问题多加注意，可能就不会导致出现当代利益团体对古代文化或艺术题材处理的权益性伸张声明。究其原因，是因为表演和电影本身的价值场域延伸到了现实文化场域，所以引来在价值观上鲜明对立的指谪与鞭挞。显然，这个现象具有后儒学美学幻象逻辑的显现特点，网上有人以为“文化共同体”的指谪荒唐，也依此类推认为像“动物保护协会”也可以向艺术作品中出现戕害动物生命的创作、制作主体方提出抗议、要求道歉，这种类推延伸了把艺术的存在论场域与现实文化的存在论场域相混淆的闹剧情境，使得主动“对号入座”者的机械、僵硬感，不用过度研判就能形成价值上明确合理的判断。

后儒学美学幻象逻辑的网络结点，是后儒学致密性本质的体现。中国古代美学的幻象逻辑注重“有”“无”之辨、“言”“意”之辨，这种辨析的背后都隐含着对“虚”“实”关系的辩证，而“虚实”关系并非儒学逻辑的主要对象，勿宁说是道家的逻辑讨论对象。当然，当儒学美学拓向道家美学场域时，虚实也可以成为儒家美学的讨论对象，但就逻辑的原生状态及其逻辑理蕴而言，网络结点之密布，主要是对致密性之可充入性的一种美学描述。若说网络结点间的空隙，也对网络具有结构意义，后儒学美学也并不否认这一点，且把它留给别的存在论美学体系加以讨论。我们更注重的是结点，认为结点本身就是幻象。结点存在的致密性程度越高，触动存在论场域转换的频率就越高；而转换频率越高，又证明结点的现实性越强，因为它在转换的过程中，充实了缝隙，强化了存在论场域的现实辐射力。

二、“多”之力：后儒学美学之“后”

后儒学美学幻象逻辑以具有衍摄力之本体，生成场域性之“多”的驱力效应。衍摄力之本体是一种能体性质的本体，它的表现形态可以是客观的存在物或主体的思想、情感、意志等，甚至也可以是超主客的某种情态、意绪、观念，总之，一切可以形之于表、名之以概念、显之于思维、化之于流程的存在体，只要能够进入存在论场域并衍摄存在论场域中其他元素者，皆可以作为后儒学美学幻象的逻辑本体。而“多”的意谓就是一个后儒学美学幻象的“场”概念。布厄迪说：

> 每个（宗教、艺术、科学、经济，等等）场通过它所推行的实践和表现调节的特定形式，为这种因素提供了一种建立在幻象的特定形式上的实

[1] http://news.163.com/api/15/0719/15/AUT8CUSV00011229.html?bdsj。

现愿望的合法形式。就是在全部或部分地由场的结构和运行产生的配置系统和场提供的客观潜能之间的关系中，在每个情况下确立了真正心满意足的系统，产生了场的内在逻辑（无论是否伴随着游戏的外部表现）要求的合理策略。[1]

根据布厄迪的意思，任何一种场都是建立在幻象逻辑和幻象结构所给予的特定形式之上的。在一个运行系统中，可能调动一个场的全部或部分，譬如美学系统的运行，就可能调动与之相关的哲学场域的全部或部分，而部分也意味着有其他场域部分参与到运行结构的“配置系统”之中，于是便建立起属于“场”的内在逻辑，这种内在逻辑根据我们的表述，即作为“场”而存在的“多”的幻象逻辑。布厄迪如此深刻地阐述了场与场的逻辑关系，及其共同以场的构成力形成一新的幻象场域的逻辑系统，这对我们理解“多”作为后儒学美学的本体抑或场的内驱力，无疑具有十分重要的意义。但布厄迪所提出的思想并非源于他在后现代背景下的一种“孤响绝唱”，“场域”的思想在科学和人文中是很早就出现过的，并且是中西都有，只是没有明确而已。例如，《易传·系辞上》云，“方以类聚，物以群分，……易简，而天下之理得矣；天下之理得，而成位乎其中矣”，“触类而长之，天下之能事毕矣”，就说明易的“逻辑”是在“类”“群”之场中凸显出来的，能够穷尽天下的奥秘。现代物理学对物质微粒的测定，也采取了场概念来析分，例如在爱因斯坦的狭义相对论和广义相对论中，“场”（field）拥有非常丰富的指称和含义。“场”改写了物理学的时间—空间概念，—空间概念，“场”的存在意味着一种相对于绝对本质的自体性运动结构的存在，“力学与电动力学现象并不拥有与绝对以太观念相一致的属性”[2]，“场”之中的时间与空间因素及其关系，并非如伽利略所规定的是一种恒定不变的存在，而是独立于绝对观念之外并互相支撑、互相作用的。“场”的存在不是封闭的，而是借助于外在力的支持才得建立的，正如电磁力之运动，空间和时间缺一不可，“放弃它们中的这一个就意味着另一个也放弃了”[3]。在广义相对论中，爱因斯坦用“引力场”概念打破传统的“惯力性”概念，指出“场”是一种强聚集状态下更多矢量的进入，并形成相对之稳定性以实现运动的效应。例如，物质压缩

---

[1]　[法]布厄迪：《艺术的法则：文学场的生成和结构》，刘晖译，中央编译出版社2001年版，第276页。

[2]　Rafael Ferraro. *Einstein's Space-Time An Introduction to Special and General Relativity*. Springer, 2007. p.47.

[3]　Rafael Ferraro. *Einstein's Space-Time An Introduction to Special and General Relativity*. Springer, 2007. p.47.

得密度越大，则温度相应越高，当温度达到3 000K时，宇宙爆炸便产生了。因为在这样一个温度下，电子和光子产生了自由运动，不再按照“惯性”轨道运行。自由的光子与电子产生相互作用，使高温爆炸瞬间的热化与光子的散热同时在场形成“冷却”与“稳定”效应，结果是电磁辐射被吸入黑洞性质的光谱场域，一种新的运行系统因之产生。宇宙爆炸可能是一个特例，广义相对论就指向了普遍发生的运动情形：“在广义相对论理论中，我们不再能够通过对给定张量进行简单的微分而构成新的张量，在这样的理论中，不变构成也要少得多。但是，这一缺陷可以通过引入无穷小位移场来得到补救。无穷小位移场所以可以取代惯性系，是因为它使我们能够比较两个无限接近的点处的矢量了。”[1]“无穷小位移场”是一个非常智慧的提法，它相当于我们所说的“存在论场域”的涵摄部分。在后儒学美学幻象逻辑之存在论场域建构中，那些被导入、吸入的构成因素，与幻象之总体场域相比都属于“小位”性质的配置，但由存在论场域之“多”协合的整体之运动——类似于电磁场之标量、矢量或张量——则促成了大于所源生之背景场域更强的适量冲击力。这是存在之多的美学效应，也是数学集合论所描述的子集，即为其可臻于无限之集合本身。

$$A \subseteq A$$

$$\emptyset \subseteq A$$

“多”在场域中，作为一种具有生成力之本体，可以使“场”和本体论维度形成同场域能量释放。特别是在后儒学美学幻象机制中，“多”的本体地位通过其美学累积之“后”与当下在场呈现之“后”被确定下来，便使后儒学美学的幻象本体与其他的美学本体论具有了不同的意义，体现在：

（一）主体性为能体之“多”

主体性作为能体之多，意指：第一，主体性是生命存在之主体性，因而必为在场域中存在之主体性；第二，场域中存在之主体性不是单一的主体性，凡主体生命所出之思想、情思、意绪、行为、幻象等，皆为主体性之存在特性；第三，因为此主体性为存在性主体性，并非指肉体生命之现实存在之实存性主体性，因而它自身具有存在论的场域展开性，从而可以自主将所涵摄之因素转换为主体性之结构性本体因素；第四，由上述诸点所限定，主体性为自身呈显为存在论场域性质之多构成的涵摄力或衍生力。简言之，主体性为产生美学辐射效力的能体之多。

---

[1] ［美］爱因斯坦：《相对论的意义》，郝建纲、刘道军译，上海科技教育出版社2001年版，第126页。

试以一生活现象为主体性作为能体之多进行说明。在当代职场上，任何一位在场者的自身发展和人生命运，都不是由主体已经具备的所谓观念、气质、性格等所决定的，倘若如此，则为“观念决定论”“气质决定论”或“性格即命运”等。人们在生活中常闻类似说法，无非是一种主体论阐释而已，并不符合后儒学美学的幻象逻辑。所有主体的因素在职场中属于未决因素，而进入主场，并参与市场中的主体在场性“矢量”表达，这是主体性构成的第一重美学幻象含义，既为主体，又不具主体性之自决。而后在主体与所进入之市场形成围绕主体性之构成或主体所吸摄之构成，形成关于市场中场域存在的方向与氛围时，主体性依然作为一种生命力在起重要作用，但依然不是决定性，因为市场场域所规定的客观性限制着主体性的存在性，迫使其发生主体性构成的改变，在主体性构成中导入新的存在论场域的积极矢量，由此而拓开一种新向度的主体性能体辐射运动。诗人聂鲁达写道：

季节的艰难时刻；像细小的葡萄
把绿色的苦味蒸发殆尽，
岁月那隐藏起来的迷茫的眼泪也一串串膨胀
直到阴郁气候将它们暴露无遗。

是的，种子的胚芽、悲伤以及在噼啪响的
一月之光中受惊的所有搏动的事物
都将成熟，都将燃烧，像烧熟的果实。

主体性作为生命能体的拓展，将这种生命节律延展为更强力、更成熟的生命体的运动，它展示出更多可能性，美学意涵也因之更难确定，但这确是后儒学美学幻象逻辑所揭示的主体性存在论场域的一种普遍情形。

（二）幻象为自体之“多”

后儒学美学幻象逻辑，拥有自身协调、纠错和反干扰的机制，体现在幻象本身的存在为一种“自体”之多。“自体”，一般指 myself body 或 independent substance，是就“自己”“自性”的意义理解的，但幻象逻辑之“自体”具有“多”的存在论意涵，是一种幻象的“自体”，一种在存在论场域中摇晃流动的存在体，因而它不是封闭格局中独立持存的实体。

“幻”性为虚，一般的理解为“无”，为“空”。但美学幻象之“幻”真真切切地存在着，不但非无非空，而且在“幻”的每一刹那都有致幻之性产生的“象”

存在；幻象之“幻”非但不向虚无寂寥的去处淡化、消失，反而在“幻”的变动序列中有不尽的“象”绽现出来，构成恢弘而绚丽的景观。

人们常常习惯于用审美之“幻”来形容，然而任凭五光十色的幻象如何流转不息，都与美学的幻象有本质区别。审美幻象是一种客体，它们被作为某种本体的喻说而存在，于是一个似乎不很好理解的本体，用幻象进行方便喻说。例如，佛教解说其“空”有无数的例子，《金刚经》四句偈里用了“如梦幻泡影，如露亦如电”这样的幻象喻说。Jan Westerhoff 所著《幻象二十例》（*Twelve Examples of Illusion*）中，则对如下“幻象”之例一一详解：

(1) Magic 魔术
(2) The moon in the water 水中月
(3) Visual distortions 错视
(4) Mirages 幻影
(5) Dreams 梦
(6) Echoes 回声
(7) A city of Gandharvas 干闼婆城
(8) Optical illusions 光幻觉
(9) Rainbows 彩虹
(10) Lightning 闪电
(11) Water bubbles 泡沫
(12) A reflection in a mirror 镜中象[1]

这十二则幻象之例，都是“空”本体的变现。方便喻说也是意涵呈现的一种方式，在“以多喻一”的阐释中，美学意涵的模糊性和曲折含义能够获得一种能指性的增值。但幻象逻辑的“幻”不是这种“譬喻”之幻，而是存在之幻，因而，“多”是本体性的，它恍然如同虚无，即“多”在幻中，又俱为实在，则是“幻”在场域中为其呈象。那么，或要问，场域中之“多”既然为“多”，必然有一个由何者合成的问题，则合成“多”之单个体是否属于本体，抑或属于非幻之实体？解此疑问，只要看看苍茫林海，听听滚滚涛声，就迎刃而解了。林海之存在，并非是树林之存在，也非树林犹如大海之比喻之存在，而是“林海”之生命性之存在，此种生命性在林海所能植入之存在境遇则有具体意涵之衍生，它们不是用“一”可以涵括无余或一一可计数而概予列举的。“林海”之生命性存在，以苍茫无垠、寒意深彻、幽绿如泼、葳蕤茂密等一

[1] Jan Westerhoff. *Twelve examples of illusion*. Oxford University Press, 2010. p.3.

切可以形容其坚韧、强势、冷硬的性词来描述，在“林海”所植入或导入的存在论场域中，哲学、伦理学、生命学和宗教学都能给予理论场景的类化性衍生。因而，“林海”的幻象绝非个体之实有之象，也非对林海给定一抽象本质而幻现出诸多个具象之象，林海的幻象就是林海本身，是林海在存在论场域中逐渐绽出之“多”，而生命性与生命力正是这存在论场域中绽出的最根本的“多”之构成。

后儒学美学幻象逻辑，使“幻象”成为一个具有美学意涵的存在体，赋予其“幻”的特质，而自在地秉具了超越的意涵。《论语·阳货》中记载：“子张问仁于孔子，孔子曰：‘能行五者于天下，为仁矣。’‘请问之。’曰：‘恭、宽、信、敏、惠。恭则不侮，宽则得众，信则人任焉，敏则有功，惠则足以使人。’”[1]“仁”可以“行天下”，其本体意涵具五种之多。《庄子·大宗师》曰：“古之真人，不知说生，不知恶死；其出不䜣，其入不距；翛然而往，翛然而来而已矣。不忘其所始，不求其所终；受而喜之，忘而复之，是之谓不以心损道，不以人助天，是之谓真人。”[2]庄子赋予真人以丰富的超越性理想含义：生死无虑，出入无阻；欣然志得，自由快意；任情忘志，适道存心。新儒家特别重视心志的超越。梁漱溟赋予超越以美的“直觉”[3]和“合理的人生态度”，认为“改换那求生活美满于外边享受的路子，而回头认取自身活动上的乐趣，各自找个地方去活动”[4]。这种认取一个与自身活动相适合的路子，是以否定外边享受的多样选择为前提的。而余英时采取的是避开或“超越”体制对人生的辖制，走“日常人生化”之路，这种“日常人生化”是一个整体性概念，主张澄清和打破“治国平天下”的公共人生论场域实现人生的虚幻性，拉开修、齐与治、平的距离，让儒家的价值意识在现代生活中得到落实。[5]牟宗三则从心体“圆善”观为当代人生在当下时间中的“圆顿”呈现，提供了本体论结构框架，正如尤西林所说：“牟氏最终是将体现‘人’（众生个体，相对于康德的‘上帝’）的主体意志自由的‘智的直觉’，同一为心体客观‘呈现’（同时亦即‘润生’创造）。‘智的直觉’与心体及意志自由的‘呈现’作为同一个心体主体的‘心能’表现而合二为一。”[6]新儒家充分考虑和关注了现代和后现代的条件因素来考虑美学的本体，但在思维方式上仍陷于或残留着“以一驭多”或用西方现代观念统御儒家意识的情况，因而构

[1] 杨树达：《论语疏证》，上海古籍出版社1986年版，第447—450页。
[2] （清）王夫之：《庄子解》，中华书局1964年版，第58页。
[3] 梁漱溟：《梁漱溟全集》（4），山东人民出版社2005年版，第708页。
[4] 梁漱溟：《梁漱溟全集》（4），山东人民出版社2005年版，第689页。
[5] 参见余英时：《现代儒学论》，上海人民出版社2010年版，第248页。
[6] 尤西林：《心体与时间：二十世纪中国美学与现代性》，人民出版社2009年版，第247页。

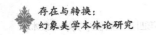

不成后儒学所指幻象逻辑的“幻”为本体和“幻”为衍生，使“多”成为自然的能体之力的逻辑理蕴。

（三）“他者”为可转换之“多”

后儒学美学幻象逻辑的可转换机制，是后儒学美学幻象发掘、调动、衍摄、呈现美学资源及其潜能（力）的内在规定性，转换的状态及其转换过程中形成的美学效果，显示了后儒学美学内在逻辑的灵活性和生长性。

1.“他者”的可转换性

前面我们已经多次提到后儒学以“外在性”为逻辑基础，那么，在幻象逻辑机制中，“外在性”存在何以转化为幻象？

现代建筑的楼梯有多种结构形态，在人类建筑只有地面上的单层住宅时，平面布局设置四通八达的通道，可以很方便地在一个相对独立的空间里进行进出转换。但当楼层的设置越来越高，特别是摩天大厦多达百层以上时，人类发明了楼梯。楼梯相对于楼房，并不属于楼体本身的构体，勿宁说它是一个辅助性的构体，如果没有楼梯，人们无法由地面进入到楼体高层的任意一处空间，从人与楼体存在的统一性上讲，楼梯也是楼体的必要组成部分。

设想一下，后儒学美学在向高空设计一个延伸性的实在空间时，它不可能凭空而造，只能依托一定的空间将设计蓝图逐层拔高，这样，在层与层之间，楼梯就成为一种可转换的中介。在传统儒学中，心性主体的向外投射，似乎先行夯筑了内在的主体空间，而把心性对象化的外部世界作为主体目的性实现的场域，与内在空间分割开来，“修身齐家治国平天下”的理念，就是在这种心境相对的意义上成立的。在后儒学美学幻象机制存在中，所谓可依托的内在空间不存在了。人生和现实可以用建筑体进行比喻，但我们在并没有展开人生和现实实践之前，就拥有了可以安身立命的存在之所。我们总是从虚无中出发，然后在一种并不能够很确定的未来幻境中，如同摇曳流动的火炬，使自身及自身的存在之域闪现出光彩，而这正是后儒学美学幻象的生成性及其存在性。

于是，由楼梯存在的合法性及其意义生发出一个重要的美学问题：如果楼梯无所依凭，美学幻象如何拓开存在论场域？我们认为，恰恰是依靠幻象逻辑的可转换性，仿佛楼梯的存在将诸外在性场域衔接、调动、整合为一个适合于幻象自体性质的存在论场域。在幻象机制中，楼梯的存在方式不是电梯式直上直下，倒颇似旋转式楼梯，它在自身所占空间极小甚至几可忽略的情况下，依然与外部世界中的存在论场域发生对接。楼梯旋转的斜面所围绕的柱体即美学幻象的主体性，楼梯斜面旋转的边缘也并非封闭的界限，它们直接与诸外在性“场域”连为一体，这样外在性“他者”也能很自如地，而并不硬性分割地成为楼梯“旋转”式存在的有机部分，促成美学幻象空间的扩展性转换。后儒学美学并不夸大主体心性的预成性和虚幻性，而认为一切都在运动中转换为实性。外在性“他者”也并非虚空中随意想呼唤来之物，而是本然已有，虚而不空，幻象之网密织如缕，无所不在，后儒学美学幻象逻辑所能决定的，只是根据其内在需要构筑适合自身的场域空间。

2. 旋转的矢量

幻象的存在是一种“旋转”的矢量。在主体未决之时，一切都是没有意义的，所以没有脱离人的审美对象景观，纯粹的自然美是不存在的。在主体进入存在论场域并取得先在性之主体地位后，与人所交涉的一切皆发生了改变。此时，无论一个人是否处于审美主体之地位——那对他来说，通常意味着有一集中的美的呈象诉诸于他的感知——他都是存在论场域中之存在者，他在存在中决定他的价值取舍，使自然与社会、科技与人文、真实和幻象、真与假、善与恶，等等，都汇入他所在之幻象之流，被卷入到此场景中的成分愈多、愈复杂，便愈使存在论场域形成自身的幻象结构，从而把一切方向的力激发调动起来。而用“旋转”一词描述在过程中幻象的摇晃流动，正是基于这幻象场景中的力有一种莫名其妙、难以确定的方向性，它不只向上，向平面之东西南北四向发射，而且也向下，向斜角、向斜角之斜角发射，所谓“箭矢之所向，犹如圆心处之迸射”；而且它并不单纯适合于“箭矢”这样的比喻，它也适合用弯曲、迴向、螺旋式方向的力来形容。总之，存在论场域中的“力”，是一种“多”之力，因而绝不能用单一方且线形的推进来形容或确定它。

或许有人会问，在现实生活中，这样的矢量哪里可以找到，在儒者的存在论人生中又可以在哪里体现。所谓“登高招手，臂非加长；驾船渡水，腿非泅浆”，儒者在存在论场域中可借力于一切存在者，使所有构成力皆尽其所长，终致后儒学美学理想佳境之完成。因此，矢量当如所能想象之境遇而转换，而迸射。后儒学美学幻象逻辑所幻化的，最终是一种“幻”力爆发的美学效果。

三、“境界”之化：能量与气度

后儒学美学幻象逻辑对其目的性之规定，有自己的特殊蕴涵，表现为幻象幻化之成与幻化之韵。幻化之成为实境，幻化之韵为虚境。虚与实的关系，也不同于传统的有无关系，或以情与景、物与我、言与意或象相对。虚实在幻象结构里，本来就是一而二之存在，即虚可以实，实可以虚，幻化中之“象”为实，则象之幻化为虚，而幻化之成是存在论场域的象网（结与结）及其多向度的力，形成的新的聚合性的象场。幻化之韵是存在论场域的存在之象、力在其形成新的场域时，依然迸射的能量与气度，它们构成显在的与潜在的，指向无限之化境的美学场域。

“化”是中国古代美学使用频率极高的一个概念。《周易》“贲”卦辞曰：“观乎天文，以察时变；观乎人文，以化成天下。”清代李道平注疏曰：“‘观人文而化成天下’，即《尧典》所谓‘钦明文思，光被四表，格于上下’是也。”[1]此以“贲”卦柔来文刚，阴阳交，喻圣人之教使天下普被光华。古人以“化”为受动之象，如山下有火。东晋王廙曰：“山下有火，文相照也。夫山之为体，层峰峻岭，峭崄参差，直置其形，已如雕饰。复加火照，弥见文章。”[2]西晋郭象有“独化于玄冥之境”[3]之说，用以形容主体超然独存的精神境界。盖能化与所化，都是产生超越性的必要构体和必要过程。后儒学美学幻化逻辑之“化”，与传统儒学之“化”的不同之处在于，它不是单纯由实蹈虚之人文境界之化，也不是科学技术工具性操作之化，也排除了脱离实体之符号性方便施设之化，它是人类在充分占有历史美学资源前提下，以存在论场域主体性之衍摄为基础，所实现的立体化美学创造增殖之论。剖解幻象逻辑之化境，其内在逻辑及超越性实质体现在实境与虚境的区别中，及这种内质各殊的化境在存在论场域中，可以实现完美的结合，实现美学境界之“化”的完满效应：美学场域之能量与气度达到充分的协合与统一。

那么，何谓实境？主体性衍摄之存在论场域亦为实体之存在，即后儒学美学幻象之实境。主体为人，人所具有的主体性为后儒学之主体性。这种主体性以宾谓涵摄之存在论场域涵括所衍摄之实体境相，为后儒学美学幻化之呈象，亦即实境。实境所涉之对象甚广，包括自然、社会、文化、学术、技术及显现出整体性的存在场域，都在其范围指陈之内。自然，每一种场域当其能够作为实境而呈现时，都是以自身的存在论构成为存在的本质和标志的。因此，后儒学美学幻象逻辑以标有划界的特定实境为基础，向不同场域的跨界融合进行更深一层的化境转换。愈是更高层的化境，其存在论场域的划界愈不明显，其自身所体现的虚境成分或比例也就越大，所表现

---

[1]（清）李道平：《周易集解纂疏》，潘雨廷点校，中华书局1994年版，第247页。

[2]（清）李道平：《周易集解纂疏》，潘雨廷点校，中华书局1994年版，第247页。

[3]（晋）郭象：《南华真经序》，引自郭象注、成玄英疏：《南华真经注疏》，中华书局1998年版，第1页。

的存在论性质和特征也就更为复杂、更不清晰。唯有从更高的主体性存在视点俯瞰这种场域，它才因为情有所钟而愿意完全呈露底蕴，而这时美学化境的自由性已完成其高端实现，它所面临的未来挑战也由其自身主体性与更高一级的存在论场域之碰撞形诸决定……

实境的实体性，决定了其存在性境相具有如下特点：

首先，实境境相的客观性以突变性为其本质。事物的存在和变化都有一个过程，缓慢而渐进的过程，主要为维持固有性质而释放其能量。假设让一个人走进一个原始自然景地，发现其美的存在。这种存在可能经历了亿万斯年，亿万斯年之间该自然景地可能发生过千万次突变，在人不能认知从而不能用任何话语形态描述或解释它们时，那些突变过程不具有后儒学美学意义。当这个人发现和走近它以后，发现它开始变化，或水量比较充沛，植物愈加茂密，五光十色，俱为璀璨美丽之景。倘若是璀璨和美丽与最初之发现形成强烈对比，则具美学化境之实义。在社会场域中，稳定而渐进的过程，在后儒学美学看来，属于社会存在本当如此的一种实境，对其细微而精妙的变化，可以从后儒学美学存在论场域的一般美学本体论维度得到解释，而不能将它划入关于社会存在论场域之美学化境。美学化境的深意，在于肯定场域构成之存在论美学维度的有限意义，对封闭而僵化的存在论场域系统给予认知剔除。特别是当下，人类主体存在所依托的存在场域，愈来愈掺入更多的文化、科技、信息成分，促成主体性之存在论场域的决定因素，也愈来愈不由机械性能量所决定，因而，凸显实境的突变性，意味着对人类所面对更为复杂之状况的更高美学智慧的给予。所谓“十年磨一剑”，是说人用十年力，磨成一把快刃；但在另一处人的存在场域，“秒秒弹飞刃”，则是说人用了“场”力，造出千万倍于“十年磨一剑”之刃或具备快刃之功的“电刃”“光刃”“信息刃”。因此，对“十年磨一剑”之“磨”可从禅美学之“渐修”来论，对铁刃终于得以磨成亦可从“有志者事竟成”给予低层位“突变性”体认，却不能像后者那样给予幻象逻辑之化境的价值体认。

其次，实境境相的能量迸射，以主体性对存在论场域的存在与转换拥有统御的权力为标志。后儒学美学幻象的实境作为化境，主要是通过超越控制实现了实体能量的迸射，有能量的迸射，只要存在之为存在，也无须用化境来形容了。那么，如何实现控制实体境相的能量迸射呢？其核心问题就是一个场域权力问题。其实传统儒学的“礼”的实质也是一个权力问题。传统儒学的美学设计是让人性柔化，以维持权力的集中、持续。后儒学美学所面临的状况远非农业时代、工业时代和前知识化时代所可比拟，这个世界在国际化虚拟场域之下，面临着尖锐的国力较量、民族斗争和人生成长的存在感、幸福感问题；面临着日趋复杂的人与环境及宇宙空间的生存场域（注意还没达到存在场域）的竞争问题。正如一位西方学者所描述的：“我们生活在一个纷乱的世界。太多的人在贫困线上奔波挣扎；太多的社会因为分裂而陷于瘫痪；太多的暴力出现于国家内部和彼此之间。恐怖分子极其嚣张。许多地方缺乏水资源，城市人口过于稠密，并且饱受污染侵害。”[1] 在这种状况下，后儒学美学凸显它曾经在历史上成功累积的学理精华，将之衍摄于当下状况之美学应对，最根本的是掌控存在论场域的存在与转换的主导权力。存在主导权是一种基本权力，要使主体性展现为能够激发能量迸射的主导权力，而不是使能量耗散，场域趋于宁静、死寂的权力；同时，主体性能够及时掌控场域生命机制的新陈代谢，是实体能量既能发挥到极致，又不抑制乃至扼杀新鲜活力活泼泼地进入存在论场域的生命机制。在社会、人生存在论场域，实现主体性的场域调控并非易事。因为传统儒学在巩固其社会发展主导权时，将社会治理权力转换为政治权力，又将政治权力转换为伦理权力，而在巩固伦理权力的存在时又以熵的增高为前提，从而导致整个社会心态偏于保守和情志弱化。当代后儒学美学主体性要克服传统儒学的美学缺陷，通过存在论场域衍摄机制解决意志冲力与情意诗化的主体性平衡问题，进而在掌控美学实境之场域权力时，注意充分激发客体性能量，使浅薄的圆滑、低能的钻营、刻薄的旁观、奸诈的委蛇等主体性，没有机会获得正向矢量的推助，否定性权力意志不能主导存在论场域的转换，从而使美学实境的客观性能量得到最大限度的迸射与释放。

至于后儒学美学的幻化虚境，则是一种存在意志和存在影响力的表达。本来虚与实的概念，在动态化的存在物身上便不能鲜明地区别开来，譬如，火的燃烧，它既是一种实境，也是一种虚境。当我们判定它为一种能量的释放过程时，它是实境；当我们从火的燃烧，感受到火势和热能的灼烤时，这是一种虚境。虚境之表达意志，自然有其特别的呈象，这种呈象在审美对象性关系建立时，特别适宜于审美的观照与解读；但后儒学美学并不认为所有有深度的状态，都能够表达出存在意志并因此而被理解，也不意味着这种状态是为审美而准备的，也就是说，在其他关系建立时，也可以产生美学价值蕴含的赋值——对自身及其影响者都是如此。

当代的精神文化现象特别庞杂，一致表达存在意志的诉求比比皆是。其中，除了大量正能量的美学表达之外，也有一些怪异的，甚至是负面的表达。譬如，微信上报道济南某商家出售“唐僧肉”，就是让一个人装扮成唐僧的样子，躺在那里，

[1] ［美］詹姆斯·罗西瑙：《全球新秩序中的治理》，载戴维·赫尔德、安东尼·麦克格鲁编：《治理全球化：权力、权威与全球治理》，社会科学文献出版社 2004 年版，第 71 页。

在他的身上铺上餐布，上面搁上点心和水果之类让观客去吃。观客吃与否是另外一个问题，就商家摆出这种噱头而言，是想通过怪异的文化“幌子”招徕顾客。人们不去追问该商家卖的到底是“精肉”“过期肉”还是“人造肉”，而仅因《西游记》中无数大大小小的妖怪都想吃“唐僧肉”这一艺术想象的“存在论场域”被带至现前，在感觉和精神上就颇受刺激。于是，观奇猎异和模仿妖怪也想成仙的内冲动，会引发人们的围观和议论。微信上报道的这个事例，不过是当前众多怪异现象之一，从其行为可看到很强的存在意志表达诉求，这种诉求就是一种美学幻象的虚境。遗憾的是，其所选择的幻象场域，容易让人产生视错觉和味觉上的不舒服，并且对其意志存在的理解和阐释，也极容易滑向猥琐、低俗的价值判断，因而毫无美学气度可言！

后儒学美学幻象的存在意志是一种超强的精神气度。儒者的主体性作为决定存在论场域的先在意志，其拥有对实体能量和能够发生关联的价值场域的观察、认知、理解、判断和决定权，这种权力使其具有主体性场域的优势，从而在进一步拓展、转换存在场域时，能够敏感地把握住场域气势的流动，使之成为美学自由境界的崇高表达。

在飞瀑直泻而下时，地面上溅起白色的浪涛，其声如雷轰鸣，其势如骑云之虎，奔腾呼啸，直奔远方。李白有诗云：“日照香炉生紫烟，遥看瀑布挂前川，飞流直下三千尺，疑是银河落九天。”审美的幻象境界，能激发起人们抵达无限的冲动和欲望，是使生命获得活泼泼的感性自由之气度！

互联网仿佛是延伸到黑洞一般的虚拟空间，把人们从这一头到那一头通过计算机视窗连接起来。网络对话发生在真实的人之间，并不是虚拟的，但是他们彼此相隔，在空间上可能相距万里之遥；同时，手机摄像头的高度精准和便于携带，使得一切生活场景中分分秒秒的变化，都可以通过视频传输到网络之上，让人们在第一时间看到。近年来，人们惊异地发现，网络生活几乎占据了所有可能产生观察、认知、想象和梦幻的空间，甚至连人们原以为属于私生活的空间，有不少都被安置了探头。现在不出门就可以通过阿里巴巴、京东等电商，购到所需的各种商品。总之，因为互联网，我们的生活都被改变了。在这种情况下，就好像忽然有洪水漫过来，其水势之大，几至于让你无从逃避。后儒学美学对于不可逆料的客观情势，保持清醒的主体意识，如若属于技术、信息化场域，则必调动其自身所应有的充分能量，或采用对应策略，使场域转换，美学的价值、意义在更新的存在论场域得到呈现！

幻化之虚境，是一种不可独立的存在境界。人类从史前蒙昧期之所以能够走到今天，在本体论意义上，主要不是因为物质的给予始终不曾断绝，故而能使生命得以延续，更重要的因素是，支撑人的生命得以存在的精神气度。这种精神气度，之所以为“度”，是因为它虽然是虚化的气韵、气势、情态和场力等，但它一样也是具有着“数”的量度的。最初，实用的精神态度也有气度，但果腹之余形诸其他本能之欲，其所谓“气度”非常狭隘，受身体感受性和适应性的限制较大。在这种情形下，原始宗教和艺术等产生了，它们是原始人在极度匮乏物质生活和生产资料的条件下，让精神产生超越的“化境”形态。故而原始民族有神话、巫术、史诗、壁画者，其历史悠久，文明萌芽甚早。在当代，物质生活属于后儒学美学所指的实境场域。如前所述，虚境与实境未尝可以二分，但并非说有了一定的实境，必有相应的虚境。就虚境的本质而言，存在之意志是超越存在之情态的，美学的本体论导入，对外在性存在论场域的选择，与其说是为了激发、调动新的对象性场域之能量为自身生命、存在之场域能量，不如说就是因为对某些外在性场域所溢出的价值气韵有了感受和理解，从而形成初步的美学判断，才将其导入到美学幻象之存在论场域中的。因此，物质生活的丰富，并不代表精神气度就一定博大、丰富，对于人而言尤其如此。对于物质实践对象和技术化的操作对象，气度的展示与该种对象的质料、呈现都有关，也与人对它的理解有关，因而也不是说单纯由物因素便能决定的。一般来说，物质、技术因素的存在论场域偏重于物质能量的迸射，但这种能量的迸射也同时是社会场域中的矢量，即是说，单纯注重物质性、技术性因素，不考虑其社会性存在与影响力，这种物化的存在论场域最多能达到自身有限意志的充分释放，是达不到后儒学美学所说之幻化境界的。

在当代中国有一个很现实且不无矛盾的方面，那就是自20世纪70年代末起，美学尽管被人们重视已有30多年，但对于美学境界的“虚化”意涵迄今仍缺乏正确的理解，主要表现有如下几种情况：第一种情况，是认为美学境界主要是指审美的境界，而审美的境界又主要是限于主客审美关系中主体的精神境界之谓。审美中主体的精神境界谓之审美境界，固然不错，但美学境界并非只有审美境界这一个方面，在审美之外，人有更为广泛的生活与实践领域，它们也具有特殊的美学意涵，不能被排斥在美学境界之外。而且，在美学发展这么多年之后，对于美学境界的理解早就应该走出从审美而理解境界这样的模式了。审美态度的复杂性、审美经验的丰富性、审美境界的超越性这些内容，尽管都十分重要，但当代美学的主要场域并非是审美场域，而是渗透着美学理解的生活场域、实践场域和价值场域等。第二种情况，是对于美学化境之“虚化”的理解存在两种极端性认识。其中一种极端性认识以肯定美学境界的“虚化”而忽视其与实境的相关性为特征。这种偏差性认识又分两类：一类认为，美学只有人文境界，而人文境界又主要以精神上的否定和批判意识为先导。就人文美学的实质而言，这样的理解没有错，但就时代赋予美学以更为广阔的存在论场域而言，这样的理解是不全面的。另一类认为美学境界就是人生的境界，有关人生境界的美学道理却是客观的，舍此而外，并无真境界。这种观点排除了人生与丰富物质生活联结的可能性，导致对化境的理解是将现实与理想对立，从而试图用精神力量来解决物质力量的问题，用人的精神境界来解决现实困厄问题，其影响是严重影响了人们的价值判断，直接导致后儒学美学所强调的主体性权力的丧失，如90年代的“气功热”就是在这种背景下泛滥成灾的。这两类对化境的“理解”尽管有局限，但在重视化境之“虚化”价值意义方面，它们却有着内在的一致。另一种极端性认识是从科学立场出发，否定美学境界的“虚化”性。如今泛滥的量化评估，成为裁决一切工作的准绳，严重地抑杀了人们的思想活力和具有幻象性质的工作创造动机。以所谓科学化为应用化工作手段对一切生活、工作等存在论场域的干预，造成科学尺度的严重贬值和低效率、繁琐化，促成大量的投机钻营和造假、浮夸、剽窃现象发生。由于对美学境界的理解，相比于科学化的理解是如此缺乏场域，从而一切问题似乎离开科学就别无解决途径，而回到科学就有可能回到低劣的甚至是假丑恶的科学“工具化”形态。所以，即便当前的形势已经促使人们对现实开始反思，也发现了其中存在的不少问题，但一旦遇到现实，便仍然用科学尺度裁定一切，其结果便是貌似有理，实则差之毫厘，谬以千里！

因此，后儒学美学幻象逻辑正确地处理美学境界的“虚境”的幻化问题，认为它是在存在论场域中绽现出来的存在意志和实境能量迸射所形成的精神影响力，其最集中的表达形态就是“气度”。一个人，有气度则有其存在，无气度则只有生存而无存在。譬如汪精卫，这同一个人既因年少时参加革命，欲谋刺清朝摄政王载沣之气度而名扬天下，又因其抗战期间走投降路线，气度尽失成为日本的走狗而遭天下人唾弃！在物质能量弥满之时，气度使能量正向挥发。气度也是科学、文化的最高价值裁判。如果一个富强的民族，缺少对存在论场域的主控信念，就会仓廪虽满，却志向短浅、精神萎顿，在国际化丛林竞争中就必然会被淘汰，被强者所食。而作为美学幻境的虚境，从对其最系统而有深度的理解来说，当属于上升到文化综合形态的理解，这种综合包括了哲学、宗教学、伦理学、心理学等。所以，后儒学美学主张，要建构后儒学美学幻象逻辑的强大主体性，就必须在其他条件充分的同时，也使主体性在哲学、宗教学、伦理学等形态方面体现出美学“化境”的充分意涵，即使美学的实境和虚境在幻象逻辑中统一起来，既具能量迸射之力度，又具存在意志与势能影响之气度，则美学境界在真正的“后儒学美学”意义之上确立就可以成为可能。

参考文献

《美学问题讨论集》（第 1 ～ 6 卷），作家出版社 1957 年版。

《朱光潜美学文集》（第 1 ～ 2 卷），上海文艺出版社 1982 年版。

《朱子文集》（第 13 卷），福州正谊书院藏版。

《王国维文集》，线装书局 2009 年版。

《梁漱溟全集》（第 4 卷），山东人民出版社 2005 年版。

《论语集解》（第 3 卷），台湾故宫博物院馆藏善本。

《元盱郡复宋本孟子赵注》（第 1 ～ 14 卷），1931 年故宫博物院影印本。

《历代书法论文选》（上下册），上海书画出版社 1979 年版。

《四书章句集注》，中华书局 1983 年版。

胡适：《先秦名学史》，安徽教育出版社 2006 年版。

蔡仪：《美学原理》，湖南人民出版社 1984 年版。

蔡仪：《新美学》，群益出版社 1947 年版。

吕荧：《美学书怀》，作家出版社 1959 年版。

朱光潜：《文艺心理学》，复旦大学出版社 2009 年版。

宗白华：《艺境》，北京大学出版社 1987 年版。

刘再复：《李泽厚美学概论》，生活·读书·新知三联书店 2009 年版。

李泽厚：《批判哲学的批判》，天津社会科学院出版社 2003 年版。

李泽厚：《人类学历史本体论》，天津社会科学院出版社 2008 年版。

李泽厚：《美学三书》，安徽文艺出版社 1999 年版。

李泽厚：《中国思想史论》（上），安徽文艺出版社 1999 年版。

蒋孔阳：《美学新论》，人民文学出版社 1993 年版。

刘晓波：《选择的批判——与李泽厚对话》，上海人民出版社 1988 年版。

朱立元：《走向实践存在论美学》，苏州大学出版社 2008 年版。

杨春时：《美学》，高等教育出版社 2004 年版。

叶朗：《美学原理》，北京大学出版社 2009 年版。

潘知常：《生命美学论稿：在阐释中理解当代生命美学》，郑州大学出版社 2002 年版。

潘知常：《诗与思的对话》，上海三联书店 1997 年版。

封孝伦：《人类生命系统中的美学》，安徽教育出版社 1999 年版。

高宣扬：《〈后现代论〉前言》，中国人民大学出版社 2005 年版。

徐岱：《什么是好艺术：后现代美学基本问题》，浙江工商大学出版社 2009 年版。

王岳川：《后现代主义文化与美学》，北京大学出版社 1992 年版。

俞宣孟：《本体论研究》，上海人民出版社 2005 年版。

徐梵澄：《五十奥义书》，中国社会科学出版社 1995 年版。

刘建、朱明忠、葛维钧：《印度美学》，中国社会科学出版社 2004 年版。

汤荣光：《普世价值论辩缘起与走向》，中央编译出版社 2013 年版。

王杰：《审美幻象研究：现代美学导论》，北京大学出版社 2012 年版。

袁珂：《山海经校注》，上海古籍出版社 1980 年版。

潘雨廷：《读易提要》，上海古籍出版社 2003 年版。

李申：《易图考》，北京大学出版社 2001 年版。

何星亮：《中国图腾文化》，中国社会科学出版社 1992 年。

蔡仲德：《中国音乐美学史资料注释》，人民音乐出版社 2007 年。

赵建军：《知识论与价值论美学》，苏州大学出版社 2003 年版。

赵建军：《魏晋南北朝美学范畴史》，齐鲁书社 2011 年版。

胡雪冈：《意象范畴的流变》，百花洲文艺出版社 2002 年版。

王振复：《周易的美学智慧》，湖南出版社 1991 年版。

汤用彤：《魏晋玄学论稿》，汤一介等导读，上海古籍出版社 2001 年版。

汤一介、张耀南、方铭：《中国儒学文化大观》，北京大学出版社 2001 年版。

张伯伟：《全唐五代诗格汇考》，江苏古籍出版社 2002 年版。

张文利：《理禅融会与宋诗研究》，中国社会科学出版社 2004 年版。

黄德昌：《观色悟空——佛教中观智慧》，四川人民出版社 1995 年版。

陈一琴、孙绍振：《聚讼诗话词话》，上海三联书店 2012 年版。

朱良志：《大音希声：妙悟的审美考察》，百花洲文艺出版社 2005 年版。

杜黎均：《二十四诗品译注评析》，北京出版社 1988 年版，第 61 页。

于省吾：《甲骨文字训林》，中华书局 1999 年版，第 1 页。

余英时：《现代儒学论》，上海人民出版社 2010 年。

金景芳、吕邵刚：《周易全解》，上海古籍出版社 2005 年版。

高亨：《周易大传今注》，齐鲁书社 1979 年版。

张伯行辑订：《朱子语类辑略》，商务印书馆 1936 年版。

鲍鹏山：《新读诸子百家》，复旦大学出版社 2009 年版。

卢连章：《中国新儒学史》，中州古籍出版社 1993 年版。

刘蔚华：《儒学与未来》，齐鲁书社 2002 年版。

杨树达：《论语疏证》，上海古籍出版社 1986 年版。

尤西林：《心体与时间：二十世纪中国美学与现代性》，人民出版社 2009 年版。

潘知常：《再谈生命美学与实践美学的论争》，载《学术月刊》2000 年第 5 期。杨春时：《走向"后实践美学"》，载《学术月刊》1994 年第 5 期。

唐君毅：《文学意识之本性》，载邝健行、吴淑钿编选：《香港中国古典文学研究论文选粹（1950—2000）·文学评论篇》，江苏古籍出版社 2003 年版。

曾繁仁：《论新时期我国生态美学的产生与发展》，载《陕西师范大学学报（哲学社会科学版）》2009 年第 3 期。

曾繁仁：《生态美学研究的难点和当下的探索》，载《深圳大学学报》（人文社会科学版）2005 年第 1 期。

杨炳章：《韦伯"中国宗教论"与"儒学第三时期"》，载《文史哲》1987 年第 4 期。

陈炎：《"美学"与"文化"》，载《学术月刊》2002 年第 2 期。

黄卓越：《后儒学之途：转向与谱系》，载《清华大学学报》2009 年第 3 期。

高柏园：《后儒学的面向》，载《中国文化研究》2007 年冬之卷。

赵建军：《中国学术的本原范型》，载《河北学刊》2010 年第 3 期"特稿"。

蒋述卓：《佛教境界说与中国艺术意境理论》，载《中国社会科学》1991 年第 2 期。

梁枢：《春秋执政卿：轴心时代的文化主体》，载《光明日报》2014 年 12 月 23 日"国学版"。

《长阿含经》，《大正藏》第 1 册，CBETA2010 年电子版。《大正藏》为《大正新修大藏经》之简称，系以大藏出版株式会社第 1 卷至 55 卷及第 85 卷为底本，由北美印顺导师基金会与中华佛学研究所制作。下同。

《摩诃止观》，《大正藏》第 46 册。

《坛经》（宗宝本），《大正藏》第 48 册。

《中论》，《大正藏》第 30 册。

《大方广佛华严经》，《大正藏》第09册。

《肇论》，《大正藏》第45册。

《百论疏》，《大正藏》第42册。

《肇论疏》，《大正藏》第45册。

《少室六门》，《大正藏》第48册。

《阿昆达磨大毘婆沙论》，《大正藏》第27册。

（战国）荀况：《荀子校释》，王天海校释，上海古籍出版社2005年版。

（汉）许慎：《说文解字》，天津古籍出版社1991年版。

（汉）贾谊：《贾谊集》，上海人民出版社1976年版。

（汉）王充：《论衡》，上海人民出版社1974年版。

（魏）王弼，（晋）韩康伯注，（唐）孔颖达疏，陆德明音义：《周易注疏》，上海古籍出版社1989年版。

（魏）王弼：《老子道德经》，中华书局1985年版。

（晋）郭象注、成玄英疏：《南华真经注疏》，中华书局1998年版。

（南朝•宋）宗炳、王微：《画山水序》，陈传席译解，人民美术出版社1985年版。

（南朝•宋）刘义庆：《世说新语》，赵成林、陈艳注说，河南大学出版社2010年版。

（南朝•梁）萧统选，李善注：《文选》（上下册），商务印书馆1936年版。

（南朝•梁）钟嵘：《诗品》，古直笺，曹旭导读，上海古籍出版社2009年版。

（五代）荆浩：《笔法记》，王伯敏标点注译，邓以蛰校阅，人民美术出版社1963年版。

（魏）王弼：《王弼集校释》，楼宇烈校释，中华书局1980年版。

（唐）房玄龄等：《晋书•王衍传》，中华书局2000年版。

（唐）张彦远：《历代名画记》，中华书局1985年版。

（唐）司空图：《司空表圣诗文集笺校》，祖保泉、陶礼天笺校，安徽大学出版社2002年版。

（唐）李贺：《李贺诗集译注》，徐传武译注，山东教育出版社1992年版。

（宋）严羽：《沧浪诗话校释》，郭绍虞校释，人民文学出版社1961年版。

（宋）罗大经：《鹤林玉露》，上海书店出版社1990年版。

（宋）释道元：《景德传灯录》，成都古籍书店2000年版。

（宋）释普济：《五灯会元：佛家禅宗经典》，重庆出版社2008年版。

（宋）王应麟辑，惠栋增补：《郑氏周易注》，商务印书馆1939年版。

（宋）程璟、程颐：《二程集》，王孝鱼点校，中华书局1981年版。
（宋）苏轼：《苏轼文集》（第63卷），中华书局1968年版。
（明）李贽：《焚书·童心说》，中华书局1961年版。
（明）胡应麟：《诗薮》，中华书局1962年版。
（明）王廷相：《王廷相集》（第2卷），王孝鱼点挍，中华书局1989年版。
（明）何景明：《何大复集》，李淑毅等编校，中州古籍出版社1989年版。
（明）王世贞：《艺苑卮言校注》，罗仲鼎校注，齐鲁书社1992年版。
（清）孙联奎、杨廷芝：《司空图〈诗品〉解说二种》，孙昌熙、刘淦校点，齐鲁书社1980年版。
（清）王夫之：《姜斋诗话笺注》，戴鸿森笺注，人民文学出版社1981年版。
（清）王夫之：《明诗评选》，李金善点校，河北大学出版社2008年版。
（清）王夫之：《庄子解》，中华书局1964年版。
（清）刘熙载：《艺概笺注》，王气中笺注，贵州人民出版社1980年版。
（清）方东树：《昭昧詹言》，汪绍楹校点，人民文学出版社1961年版。
（清）叶燮：《原诗》，孙之梅、周芳批注，凤凰出版社2010年版。
（清）王士禛：《带经堂诗话》，张宗柟纂集，戴鸿森校点，人民文学出版社1963年版。
（清）李道平：《周易集解纂疏》，潘雨廷点校，中华书局1994年版。
［印］帕德玛·苏蒂：《印度美学理论》，欧建平译，中国人民大学出版社1992年版。
［德］尼采：《悲剧的诞生》，刘崎译，作家出版社1986年版。
［德］尼采：《查拉斯图拉如是说》，尹溟译，文化艺术出版社1987年版。
［德］卡西尔：《人论》，甘阳译，上海译文出版社2004年版。
［德］黑格尔：《小逻辑》，商务印书馆1980年版。
［德］黑格尔：《哲学史讲演录》（第1卷），贺麟、王太庆译，商务印书馆1959年版。
［德］康德：《历史理性批判文集》，何兆武译，商务印书馆1990年版。
［德］康德：《纯粹理性批判》，蓝公武译，商务印书馆1960年版。
［德］弗里德里希·席勒：《审美教育书简》，冯至、范大灿译，北京大学出版社1985年版。
［德］马克思：《1844年经济学哲学手稿》，人民出版社1985年版。
［德］埃德蒙德·胡塞尔：《纯粹现象学通论》，李幼蒸译，商务印书馆2012年版。

[德]埃德蒙德·胡塞尔：《逻辑研究》（第1卷），倪梁康译，上海译文出版社1994年版。

[德]马丁·海德格尔：《海德格尔选集》（下卷），上海三联书店1996年版.

[德]沃尔夫冈·韦尔施：《重构美学》，陆扬、张岩冰译，上海译文出版社2002年版。

[德]马克斯·霍克海默，西奥多·阿多诺：《启蒙的辩证法》，渠敬东、曹卫东译，上海人民出版社2003年版。

[德]西奥多·阿多诺：《美学理论》，王柯平译，四川人民出版社1998年版。

[奥]西格蒙德·弗洛伊德：《性学三论：爱情心理学》，林克明译，太白文艺出版社2004年版。

[奥]西格蒙德·弗洛伊德：《论文明》，徐洋译，国际文化出版公司2007年版。

[奥]西格蒙德·弗洛伊德：《论艺术与文学》，常宏译，国际文化出版公司2007年版。

[奥]路德维希·维特根斯坦：《逻辑哲学论》，贺绍甲译，商务印书馆1996年版。

[意]利马窦、[比]金尼阁：《利马窦中国札记》，中华书局1983年版。

[意]克罗齐：《美学原理 美学纲要》，朱光潜等译，外国文学出版社1983年版。

[英]罗宾·乔治·科林伍德：《艺术原理》，王至元、陈华忠译，中国社会科学出版社1985年版。

[英]培根：《新工具：让科学的认识方法启迪智慧人生》，陈伟功编译，北京出版社2008年版。

[英]叶芝：《幻象：生命的阐释》，西蒙译，上海文化出版社2005年版。

[英]渥德尔：《印度佛教史》，王世安译，商务印书馆1987年版。

[英]鲍桑葵：《美学三讲》，周煦良译，人民文学出版社1965年版。

[美]苏珊·朗格：《艺术问题》，滕守尧、朱疆源译，中国社会科学出版社1983年版。

[美]苏珊·朗格：《情感与形式》，刘大基等译，中国社会科学出版社1986年版。

[美]弗雷德里克·詹姆逊：《时间的种子》，王逢振译，漓江出版社1997年版。

[美]罗伯特·索科拉夫斯基：《现象学导论》，高秉江、张建华译，武汉大学出版社2009年版。

[美]爱因斯坦：《相对论的意义》，郝建纲、刘道军译，上海科技教育出版社2001年版。

[瑞士]卡尔·古斯塔夫·荣格：《原型与集体无意识》，徐德林译，国际文化出版公司2011年版。

[瑞士]卡尔·古斯塔夫·荣格：《心理结构与心理动力学》，国际文化出版公司2011年版。

[法]雅克·马利坦：《艺术与诗中的创造性直觉》，生活·读书·新知三联书店1991年版。

[法]马克·西门尼斯：《当代美学》，王洪一译，文化艺术出版社2005年版。

[法]利奥塔：《后现代的状态：关于知识的报告》，车槿山译，生活·读书·新知三联书店1997年版。

[法]利奥塔：《后现代性与公正游戏——利奥塔访谈、书信录》，谈瀛州译，上海人民出版社1997年版。

[法]让·鲍德里亚：《消费社会》，刘成富、全志钢译，南京大学出版社2000年版。

[法]让·鲍德里亚：《符号政治经济学批判》，夏莹译，南京大学出版社2009年版。

[法]让·波德里亚：《冷记忆5》，南京大学出版社2009年版。

[法]拉康：《拉康选集》，褚孝泉译，上海三联书店2001年版。

[法]帕斯卡尔：《思想录：论宗教和其他主题的思想》，何兆武译，上海人民出版社2007年版。

[法]布厄迪：《艺术的法则：文学场的生成和结构》，刘晖译，中央编译出版社2001年版。

后　　记

当代美学研究最根本的问题是解决“能”与“所”的问题。传统美学主要回答美学的存在之“所”，对于“能”的问题也只是在当代美学中，才给予充分的关注。然而，由传统绵延的“所”“能”对立，限于本体论维度的单一和话语场域的封闭，不能很好地从其自身得到解决，以至由传统美学跨越到当代美学，往往是传统美学资源不能充分得到利用，而所谓的美学理论新见也是各自标举，对当代现实、文化与学术变革不能起到促成整体性有机突变的积极影响。

幻象美学本体论研究，以已有的美学本体论资源为背景，向当代及未来的美学“能”“所”统一掘进。近五年来，本人一直关注并思考美学的幻象范畴及其相关美学问题。在近期进行国家社科基金项目《中古后期佛教般若范畴与美学流变》的研究时，本人遇到了一个基础性理论问题，即隋唐之际中国美学通过佛道释的意涵整合，在思维方式上凸显出般若幻象美学转换的标志性特征，这对中国美学而言，是内在构成、运行机制与外化效应的一次巨大突破与提升。然而，迄今为止，有关幻象美学的本体论问题，一直是学界甚少问津的一个领域。但与此同时，西方自20世纪以来对美学本体论的研究，却渗透了“幻象”意识并将之与现实、人生和科技、信息化产业等的实践紧紧联系起来。细加考察，我们似乎不难发现，西方当下的美学正以其多纬度的本体论研究，拓展了貌似后现代“碎片化”状况遮掩的多维度本体论美学的融合，它们在深入存在与实践领域时寻求完美对接，这是我们不能不引起关注的一个现实。诚然，西方美学自其本体论鼻祖巴门尼德、柏拉图和亚里士多德等开始，就基于“逻各斯”理性的悬置，给美学整合性研究与智慧突破带来很大限制，但基础理论是一种看不见的生产力。当代西方美学在当下对基础理论研究所做的一切，表明它们已潜在地吸摄了东方和中国美学的圆融智慧与韧性机制。因此，提出并切实地进行显示中国美学特质的幻象美学本体论研究，在我看来，是一个需要迫切面对的学术课题。

本书关于幻象美学本体论的研究，基于上述缘由而萌发探讨动机。在实际研究过程中，本人发现中国美学的幻象本体论，天然地比西方美学本体论有一个彼方难能超越的优势，那就是中国美学幻象本体论强调由人的存在之域延伸到可能之境，是一个非常注重创造性幻化实践的理论系统。在这个系统中，幻象范畴还一直处于逻辑整体的核心位置，这就为当代中国的幻象美学本体论掘进，提供了可以充分涵摄各种美学资源，以建立一种切合当代中国美学发展实际的幻象美学逻辑机制与体系的可能，也为中国美学更好地为社会现实、人生、文化、科技发挥全面的理论效用，提供了外化践行上的充分可能性。

作为本书中心概念的"幻象"，在凸显美学智慧的空灵妙转意涵方面，能坚守民族美学所赋予它的特殊价值品格，但我们将坚定地与那种把"幻"导向偏执和极端化的虚无主义美学决绝，从而在逐步推开的各章论题中，重点要贯彻的是对幻象美学存在与转换这一本体论意涵的阐释和论证。有关后儒学美学幻象本体的论述，是对幻象美学进入到核心价值地带的存在论场域的一次尝试性探索。本书所意图实现的和所能做的，主要在此。由于研究水平所限，疏漏之处一定不少，敬祈方家批评指正。

本书由本人与本人指导的江南大学人文学院文艺美学硕士生林欢和高梦纳共同撰写完成。全书的理论逻辑和提纲结构由本人提出，林欢、高梦纳承担了第三章"中国幻象审美范畴"的写作任务。这两年来，本人与两位研究生在十分紧张的状态中，感受到很多因纠结于问题所带来的烦恼，但更多的是快乐。

值得记录的是，林欢和高梦纳在撰写课题分工任务的同时，还帮助本人对第一章的资料查找和内容增补做了不少工作，在此表示感谢。本书出版，无论从哪个角度来说都是一件很有意义的事情！

感谢热心支持本书写作的同仁亲友，感谢世界图书出版广东有限公司的孔令钢先生，作为本书的责任编辑以严谨负责的专业态度和敬业精神，对本书出版所给予的无私帮助！

赵建军
2015年7月30日
于江南大学人文学院